光电测试方法

郭文平　主编

U0248935

科　学　出　版　社

北　京

内 容 简 介

本书梳理了光电测试领域的前沿技术及应用,开篇介绍光电测试的基本概论和激光的优异特性,重点介绍各种光学机制的测量原理、样机组成,以及重要装备的典型应用场景和测量特性。本书在传统光电测试技术的基础上,摒弃传统的手动低效率技术,主要结合了新型光学技术、现代电子技术、计算机技术,整理了高精度、自动化、智能化技术。不仅介绍我国在显示屏、太阳能面板和锂电池等优势行业的新型光电测试方法、设备,也重点关注集成电路行业所涉及的光电测试技术。

本书可作为大二以上本科生和研究生的相关课程教材,也可以作为从事光电测试技术人员的工作参考书。

图书在版编目(CIP)数据

光电测试方法 / 郭文平主编. -- 北京:科学出版社,2025. 1. -- ISBN 978
-7-03-080356-6

Ⅰ. TN206

中国国家版本馆 CIP 数据核字第 2024TQ0135 号

责任编辑:吉正霞 / 责任校对:高 嵘
责任印制:彭 超 / 封面设计:无极书装

科学出版社 出版
北京东黄城根北街 16 号
邮政编码:100717
http://www.sciencep.com

武汉首壹印务有限公司 印刷
科学出版社发行 各地新华书店经销
*
2025 年 1 月第 一 版 开本:787×1092 1/16
2025 年 1 月第一次印刷 印张:14 3/4
字数:376 000
定价:75.00 元
(如有印装质量问题,我社负责调换)

前　言

在现代科技蓬勃发展的浪潮中，光电测试方法正以其独特的魅力和关键的作用，成为推动众多学科和行业进步的核心力量。各类光电测试技术，更是凭借其卓越的手段，为人们打开了一扇观察微观与宏观世界的精密之窗。

本书将引领大家深入探索光电测试专业在精密检测领域的奇妙世界，重点涵盖光电测距、光色度检测、光电成像测试、光电干涉测试以及光学衍射测试等几个关键专业方向。光电测距技术，犹如一把精准的时空标尺，能够在瞬间准确测量出目标物体的距离，无论是遥远的天体还是近距离目标，它都能为我们提供精确的距离数据支持，在工程测量、工业制造、自动驾驶等领域发挥着举足轻重的作用。光电成像测试（机器视觉）则像是赋予机器的一双智慧之眼，基于基础的光学成像方法，通过匹配的光源方案、先进的图像采集与处理技术，使机器能够感知和理解周围的环境，实现高效的自动化检测、识别和分类，成为工业生产和质量控制等领域的得力助手。光电干涉测试以其超高的精度和灵敏度，能够探测到微观世界中极其细微的变化，为光学元件的精密加工与检测以及材料表面形貌特性分析研究提供强有力的工具。光色度检测专注于保障人们视觉体验的质量，确保了电子屏幕色彩的准确性和一致性，在显示技术等领域具有不可替代的价值。光学衍射测试则利用光的衍射现象，揭示物体的微观结构和特性，为微米至纳米尺度测量等研究提供了独特手段。

本书由郭文平主编，参加编写的人员具体为郭文平（第1、第6章）、夏珉（第2章）、刘荣华（第3章）、李微（第4章）、杨克成（第5章）。本书融入了作者科研团队的部分研究成果，在此，特别鸣谢那些与作者携手攻关并为这些成果贡献智慧的同仁。本书出版得到了华中科技大学研究生院、光学与电子信息学院和武汉精测电子集团股份有限公司的资助。

面对日新月异的光电检测技术，尤其是在新器件和新系统所涌现的突破性进展，作者力求在本书中提炼并呈现出该领域的新成就。然而，鉴于光电检测技术的持续演进，以及作者自身能力的局限，书中可能无法详尽无遗地覆盖该领域的重点议题。若书中存在疏漏或不足之处，恳请广大读者不吝赐教，提出宝贵意见。

作　者
2024 年 10 月

目　　录

第 1 章

引　　言

1.1 光电测试方法概述

1.1.1 光电测试方法发展历史

光学测试的发展伴随人类文明历史经历了漫长的发展阶段，为人类认识自然提供了强大的工具。早在公元前 700 年左右，古埃及人与美索不达米亚人将石英晶体磨光制成透镜，如宁路德透镜和亚述透镜，这些透镜可能被用来放大影像或聚焦阳光。光学测量在中国历史悠久。春秋战国时期，墨子及其弟子所著《墨经》记载了光直线传播和镜面反射。汉代记载了利用光观测日影计时的仪器——日晷仪。日晷仪根据日影的位置以指定当时的时辰，是我国古代较为普遍使用的计时仪器。西方也很早就有光学研究的相关记录，例如，欧几里得（Euclid）曾对光的反射现象进行研究，并在其著作《光学》（Optics）中提出了反射定律。到了公元 16 世纪，伴随着几种典型光学仪器的发明，光学测量技术，尤其是几何光学理论，迅速发展。1590 年两个荷兰眼镜工匠发明了第一台显微镜，然而却无人使用。1609 年，为观测天文，伽利略（Galileo）使用凸透镜和凹透镜制作了一台 32 倍的望远镜，对月球表面、土星光环、木星的 4 颗卫星等进行天文观测，使天文学进入了新的时代。与此同时，开普勒（Kepler）用两个凸透镜制作了天文望远镜，其视野比伽利略望远镜更宽阔。1630 年，斯涅尔（Snell）和笛卡儿（Descartes）对光的折射定律进行了总结。1640 年，英国胡克（Hooke）发明了他的第一台显微镜，可以放大样本 300 倍，他通过观察到雨滴中的微生物打开了近代微生物学的大门。随着光学实践中取得的丰厚成就，光学理论也在光学巨匠努力下得以逐渐完善。1657 年，费马（Fermat）提出了费马原理，由此推论出了光的反射定律和折射定律。自此，几何光学才真正成为正式的科学研究。1666 年，牛顿（Newton）提出了光的微粒理论，将光形容为高速运动的微粒。相应地，1678 年，惠更斯（Huygens）提出了光的波动理论，将光形容为一种在"以太"中传播的波。然而，这两种微粒说和波动说理论只能各自解释部分光学现象，人们争论了上百年。

上述主要早期光学发展集中在几何光学理论范畴，到了公元 19 世纪逐步过渡到波动光学。托马斯·杨（Thomas Young）于 1801 年进行了著名的双缝干涉实验，由此对光的波长进行了大致测量以及对光的干涉现象进行了解释。1815 年，菲涅耳（Fresnel）在惠更斯研究的基础上提出了惠更斯-菲涅耳原理，推出菲涅耳公式，这标志着波动光学时期的开始。1861 年，麦克斯韦（Maxwell）建立电磁理论，预测了电磁波的存在。指出光是电磁波的一种。1888 年，波长较长的无线电波被赫兹（Hertz）发现，验证了麦克斯韦提出的光的电磁理论。1900 年，普朗克（Planck）从物质分子结构理论中的不连续性得到启发，提出了能量量子化，即辐射电磁波的能量是离散、有最小分量的。在此基础上，1905 年爱因斯坦（Albert Einstein）提出了光量子假说，即光具有粒子性，将光的这种粒子属性称为光量子。这一理论解释了光电效应，提出光同时具有波动性和粒子性。他们的工作奠定了现代物理学的基础。现代光学发展的标志是 1960 年，梅曼（Maiman）博士制成世界上第一台激光器。激光良好的单色性、方向性和高亮度，使得光学各个领域取得了空前进展。1948 年加柏（Gabor）提出的现代全息照相术的前身——波阵面再现原理，主要目的是提高电子显微镜的分辨率。激光器的出现给全息照相术带来了新的生命。1963 年，利思（Leith）和乌帕特尼克斯（Upatnieks）发表了第一个激光全息图，立刻引起了轰动。全息技术重获学界关注，伽博获得了 1971 年诺贝尔物理学奖。傅里叶光学的出现和激光器的发明，以及微电子技术和计算机技术与激光的不断融合，使光机电一体化的光电测试技术得到了迅速发展。1966 年，高琨提出了光纤通信理论，提出低吸收率石英基玻璃纤维可用作光通信媒介。光纤作为重要器件的光纤传感技术也随着光电半导体技术和激光技术的进步得到长足发展。

1.1.2 光电测试方法发展现状

根据测量对象的不同，光电测试技术可以分为三类：光度学、辐射度量、非光物理量。光度学是考虑到人眼的主观因素后的相应计量学科，主要测量内容如颜色、亮度等；辐射度量的测量是对光辐射的定量测量，包括紫外和红外等不可见光，常用仪器包括光功率计、光亮度计、辐射计、辐射测温仪等。非光物理量的测量是将其转换为光信号，通过测量光信号间接获得非光物理量。相关应用包括：①利用声光效应，测量声波场；②利用磁光晶体的法拉第效应设计光电流互感器测量电流，具有抗电磁干扰能力强的特点；③化学传感器，结合光学材料，利用薄膜的化学特性变化引起薄膜折射率变化，进一步影响光波导中的光波长变化，可以制成一系列的化学传感器如湿度计、液位计等；④浓度传感器，通过光透过率测量颗粒物浓度，通过光谱特性测量被测物性质；⑤图像传感器，利用光学成像测量物体几何外形尺寸，进一步实现外观缺陷测量等。

根据系统功能的不同，光电测试系统目前多应用于以下几个方面。

1. 测量检查

光电测试系统可应用于对光学或非光学参量的精确检测，具有广泛的检测范围，涵盖运动参量（如速度、加速度等）、成分分析（如浓度、浊度）、机械量（如质量、应力）、几何参量（如长度、角度、形状等）、表面形态参量（如工件粗糙度）、光学参量（如反射率、透射率等）、电磁参量（如电流、磁场）等。检测中需保证测量重复示值的可靠度和可信度，并具备高效的数据处理能力和灵活的数据输出方式。

2. 控制跟踪

光电测试系统可利用光电传感器作为信号反馈单元，实时监测受控目标与基准状态的偏差。通过闭环控制，系统能够实现精确的伺服跟踪和恒值调节，在国防军事研究（如激光制导、飞行物自动跟踪）以及工业生产（如工业图形的自动加工、视觉机器人）等领域发挥着重要作用。为了满足应用需求，跟踪系统必须具备准确的跟踪能力和快速的动态响应能力。

3. 图像测量和分析

光电测试系统能对目标的二维或三维光强分布进行采集，以此记录和再现目标的图像。通过对图像进行判读、识别和运算处理，提取和分析图像的有价值信息。图形检测能够进行几何坐标与光密度等级的同步精确测量，被广泛应用于工业图形检测中。为了实现以上功能，系统使用扫描或摄像装置对光信号进行采集和时间、空间和光-电的同步转换，大容量的图像存储器被用来进行光学图像-数字图像的转换。此外，使用计算机对图像数据进行处理和分析，这标志着光机电算混合型光电技术的重要进步。

目前，光学测试方法朝着综合光电子技术、激光技术、计算机技术、光纤技术、光波导技术中三种以上的技术高融合的方向发展，对相关从业人员提出了更高的要求。仅从光学角度而言，傅里叶光学、二元光学、微光学、材料光学的出现和发展，都使得光电测试技术无论在效率、测试方法、精度、原理、精度上，还是适用的领域范围上，都得到了长久的发展。具有高精度、高灵敏度、非接触性等优点的光电测试技术，具有三维形貌、实时性和相关性测量的能力，这使其成为现代科学和现代工农业生产快速发展的重要技术支撑和高新技术之一。光电技术的应用已经渗透到科研、工农业、国防、医学等广泛领域，特别是在光存储、光通信、光电测量与控制、光电信息处理和光电探测等方面。从探索星体温度、监测人造卫星，到微观层面如生物细胞的显微测量和微循环检查，光电技术都展示了其强大的能力。从工业领域的视觉工业机器人和光学计算机，到民用领域的全自动照相机和简单的光电开关，光电技术已经成为现代科技发展与人类生活水平提高的重要推手。在生产领域，光电技术的应用尤为突出。它不仅在生产过程的视觉检查、自动化制造等方面起到了重要作用，还在各种参数精密测试和图形分析判断等方面展现了其独特的价值。这些应用不仅提高了生产效率，还确保了产品的高质量。为了实现光学仪器的更新换代，光电技术将在机电一体化光学仪器的研制开发中起主导作用，在计算机控制、管理以及监控系统对外联系等方面，基于光电技术的各类光电装置是最有发展前景的外部设备。

综上所述，光电技术已经深深地融入了生活的各个方面，成为现代科学技术和人类生活中不可或缺的一环。

1.1.3　光电测试方法发展趋势

光电测试方法随着科技水平的发展已逐步从由人眼判断的主观光学向由客观公式裁决的客观光学方向发展，具体表现为：光电探测器代替人眼；激光代替传统光源；从光机结合模式逐步转型为光机电算一体化集成模式。此外，光电测试方法在测量功能上从传统的静态测量、逐点测量、低速测量，向着动态测量、全场测量、高速且具有存储/记录等功能测量的方向发展。近年来，光电测试方法研究与发展主要体现在以下方面。

1. "光子挑战电子，电子联盟光子"

光子和电子都是重要的信息载体，区别是：光子为中性而电子带负电，因此光子具有相容性而电子具有相斥性。光子的相容性使其具有并行处理与互联能力，只需要用一块透镜就可以将物像之间无数个像素进行连接。电子可以在金属导线中顺畅地流动，但不能在绝缘介质中自由地传递；而光子却可以在绝缘介质中自由地通行。并且，氧化硅波导光纤的发明实现了常温、极低损耗、长距离条件下的光传输，这使得长距离通信成为可能。理论研究表明，光波的本征带宽可达到 200 THz。因此，利用光子技术可望突破电子技术中逻辑门器件运行速度的"瓶颈效应"，可以大大提高信息处理的速度和扩大信息传输的容量。特别是，实现全光学式的光学计算机是最有吸引力的发展目标。但光子技术的发展也并不排除电子的作用，就当前技术发展状况来看，还看不到没有电子参与的光源和光电探测器。目前，光电信息系统的最大容量已达到"3 T"目标。可以预见,光子技术与电子技术的彼此关联、互相依托,将使 21 世纪信息高科技向超高速度、超大容量的方向推进。

2. 光电子材料与器件的研究发展

近年来,光电子材料的研究得到了迅速发展,特别是半导体超晶格材料和量子阱结构与器件的研究深入,垂直腔表面发射激光器(vertical-cavity surface-emitting laser, VCSEL)的制造已成为现实,这使在 $1\,cm^2$ 芯片上实现 100 万个激光器阵列的极高集成也看到了希望。这一技术突破标志着光子学器件集成化迈出了重要一步,极大地促进了光子的并行处理能力。在神经网络、光通信、图像处理、光显示、模式识别、光存储读写、光源/光互联等领域,这一技术将成为重要的推力,推动这些领域向更高效、更快速、更智能的方向发展。此外,在光子晶体光纤、光子晶体半导体新型光子器件、光子晶体光纤放大器、有机聚合物光子晶体等领域,也有了一定的发展,通过光子晶体光纤获得的宽带超连续谱实现了对生物组织纵向分辨率达 $1.3\,\mu m$ 的层析成像。光电探测器件向着高灵敏度和高性能方向发展,其工作波长范围也向红外、紫外方向扩展。目前,波导型光电探测器(waveguide photodetector, WGPD)的外量子效率高达 85%、响应速度可达 100 GHz。最近研制出的一种称为单渡越载流子光电探测器的 3 dB 带宽超过 150 GHz,是目前长波长光电探测器中响应速度的最高水平。以 GaN 为代表的 III-V 族材料,包括 InN、AIN 以及由此三种材料组成的合金系制成的光电探测器,其波长响应范围可延伸到 $200\sim365\,nm$ 的紫外区。特别是,在军事上有重要应用价值的 $1\sim2.5\,\mu m$ 和 $3\sim5\,\mu m$ 双波段 HgCdTe 探测器,最近也已做成分辨率达到 2048×2048 元(400 万像素)焦平面阵列(focal plane array, FPA)探测器。非制冷红外焦平面阵列探测器也已有分辨率达 320×240 元的商品上市。

3. 探测技术的研究发展

1)前沿技术的发展

太赫兹辐射(频率 $0.1\sim10$ THz,或波长 $30\,\mu m\sim3$ mm),曾在科学上称为电磁波谱中的"THz 空白"。近十几年来,得益于超快激光技术的发展,太赫兹脉冲研究获得了稳定性更高的激光光源,极大地促进了对太赫兹辐射机理、检测技术和应用技术的研究与发展。物质的太赫兹谱包含着丰富的物理和化学信息,使太赫兹电磁波在很多基础研究领域、工业应用及军事应用领域有相当重要的作用;特别是,太赫兹辐射的能量很低(1 THz 对应的辐射能量为 4.1 MeV),不会对人体产生损害,并且太赫兹辐射对许多材料都有很好的穿透特性,使得太赫兹技术有可能在安全检查和反恐领域成为一种安全、有效的手段。目前,太赫兹波段已经迅速形成一门新的极具活力的前沿领域。

2)光电技术与其他学科特别是计算机技术的结合

近年来,一种由计算机完成的多点数字取样积分器技术得到了发展,并在弱光信号的检测中发挥着重要作用。国内研制的一种 30 km 远程光纤温度传感器用 7 nm 掺铒光纤作为抽运源,采用累加平均等信号处理技术、瞬态波形采样技术及智能化恒温技术,其温度分辨率和空间分辨率分别已达 0.1 ℃和 4 m,达到国际先进水平。在对天观察、卫星侦察或大气激光通信应用技术中,将光电探测技术、自适应光学技术和计算机技术相结合,可以有效地补偿大气湍流造成的影像畸变,实现高分辨率的观测。美国第六代光学成像的 KH-2 侦察卫星上装载的电荷耦合器件（charge coupled device，CCD）相机，采用了世界上最先进的自适应光学技术，拍摄的图像地面分辨率可达 0.1 m 左右。

4. 光电子微结构集成技术和光机电一体化的研究发展

随着信息载体由电子逐渐转向光电子和光子，半导体光电信息功能材料正经历着显著的演变。这些材料已从传统的体材料发展到薄层、超薄层微结构材料，并进一步迈向集成材料、器件、电路于一体的功能系统集成芯片材料和纳米结构材料。与此同时，材料生长制备的控制精度也在不断提高，向单原子、单分子尺度发展。此外，相比于传统的声光布拉格单元，先进的模拟光信号处理单元显著提高了线性度和动态范围，能达到 10 GHz 的分辨率和 12 bit 的瞬时带宽；作为一种超小型化的低功耗原子时钟，芯片级原子钟精度达到 $\pm 1 \times 10^{-11}$ s，尺寸减小至 1/200，功耗降低至 1/300。

光路控制系统、光电探测器集成、光学信号处理系统和光源的一体化技术，尤其是微光学、集成光学技术、光电混合集成技术、微机电系统技术的发展，推动着整个光机电一体化系统模块集成化不断进步，使得系统的工作性能得到了明显提升。这样的系统称为光学微机电系统（micro-opto-electromechanical system，MOEMS），它在航空航天、光通信、激光医疗和农业等领域有着极好的应用前景。例如，国外研制的一种 MOEMS 结构的胶囊型内窥镜，其长度仅为 2.3 cm、直径 0.90 cm，采用 CCD 或互补金属氧化物半导体（complementary metal oxide semiconductor，CMOS）作为图像传感器，使用电池或体外微波传输的方式进行供电，并通过体外控制器控制其运行速度和方向。吞服后，胶囊型内窥镜可在食管、肠或胃等处进行图像采集，并通过微波将图像传送到体外的接收装置，能向数据记录仪在 8 h 之内传送 5 万～6 万幅图像。目前，MOEMS 最小尺寸可达几毫米。

1.2　光学计量概述

1.2.1　计量学基本知识

计量学是一门研究测量、保证测量统一和准确的科学，其主要表现方式为：将被测值与一个作为基准的标准量进行比较，从而得出一个比值，这个比值反映了被测值相对于标准量的相对大小或程度。测量的目的是得到具体测量数值与测量中的不确定度，主要有四个要素：测量对象和被测量、测量方法、测量单位和标准量、测量的不确定度。例如，在测量黑板的高度这一实例中，就涉及什么是被测对象，什么是被测量，用什么量具，当用卷尺测量得到结果为 2.0 m 时，黑板就是被测对象，黑板的高度则是被测量，测量单位为 m。测量方法则是使用卷尺。2.0 m 可以体现为有效数字，但实际上这里的测量值并不是理论值，所以并没有表现出误差信息等，即测量中的不确定度。

测量中的不确定度可以通过误差进行描述。将被测量和一个作为基准的标准量进行比较得出一个比值，由此就能得到误差。测量过程中误差越小，准确性就越高。误差可分为绝对误差与相对误差，绝对误差定义为测量值与实际（真）值之间的差异；而相对误差定义为绝对误差与测量值的比值。

按照误差的来源进行分类可将误差分为四类：①设备误差，包括设备读数误差、基准器误差、示值装置误差、附件误差、光电探测电路误差等；②环境误差，指温度、湿度、振动、照明、电磁干扰等环境因素与标准环境要求不同导致的误差，也包括某些高能粒子对光电探测器干扰所引起的误差；③人为误差，指在测量或观察过程中，由于人的因素而产生的误差。这些误差主要源于人眼分辨能力的局限性、操作技能水平的高低、个人习惯以及感觉器官的生理变化等因素；④方法误差，指由测量研究不充分、数学模型不完善、近似测量方法所引起的误差。

上述误差中，有些是偶然发生的，有些则是可以通过多次测量避免较大误差。因此，按照误差的性质分类，则可将其分为下述三类：①偶然误差，指在测量条件不变的情况下，对同一测量量进行多次测量时，得到的误差数值呈不规律变化；②系统误差，指在测量条件不变的情况下，对同一测量量进行多次测量时，误差数值不变，但改变测量条件时，误差数值发生规律性变化；③粗大误差，指超出在规定条件下预期的误差。对于确定的系统误差，可通过采用寻找规律修正的方式消除，而对于没有确定的系统误差，一般将其视为偶然误差从而寻找普适的原则将其修正。粗大误差往往是通过不正确的测量方式获得的，一般需要剔除删去。

误差还可以定量评价测量装置或测量结果的质量，包括重复性、再现性和稳定性。重复性是在相同测量条件下，短时期内对同一量连续进行多次测量所得结果之间的一致程度，可用测量结果的分散性参数定量表示。再现性是在变化测量条件下，对同一个量进行多次测量所得结果的一致程度，同样可用测量结果的分散性参数定量表示，但需要注明变化的条件。稳定性则是测量器具保持其计量特性持续恒定的能力。这里引入精确度与准确度的概念来衡量上述三个指标，首先对精确度与准确度进行定义。精确度定义为仪器经过一系列的实验测量后，发现所有的测量结果之间的接近程度；准确度则定义为仪器经过一系列的实验测量后，测量结果都与真实值的接近程度。例如，在测量黑板高度这一实例中，若准确值为 2.00 m，当多次重复测量出 2.03 m、2.00 m、1.97 m、2.00 m 时，便认为该测量具备一定的准确性，但缺乏精确性；而当多次测量均为 2.03 m 时，此时则认为该测量具备精确性，但缺乏准确性；只有多次测量出均为 2.00 m 时才认为测量既精确又准确。

1.2.2 光学计量基本知识

光学计量是关于光学测量及其应用的学科，是光学领域内研究计量单位统一和量值准确可靠的计量学分支，主要涉及波长从 1 nm 到 1 mm 范围内以电磁波的形式发射、传输和接收的相关量值的基标准建立、单位复现、量值传递、测量理论和测量技术的研究等内容，涵盖光度学、色度学、辐射度学、光谱光度学、照相光学、几何光学、光纤通信、光电子学等分支。

由于外界进入大脑90%的信息需要通过眼睛录入，所以人对光的研究和测量具有较长的历史。但是在发展过程中，不同部分先是各自独立发展，逐渐深入，交汇成现有的光学计量体系。17 世纪中期，牛顿研究可见光谱；18 世纪，介绍目视光度测量方法以及光通量、发光强度、照度、亮度等重要光度学参数的专著就已问世，人们已经使用"烛光"作为发光强度的单位；19 世纪初，光谱范围扩展到红外和紫外；19 世纪中期，三色学说得到完善；20 世纪伊始，黑体辐射的测量导致了量子理论的诞生；20 世纪初，国际照明委员会（Commission Internationale de l'Eclairage，CIE）建立了 CIE 标准色度系统；20 世纪中期先是确定了基于铂凝固点黑体辐射的发光强度单位的定义，后于 1979 年确定了现在采用的国际单位制（International System of Units，SI）基本单位之一的坎德拉的定义，并建立了以坎德拉为基本单位的光学计量单位体系。随着科技的发展，辐射度、光谱光度、激光辐射度、光通信、光电子等方面的计量也先后得到建立和发展。21 世纪初又提出了量子坎德拉的建议。光学计量涉及的领域、范围随着科技的进步而不断扩展、丰富。

1.2.3 光学计量单位体系

光学计量单位体系中的基本单位是发光强度单位坎德拉（cd），是 SI 七个基本单位之一。坎德拉最终溯源至 SI 基本单位的米（m）、千克（kg）和秒（s）。

1. 光度

光度学是关于可见光对人眼作用强弱程度的科学。发光强度单位坎德拉和光通量单位流明（lm）、光照度单位勒克斯（lx）、光亮度单位（cd/m^2）以及曝光量单位（$lx \cdot s$）等一起构成光度学单位体系。光度学研究基本限于 380～780 nm 的可见光范围。

2. 辐射度

辐射度学是关于光学辐射能量的测量以及确定它如何从辐射源传输到探测器的科学，基本参数是光功率和光能量，单位分别是瓦特（简称瓦，用 W 表示）和焦（简称焦，用 J 表示），常用的有辐射强度、辐射照度、辐射亮度、曝辐射量等参数。对于单色辐射，光通量与辐射通量之间通过光谱光视效率函数相联系，相应的量值存在对应的换算关系。辐射度学又可根据量值复现方法分为基于辐射源的辐射度学和基于探测器的辐射度学。

3. 色度

色度是量化描述人的颜色知觉的计量，色度计量又根据光是直接到达人眼还是经过透射和反射而分为光源色和物体色计量，物体色计量包含色度参数、色差、白度等，光源色计量包含色度参数、色温、显示指数等。

4. 其他参数

光学计量中还有许多无量纲的参数，部分属于光谱光度计量，如透射比、反射比、吸收比、光学密度等；另一些属于几何光学计量，如光学介质的折射率、成像系统的光学传递函数。这些无量纲的量在计量时，往往以约定的某种条件或理想物质为参考点。例如，规定真空的折射率等于 1，其他介质的折射率都大于 1；在空气吸收比小到可以忽略的波段，选定与样品相同厚度的空气层的透射比等于 1，而任何样品由于反射、散射、吸收等原因，其透射比都小于 1；规定理想的完全漫射体（又称余弦漫射体）的反射比等于 1，其他物体的反射比都小于 1。

5. 基准和标准

中国计量科学研究院建立了一系列基本的光学量计量基准和标准，构建了包括光度计量、辐射度计量、色度计量、激光计量、光谱光度计量、光辐射探测器、光电子计量等在内的量值溯源体系。其中光源的光谱辐射照度、探测器的光谱辐射功率响应度、发光强度、总光通量、光谱规则透射比和光谱漫射比是国际计量委员会下属光度与辐射度咨询委员会确定的 6 个国际关键比对量值，是维护国际光学计量量值体系的准确统一方面最重要的量值。

1.3　光电测试系统概述

1.3.1　光电测试系统组成及特点

1. 光电测试系统的组成

光电测试系统是一个综合性的混合系统，利用光辐射和电子流作为信息载体，通过光电或电光的相互转换技术，结合光学和电子学的先进方法实现对信息的全面处理，包括信息的采集、传输、处理、存储以及显示等多个环节。红外遥控发射接收装置、激光测距和光通信系统等都是典型的光电测试系统。

光电测试系统大致可分为光-电型、光-电-光型、电-光-电型、光电混合型和电光混合型等几种类型。其中，光-电型系统是指载荷有被研究信息的光载波通过光电转换变成电信号、再利用常规的电信号处理来实现检测和控制作用的系统。该类型系统是目前应用最为广泛的光电系统，从常见的应用角度出发，光-电型系统能够实现其他信息（如光信息）向电信号的转变，通过组成计算机、光、机、电的综合系统，实现自动化的光学信息检测。

光电测试系统可分为光电探测器和电子系统、光辐射源、传输介质、光学系统、调制器这几个组成部分，主要可分为被动探测系统与主动探测系统两类。

图 1.1（a）为被动探测系统的框图，如人体红外测温仪、微光夜视仪等，其信息源可以是来自被探测物体自身的辐射，例如，所要探测的飞机、舰船、星体、火焰和人体等物体自身的紫外、红外或可见光辐射；也可以是来自其他自然辐射源（如太阳）照射在被探测物体上形成的反射、散射等光辐射，例如，遥感技术中地球表面不同物体的反射光，根据它们的辐射性质与周围环境的差别，探测系统就能获取有关信息。这些信息源辐射的信号通过传输介质（如大气）后，被光学系统接收并传输到光电探测器上，由此转化为相应的电信号。为了提高信息的检出质量，光电探测器输出的信号是经过调制的。通过将输出信号用电子系统进行放大和处理，就能准确地得到所需要的信息。检出的信息以电信号的形式呈现，因此它能够便捷地与后续系统相连，包括存储和转换、显示、记录等，进一步还可以与控制系统相连实现控制自动化，以及与计算机相连进行智能工作。

图 1.1（b）为主动探测系统的框图。其信息源不同时兼作辐射源，即系统不是利用信息源自身辐射，或者信息源为非光学量。这种系统将光学以外的物理量（如语音、数据等）先设法变成电信号，电信号通过调制器被加载到光波上，典型的有光纤通信系统等；或者采用人工光源照射被测物体，利用光电探测系统被加载到散射、反射、衍射、透射光波上的信息，如激光制导、激光测距系统等。在接收端，主动光电系统与被动光电系统的组成近似。

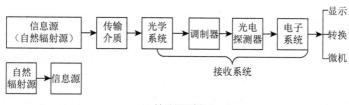

(a) 被动探测系统

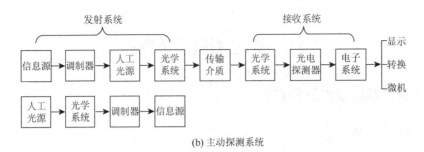

图 1.1   光电测试系统组成与信息流程图

2. 光电测试系统的特点

光电测试系统对光载波的信息处理可分为光学处理与电学处理。光子技术处理的是空间光信息，它具有多维、并行、快速数据处理等能力；电子技术处理的是一维电信息随时间的变化，它有较高的运算灵活性和变换精度。光电系统兼备这些优点，具体如下：

（1）高精度和远距离。光电测量是各种测量技术中精度最高的一种。例如，用激光干涉法测量长度的精度可达 0.05 μm/m；激光测距法测量对地距离时，能实现 1 m 的分辨率水平；光栅莫尔条纹法测角精度可达到 0.04″。光载波适用于远程信息传递，如光电制导、光电跟踪、电视遥测等。

（2）高速度、大容量。以光子作为信息载体，其传输速度是各种物质中最快的，其信息载波容量比电子至少要大 1000 倍。

（3）非接触。光电测试系统几乎不干扰被测物的能量状态，也不存在机械摩擦，使得动态测量更加容易。

（4）信息处理和运算能力强。光电测试系统能并行处理复杂信息，执行多种数学运算，同时具有抗干扰、多调制变量、高空间互联效率、高速的特点。此外，光电方法不仅控制和存储信息更加方便，还易于实现与计算机连接、自动化等功能。

（5）应用领域广泛。光电测试系统能对多种不同光学和非光学参量进行获取和处理，如探测机构内部或危险环境下的各种数据，表现出了广泛的适用性。

1.3.2   光电测试系统基本器件

无论是在主动探测系统还是被动探测系统中，主要组成的基本器件分为光辐射源与光电探测器两大类。下面将对两类探测器件分别进行介绍说明。

1. 光辐射源

光电测试系统中所用的光源可简单地划分为自然光源和人造光源两类。前者是自然界中存在的，如太阳、导弹尾焰、人体等；后者是人为将各种形式的能量（热能、电能、化学能）转化成光辐射能的器件，如激光器、黑体辐射器、发光二极管（light emitting diode，LED）灯等。被动探测系统采用自然光源，没有人工设计的光发射系统，信息源为目标自身的辐射或外来光辐射。被动探测系统的典型应用有夜视仪、红外跟踪制导等；主动探测系统采用人造光源，有人工设计的光发射系统，信息源为目标产生的散射、反射、透射光等。主动探测系统的典型应用有光电磁场测量、激光制导等。

1）热辐射光源

物体因温度而辐射能量的现象称为热辐射。热辐射是自然界中普遍存在的现象，一切物体（如太阳、飞机、钨丝白炽灯、一切动植物体等），只要其温度高于绝对零度，都要产生不同程度的辐射。自然的热辐射源可以分为目标辐射源与背景辐射源两类。目标辐射源一般具有较明显的稳定性，其光谱分布和空间分布取决于辐射体的材料、表面状态、外形、温度和表面发射率。由于目标的复杂性，对于特定目标的辐射特性要进行具体的分析和估计，没有确定的统一规则，但多数目标都可看成灰体。而背景辐射源往往具有突出的随机特点。它通常对光电测试系统来说有干扰作用。天空和地面则是主要的背景辐射源。人工的热辐射源中，应用最广泛的是白炽灯与卤钨灯。白炽灯用钨丝做灯丝，玻璃做泡壳，是使用最普遍的光源。电流通过钨丝后使其升温而发光。白炽灯发射的是连续光谱，其色温约 2800 K。当加上红外滤光片后，可作为近红外光源。对于色温为 2856 K 的白炽灯，可作为可见光和近红外区光电探测器积分灵敏度测试的标准光源。卤钨灯是为了克服白炽灯寿命短、亮度随时间下降所发明的。卤钨灯与白炽灯的区别在于采用更耐高温的石英为泡壳，并在泡壳内充入微量卤族元素或其化合物。灯点亮后，高温下卤族元素的化合物释放出溴或碘蒸气，灯丝蒸发出的钨分子在温度较低的泡壳附近与溴或碘化合，形成的卤化钨在灯泡内扩散。当扩散到高温灯丝附近时，又分解，使钨分子又有很高的概率重新粘在灯丝上。这个卤钨循环的过程使灯丝不会因蒸发而迅速变细，灯的寿命得以延长。卤钨灯的色温可达 3200 K 以上，是一种更广泛的仪器白光源。

2）气体放电光源

利用气体放电原理制成的光源称为气体放电光源。气体放电发光的原理是：在电场的激励作用下，气体产生电子和离子，成为导电体。在此过程中，离子朝阴极移动，而电子则向阳极运动。当这些带电粒子与气体中的原子或分子发生碰撞时，会激发出新的电子和离子，还会使气体原子受到激励，使其内层电子发生跃迁。当跃迁电子重新返回到低能级时，气体原子便释放出光子。气体放电光源的基本结构相似：用玻璃或石英等材料做成管形的、球形的灯泡。泡壳内安装有电极，内部是发光常用气体（如氢、氙），也可以使用金属蒸气（如镉、汞）。最常用的气体放电光源为汞灯与氙灯。汞灯可按照管内汞蒸气气压大小分为低压汞灯、高压汞灯与超高压汞灯。汞的气压越高，发光效率也越高，发射光的主要波长也越高，由线状光谱向带状光谱过渡。氙灯的发光材料采用了惰性气体氙，在高压和超高压下，惰性气体放电，气体原子被激发到很高的能级并大量电离。复合发光和电子减速发光大大加强，在可见区形成很强的连续光谱。氙灯的色温为 6000 K，寿命可达 1000 h。氙灯可分为长弧氙灯、短弧氙灯和脉冲氙灯。

3）发光二极管

发光二极管（LED）是一种特殊半导体器件，能直接进行电能-光能转换。相比于普通二极管，发光二极管具有正反向特性，还能够发光。具体做法是正方向加偏压，使发光二极管通电。发光二极管的发光原理是基于自发辐射，因此其发光不具有相干性。发光二极管的材料主要是 III-V 族化合物半导体，如 GaP、GaAs、GaN 等，能制造出红、绿、黄、橙、蓝和紫等多种颜色的发光二极管及红外和紫外发光二极管，其峰值波长范围为 255～1670 nm。由于其非相干性、多种波长和固态特性，大量应用于各类光电系统中。

4）半导体激光器

半导体激光器指工作物质为半导体材料的一类激光器。半导体激光器的工作物质有二元化合物（如 GaAs）、三元化合物（如 GaAlAs）和四元化合物（如 GaInAsP）等，主要采用碰撞电离激励、电子束激励、PN 结注入电流激励、光激励等几种激励方式，其中最流行、发展最好的是采用 PN 结注入电流激励的激光器，即激光二极管（laser diode，LD）。激光二极管是通过利用 PN 结平面垂直的自然解理面构成谐振腔，使用重掺杂的半导体作为工作物质从而获得足够高的粒子数反转浓度。激光二极管的泵浦源为外加的偏置电压。在外加偏压的作用下，半导体的能带将发生变化，其中电子要从 N 区向 P 区注入，空穴要从 P 区向 N 区注入，破坏了原热平衡状态，使 PN 区费米能级分离，最终使得导带相对于价带产生粒子数反转。因此，导带中的电子会产生辐射跃迁和自发辐射。自发辐射产生的一部分光子在谐振腔中往返运动，不断激励半导体产生受激辐射辐射新的光子。激励光不断放大，最终形成光振荡，产生激光。不过，早期同质 PN 结半导体激光器具有许多缺点，如温度稳定性差、光束质量低、输出功率低等。之后，科研人员开发了使用两种或更多半导体材料构成的异质 PN 结半导体激光器。这种激光器受温度影响更小，可以不需要冷却。再后来，新型的量子阱半导体激光器（QWLD）被研发。QWLD 具有许多优点，如窄谱线宽度、可产生短波长可见光、低阈值电流、高量子效率、高调制速度等。

2. 光电探测器

光电探测器（photoelectric detector）是利用光电效应，在光辐射作用下将非传导电荷变为传导电荷制成的器件，也称为光子探测器（photon detector）。根据不同的光电效应类型，可分为光电导探测器、光伏探测器和光电子发射探测器等。

1）光电导探测器

光电导探测器（photoconductive detector），简称 PC 探测器，原理为光电导效应：光照射半导体材料，引起后者载流子浓度变换，进而改变半导体材料的电导率。光电导效应又可分为：①本征光电导效应。对于本征半导体，禁带宽度小于或等于光子能量，电子由价带激发到导带，在价带中产生自由空穴，从而改变材料电导率。②杂质光电导效应。对于杂质半导体，电子从价带激发到受主能级产生自由空穴，或者从施主能级跃迁到导带产生自由电子，从而改变材料电导率。属于本征型光电导探测器的材料有硫化镉（CdS）、碲镉汞（$Hg_{1-x}Cd_xTe$）、锑化铟（InSb）和硫化铅（PbS）等；属于杂质型光电导探测器的材料有锗掺汞（Ge：Hg）、锗掺铜（Ge：Cu）、锗掺锌（Ge：Zn）和硅掺砷（Si：As）等。本征光电导探测器一般在室温下工作，适用于可见光和近红外辐射探测；杂质光电导探测器通常必须在低温下工作，常用于中远红外辐射探测。光敏电阻是典型的光电导探测器。一般来说，光敏阻值随光强的增大而减小，且变化灵敏度高。光敏电阻暗电阻可超过 $10^6\Omega$，亮电阻可低于 $10^3\Omega$。在实际使用中需要设置偏压电路将电阻变换体现为电压数据从而更好地被数字采集电路测量计算。

2）光伏探测器

光伏探测器（photovoltaic detector），简称 PV 探测器，原理为光伏效应：光照射 PN 结，使 PN 结的两端产生电势差。当材料禁带宽度小于光子能量时，光照射光敏面 P 区会在 P 区产生电子-空穴对（在表面附近）。电子与空穴均向 PN 结区方向扩散，为了保证两者能成功扩散到 PN 结区附近，要求渡越距离（即光敏面厚度）小于载流子平均扩散长度。结区产生的内建电场将电子转移到 N 区，而将空穴阻拦在 P 区，从而减小耗尽区宽度，降低接触电势差。降低的接触电势差便表现为光生电势差，使外电路短路，便会产生由 N 区向 P 区流动的光电流 I_p。硅光电池、光电二极管、光电三极管是典型的光伏探测器。在实际使用中，由于光伏效应产生光生电动势，使用时可以不添加偏压或者反向偏压以实现相关要求。

　　3）光电子发射探测器

　　光电子发射探测器（photoelectron emission detector），简称 PE 探测器，原理为光电发射效应：部分金属或半导体受到光照时，电子会从材料表面溢出。光电发射效应是真空光电器件中光电阴极工作的物理基础，爱因斯坦发现发射光电子的最大初动能随入射光频率的增加而线性增加，与光强无关；而在满足光电发射条件下，光电流与光强成正比。光电子所具有的最大初动能为

$$\frac{1}{2}m_e v_{\max}^2 = h\nu - W \tag{1-1}$$

式中，m_e 为光电子的质量；$v_{\max}$ 为光电子最大初速度；ν 为光子频率；W 为材料逸出功。

　　当光子的能量大于最小逸出功时，在光子作用下电子逸出材料表面并获得初速度。典型的光电子发射探测器器件有光电管、光电倍增管等。光电倍增管的主要组成结构为光窗、光电阴极、电子光学系统（又称电子透镜）、电子倍增系统和阳极。入射光透过光窗照射到光电阴极上，阴极材料在光照作用下产生光电子。电子被光电子光学系统加速，随后被收集到电子倍增系统，经电子倍增系统多级倍增放大形成阳极电流。光电倍增管可以覆盖从紫外（115 nm）到近红外（1100 nm）的光谱响应范围，具有极高的灵敏度、快速响应及对入射光强线性响应范围宽等特点。它已被广泛应用于光谱分析测量、超高速闪光测量、生命科学、高能物理、石油测井、环境监测和工业检测等领域。

1.4　激光概述与高斯光束

1.4.1　什么是激光

　　激光（laser），是基于粒子（原子、分子）受激辐射放大原理而产生的一种相干性极强的光，其英文表示由 light amplification by stimulated emission of radiation 的首位字母缩写组成，是指透过刺激原子导致电子跃迁释放辐射能量而产生的具有同调性的增强光子束。其特点包括发散角度小（方向性）、光束功率高（高亮度）、单色性好与高相干性。在激光发展的过程中，人们发现产生激光需要满足三个条件，它们分别是泵浦源、增益介质、共振腔结构。

　　1916 年爱因斯坦首次提出光电效应：物质原子或分子可以受光子的激励发生光子的受激吸收或受激辐射。这一重要发现引发人们对如何产生受激发射实现光放大进行思考，最终结论为：如果可以使位于高能态粒子数大于位于低能态粒子数，即实现粒子数反转，即有希望实现受激辐射光放大。后续的研究发现，激励光子的频率、相位、偏振态、运动方向与受激辐射的光子是相同的，这一发现进一步推动了激光器的研究。1954 年，内尔实验室的汤斯（Townes）通过气体放电激发氨分子，通过将激发态的氨分子注入微波谐振腔实现了粒子数反转，创造出世界上第一台微波激射器（microwave amplification by stimulated emission of radiation，

MASER），并由此诞生出新的学科——量子电子学。MASER 可以产生放大的微波束，但 MASER 产生的微波束不够稳定，并且受限于微波自身的性质，使得 MASER 仅在天文领域少量应用。1958 年，汤斯与肖洛（Schawlow）提出了开放式光谐振腔（法布里-珀罗谐振腔）实现激光器；布隆伯根（Bloembergen）则提出了光泵浦抽运三能级原子系统来实现粒子数反转分布。最终在 1960 年，美国休斯公司实验室的梅曼（Maiman）利用一个高强的螺旋形闪光灯管作为泵浦源，红宝石作为增益介质，并通过在红宝石两侧镀银及一侧开孔，使其为谐振腔，制成了世界上第一个红宝石固态激光器，该激光器可获得波长为 694.3 nm 的激光。

激光器的发明与不断改进，推动了经济、社会的发展并造福了全人类的物质生活。科学家接二连三地推出了各种类型的激光器。激光器目前按照其中的增益介质可分为气态激光器、固态激光器、染料激光器、半导体激光器等；而按照工作状态分类则可以分为连续激光器、脉冲激光器两类，脉冲激光器则又可细分为调 Q 激光器、锁模激光器。除此之外，为了光学探测所需，人们也设计制作了激光放大器用以满足光信号的放大。

激光在生活中具有十分广泛的应用场景，目前大多应用在光纤通信、激光光谱、激光测距、激光雷达、激光切割、激光唱片、激光扫描、激光武器等各个方面，在医疗、工业、军事、司法、科研、生产与建筑等领域发挥其独特作用。

1.4.2   激光的基本原理

1. 自发辐射与受激辐射

爱因斯坦在 1917 年以光量子理论为基础，提出了自发辐射与受激辐射这两个概念。在简单的二能级系统中，高低能级间的能量关系为

$$E_2 - E_1 = h\nu \tag{1-2}$$

式中，E_2 为高能态；E_1 为低能态。并假设单位体积内处于两能级的原子数为 n_2 与 n_1。自发跃迁的过程如图 1.2（a）所示，处于 E_2 能级的一个原子自发向 E_1 能级跃迁，并发射出一个光子，其能量大小为 $h\nu$。

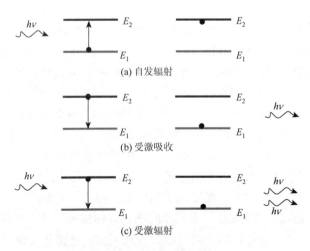

图 1.2　原子的辐射类型

对于上述讨论的理想原子二能级系统，若只包含自发跃迁则无法维持稳定，因此系统中必存在着受激吸收。受激吸收的过程如图 1.2（b）所示，处于 E_1 的一个原子，在频率为 ν 的辐射场激励下，吸收能量为 $h\nu$ 的光子并向 E_2 能级跃迁。与受激吸收相反的过程则是受激辐射，如图 1.2（c）所示。此过程可以描述为：处于 E_2 的一个原子，在频率为 ν 的辐射场激励下，跃迁至 E_1 能级的同时辐射出一个能量为 $h\nu$ 的光子。

2. 光的受激放大

自发辐射中光的频率不可定，因此在对光的相干性要求极高的场合中普通光源难以发挥作用。在对激光的理论研究中人们发现受激辐射的光频率与辐射场光频率一致，并且在方向、相位、偏振态方面同样与外界辐射场一致，因此认为激光是一种强相干光。为获取单一光波模式，物理学家提出这样一种系统来使受激辐射光子维持在单一光波模式内。该系统由两个特定的部分组成：光波模式的选择与光的受激辐射增大。前者通过对特定的共振腔结构实现，如人们熟知的法布里-珀罗干涉仪；而后者的完成则需要一个十分重要的前提，即粒子数反转。

在热平衡状态下，当频率 $\nu = (E_2 - E_1)/h$ 的光通过物质时，由于低能级粒子数大于高能级粒子数，受激辐射光子数 $n_2 W_{21}$ 恒小于受激吸收光子数 $n_1 W_{12}$，因此此时只表现为吸收光子。同样可以反知当 $n_2 > n_1$ 时光的受激辐射超过了受激吸收，从而产生了光放大，这一状态即粒子数反转。粒子数反转在热平衡状态下是不可能发生的，需要外界向物质源源不断供给能量，称为泵浦过程。而泵浦源则是激光器设计中必不可少的部分。

3. 光的自激振荡

激光器与光放大器最重要的区别在于它能够实现自激振荡，即不需要外部输入微弱的光束而产生激光。原子体系中，自发辐射是永远存在、只与物质原子特性相关的跃迁过程，因此在激光器的工作物质中总会存在微弱的自发辐射光，这些自发辐射光的强度非常微弱，方向和相位完全随机。由于这些自发辐射光的频率也落在工作物质的增益曲线频率范围内，这些传输方向随机的、微弱的自发辐射光也会被工作物质放大，由于谐振腔对模式的选择作用，只有传输方向满足严格近轴条件的那些自发辐射光才能够在光腔内往返传输足够多次，最终形成相干性极好的激光输出，这就是激光自激振荡的过程。

自激振荡过程中的关键参量是增益和损耗。

处于粒子数反转状态的物质称为增益物质。增益物质可以为激光补充能量，同样起到了光放大的作用，用增益系数 g 来描述。而在共振腔内，光的几何偏折损耗、衍射损耗、不完全反射损耗、非激活吸收、散射等损耗导致了能量的损失，用损耗系数 α 描述。当光在无限长腔内传输时，由于光的增益存在最大值并且增益系数与光强相关，因此在传输过程中光在不断一边增强一边削弱最终达到动态平衡，此时光强达到稳定极限值 I_m，其表达式为

$$I_m = (g^0 - \alpha)\frac{I_s}{\alpha} \tag{1-3}$$

可以发现稳定的光强值与入射强度无关。因此，任意小的初始光强均可以形成大小确定的极限光强 I_m，只需要满足自激振荡条件（1-4）：

$$g_0 \geqslant \alpha \tag{1-4}$$

可见，在理解激光的基本原理时，光腔的损耗特性与工作物质的增益特性非常重要。

4. 激光的特性

激光具有极高的光子简并度，即激光具有单色性、相干性、高亮度、方向性。激光的相干性可以分为空间相干性与时间相干性两类。激光的相干性并不是无限的，可用相干体积 V_C 描述激光的空间相干性，其公式为

$$V_C = A_C L_C = A_C \tau_C c \tag{1-5}$$

式中，L_C 为沿传播方向的相干长度；A_C 为光传播方向截面上的相干面积；c 为光速；$\tau_C = L_C / c$ 为相干时间，其公式为

$$\tau_C = \Delta t = \frac{1}{\Delta \nu} \tag{1-6}$$

其中，Δt 为发光物质原子的激发态寿命；$\Delta \nu$ 为发出光波的频带宽度，即线宽。式（1-6）说明了光源的单色性越好，相干时间越长。

在杨氏双缝干涉实验中，双缝间距为 L_x，光源线度为 Δx 的条件下，干涉光保持空间相干性的前提是满足：

$$\frac{\Delta x L_x}{R} \leqslant \lambda \tag{1-7}$$

式中，λ 为光源波长。

距离光源 R 处的相干面积 A_C 的公式为

$$A_C = L_x^2 = \left(\frac{R\lambda}{\Delta x} \right)^2 \tag{1-8}$$

若用 $\Delta \theta$ 表示两缝间距对光源的张角，则式（1-7）可写为

$$A_C(\text{光源}) = (\Delta x)^2 \leqslant \left(\frac{\lambda}{\Delta \theta} \right)^2 \tag{1-9}$$

由式（1-9）可知，若双缝张角为 $\Delta \theta$，干涉光波保持相干性的前提是光源面积小于 $(\lambda / \Delta \theta)^2$，则光源的相干体积可表示为

$$V_C = \left(\frac{\lambda}{\Delta \theta} \right)^2 \frac{c}{\Delta \nu} = \frac{c^3}{\nu^2 \Delta \nu (\Delta \theta)^2} \tag{1-10}$$

对于激光光源，其光束在相干体积内具有很高的相干光强。下面将对激光的四种性质简单介绍说明。

空间相干性与激光的方向性密切相关，方向性越好，空间相干性程度就越高。普通光源具有空间相干性的前提是其发散角满足式（1-9），理想的空间相干平面光的发散角为零。激光器内光腔模式可以分解为若干纵模与横模。单模激光器只有基模一种模式，光束发散角很小，基模光波类似于完全空间相干光。相比之下，多模激光器具有多种模式，高阶模具有更大的发散角，不同模式的光波之间互不相干。

想要提高激光空间相干性，可以通过控制谐振腔参数提升光波的方向性以及想办法使激光器只工作于基模。衍射效应、光腔加工误差、工作物质的不均匀性这些因素都会影响输出激光的空间相关性。由于衍射效应，激光光束发散角不能小于衍射极限角。衍射极限角公式为

$$\theta_m \approx \frac{\lambda}{2a} (\text{rad}) \tag{1-11}$$

式中，$2a$ 为光腔输出孔径。

激光器的方向性随激光器种类的不同差异显著，主要体现在激光器的工作状态、谐振腔种类、工作物质性质这几个方面。气体激光器方向性最好，可达到 $\theta \approx 10^{-3}\ \text{rad}$，这是因为气体激光器往往有较长的谐振腔，并且作为工作物质的气体具有良好的均匀性。He-Ne 激光器甚至可达 $3 \times 10^{-4}\ \text{rad}$，这已十分接近其衍射极限 θ_m。固体激光器的谐振腔长度较短，且其工作物质均匀性差，因此方向性不如气体激光器，一般在 $10^{-2}\ \text{rad}$ 量级。方向性最差的是半导体激光器，一般在 $(5 \sim 10) \times 10^{-2}$ 量级。

时间相干性与激光的单色性密切相关，由式（1-6）可知，单色性越好，时间相干性越好。单横模激光器的单色性受两个因素的影响：谱线宽度和纵模结构。理想单模激光器拥有非常小的谱线宽度 $\Delta\nu$，但这个值会受到激励、温度等条件的影响而变化。想要提升单模激光器的单色性，就需要提高激光器频率的稳定性。

在不同工作物质的激光器中，气体激光器在单色性方面表现最好，可达 $10^{6} \sim 10^{3}\ \text{Hz}$。固体激光器的单色性不如气体激光器，工作物质较宽的增益曲线使得固体激光器难以工作于单纵模状态。单色性最差的是半导体激光器，一个稳频的单纵模激光器发出的激光接近于理想的单色平面光波，即完全相干光。

激光器工作于单模状态下时，由于极高的光子简并度，能获得高亮度的激光。光源的亮度 B 定义为单位截面和单位立体角内发射的光功率，可表示为

$$B = \frac{(\Delta P)_1}{\Delta s \Delta\Omega} \tag{1-12}$$

式中，$(\Delta P)_1$ 为光源的面元；Δs 为在立体角 $\Delta\Omega$ 内所发射的光功率。

单色亮度定义为单位截面、单位频带宽度和单位立体角内发射的光功率，可表示为

$$B_\nu = \frac{(\Delta P)_2}{\Delta s \Delta\nu \Delta\Omega} \tag{1-13}$$

式中，$(\Delta P)_2$ 为光源的面元；Δs 为在频带宽度 $\Delta\nu$、立体角 $\Delta\Omega$ 内所发射的光功率。

对于基横模单模激光束，以上二式可改写为式（1-14）和式（1-15）：

$$B = \frac{P}{A(\pi\theta_0^2)} \tag{1-14}$$

$$B_\nu = \frac{P}{A\Delta\nu(\pi\theta_0^2)} \tag{1-15}$$

式中，P 为激光束功率；A 为激光束截面面积；θ_0 为基横模的远场发散角。设 $\Delta\nu_S$ 为激光线宽，其计算公式为

$$\Delta\nu_S = \frac{1}{2\pi\tau_R'} \tag{1-16}$$

式中，τ_R' 为光子寿命，由激光器工作物质的性质决定。

由于是完全相干的，单模激光的横截面积与发散角的关系满足：

$$A\theta_0^2 = \lambda^2 \tag{1-17}$$

单位时间内输出该模式下的光子数为 $P/(h\nu)$，在 τ_R' 时间内光子全部输出腔外，那么该模式下的光子总数（即光子简并度）可以表示为

$$\bar{n} = \frac{P\tau_R'}{hv} = \frac{P}{2\pi hv\Delta v} \tag{1-18}$$

联合式（1-15）、式（1-17）和式（1-18），可得

$$B_v = \frac{2hv}{\lambda^2}\bar{n} \tag{1-19}$$

激光具有极好的方向性（θ_0 小）和单色性（Δv_S 小），因而具有极高的光子简并度。由于光子简并度与单色亮度成正比，激光也具有极高的单色亮度。

1.4.3 高斯光束基本概念

要在光学谐振腔中实现"自再现"振荡，光场需要满足特定的空间分布和频率条件，满足要求的光场分布称为腔模。腔模分为纵模和横模，腔模沿腔轴线方向的稳定场分布称为纵模，而在垂直于腔轴的横截面内的稳定场分布称为横模。根据谐振腔内不同的对称性可选择直角坐标或极坐标来描述光场的横向空间分布，分别用厄米-高斯模（Hermite-Gaussian mode）和拉盖尔-高斯模（Laguerre-Gaussian mode）来表示不同的横模。两者的最低阶模一阶横模对应的光束即高斯光束。

沿腔轴方向（设为 z 方向）传播的高斯光束电矢量的振幅表达式为

$$E(x,y,z) = \frac{A_0}{\omega(z)}\exp\left(-\frac{x^2+y^2}{\omega^2(z)}\right)\exp\left(-\mathrm{i}k\left(\frac{x^2+y^2}{2R(z)}+z\right)+\mathrm{i}\phi(z)\right) \tag{1-20}$$

式中，$E(x,y,z)$ 为 (x,y,z) 点的电矢量；$\dfrac{A_0}{\omega(z)}$ 为 z 轴上各点的电场矢量的振幅；$\omega(z)$ 为 z 点的光斑尺寸，其计算公式为

$$\omega(z) = \omega_0\left[1+\left(\frac{z\lambda}{\pi\omega_0^2}\right)^2\right]^{1/2} = \omega_0\left[1+\left(\frac{z}{f}\right)^2\right]^{1/2} \tag{1-21}$$

ω_0 为光束的"束腰"，表示 $z=0$ 处的光斑尺寸，是光斑大小的量度；f 为共焦参数（瑞利距离 z_R），其计算公式为

$$f = z_R = \frac{\pi\omega_0^2}{\lambda} \tag{1-22}$$

等相位面曲率半径 $R(z)$ 的计算公式为

$$R(z) = z\left[1+\left(\frac{\pi\omega_0^2}{z\lambda}\right)^2\right] = z\left[1+\left(\frac{f}{z}\right)^2\right] \tag{1-23}$$

相位因子 $\phi(z)$ 的计算公式为

$$\phi(z) = \arctan\left(\frac{z\lambda}{\pi\omega_0^2}\right) = \arctan\left(\frac{z}{f}\right) \tag{1-24}$$

电矢量振幅在 $z=0$ 处的公式为

$$E(x,y,0) = \frac{A_0}{\omega_0}\exp\left(-\frac{x^2+y^2}{\omega_0^2}\right) \tag{1-25}$$

由此可知，高斯光束在 $z=0$ 处和平面波的等相位面一样都是平面，不同的是高斯光束的

电矢量振幅呈高斯分布，即光强在光斑中心处最大，沿径向越往外光强越小。在光斑半径 ω_0 处，光强降低到最大值的 $1/e$。

对于一般的基模高斯光束，只要确定出束腰 ω_0 的大小与所在位置，整个高斯光束结构则可以随之确定，其参数与高斯光束关系如图 1.3 所示。

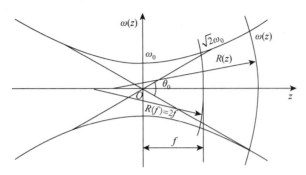

图 1.3　高斯光束与相关参数

振幅表达式中 $r^2 = x^2 + y^2$，且定义参数 $q(z)$ 公式为

$$\frac{1}{q(z)} = \frac{1}{R(z)} - \mathrm{i}\frac{\lambda}{\pi\omega^2(z)} \tag{1-26}$$

则式（1-26）可改写为

$$\psi_{00}(x, y, z) = \frac{c}{\omega(z)}\exp\left(-\mathrm{i}k\frac{r^2}{2}\left(\frac{1}{q(z)}\right)\right)\exp(-\mathrm{i}kz + \mathrm{i}\phi(z)) \tag{1-27}$$

式中，高斯光束的两个基本特征参数 $\omega(z)$ 和 $R(z)$ 由参数 $q(z)$ 统一表现。给出高斯光束的参数 $q(z)$，由式（1-28）可反推得到参数 $\omega(z)$ 和 $R(z)$ 的值：

$$\begin{cases} \dfrac{1}{R(z)} = \mathrm{Re}\left\{\dfrac{1}{q(z)}\right\} \\[2mm] \dfrac{1}{\omega^2(z)} = -\dfrac{\pi}{\lambda}\mathrm{Im}\left\{\dfrac{1}{q(z)}\right\} \end{cases} \tag{1-28}$$

定义 $z = 0$ 处的 q 值为 $q_0 = q(0)$，由于 $R(0) \to \infty$，$\omega(0) = \omega_0$，可以得到

$$q_0 = \mathrm{i}\frac{\pi\omega_0^2}{\lambda} = \mathrm{i}f \tag{1-29}$$

基模高斯光束的特征可由上述三组参数来表示，根据情况可以选择不同的参数组表示高斯光束的特征。相比之下，研究高斯光束的传输规律时一般选择 q 参数进行表征；选择 $\omega(z)$ 及 $R(z)$ 进行表征更加直观。

下面使用 q 参数讨论高斯光束的传播方式。首先介绍光纤转换矩阵分析相关概念。以两个平面为参考面，分别为输入平面与输出平面，这两个平面均垂直于系统的光轴。此外，为了理论的一般性，定义系统的光轴为直角坐标系的 z 轴，定义光线入射面距离光轴 r_1，入射角为 θ_1，光线出射面距离光轴 r_2，出射角为 θ_2，参量间的转换公式为

$$\begin{bmatrix} r_2 \\ \theta_2 \end{bmatrix} = \begin{bmatrix} A & B \\ C & D \end{bmatrix}\begin{bmatrix} r_1 \\ \theta_1 \end{bmatrix} \tag{1-30}$$

对于高斯球面波，其曲率半径公式与普通球面波类似，将式（1-21）、式（1-23）代入式（1-26）可得

$$q(z) = i\frac{\pi\omega_0^2}{\lambda} + z = q_0 + z \qquad (1\text{-}31)$$

式（1-31）体现出了在均匀各向同性介质中 q 参数随参数 z 的变化规律。当高斯光束通过薄透镜变换后，出射光仍为高斯光束。并且 q 参数满足：

$$q_2 = \frac{Aq_1 + B}{Cq_1 + D} \qquad (1\text{-}32)$$

式（1-32）称为高斯光束变化时的 $ABCD$ 定律。A、B、C、D 为近轴光线在系统中的光线矩阵元。高斯光束不仅适用于薄透镜，也适用于复杂的光学系统，如高斯光束聚焦、准直和匹配系统等。

参 考 文 献

马文淦，2005. 计算物理学. 北京：科学出版社.

郁道银，谈恒英，2016. 工程光学. 4 版. 北京：机械工业出版社.

仲佰，等，2011. 中国大百科全书：简明版. 2 版. 北京：中国大百科全书出版社.

周炳琨，高以智，陈倜嵘，等，2009. 激光原理. 6 版. 北京：国防工业出版社.

第 2 章

光电测距方法与应用

2.1　光电测距方法的分类及基本原理简介

光电测距是一种利用光学和电子技术进行距离测量的方法。根据测距原理，光电测距方法可分为多种类型，包括脉冲测距、相位测距、三角测距和结构光测距等。下面对各种测距方法的基本原理进行简要介绍。

2.1.1　脉冲测距

脉冲测距的基本原理是通过发射脉冲激光或电磁波，然后测量该脉冲从发射到目标再返回的时间来计算距离。具体而言，测距系统首先发射脉冲信号，其中一部分信号经目标物体表面反射回来，被接收系统记录。通过测量脉冲的往返时间，系统能够计算目标物体与测距仪之间的距离。这种方法的关键在于利用光速或电磁波传播速度和往返时间的一半进行距离计算。

脉冲测距在激光技术和电子技术领域得到广泛应用，尤其在工业、测绘、军事和自动驾驶等领域。其优势包括测量精度高、适用于长距离测量等特点。在具体实施中，脉冲测距方法有不同的变体，如飞行时间法等，以满足不同场景的测距需求。这使得脉冲测距技术成为现代传感器和测距系统中重要的组成部分。

2.1.2　相位测距

相位测距的原理为：对激光的幅度进行调制，并计算调制光往返一次所产生的相位延迟，这一相位延迟与激光波长和往返距离相关。确定激光的波长和相位延迟，就能计算出往返距离。相位测距的过程涉及对激光束的频率进行特定的调制，然后通过测量光的相位变化来确定目标物体与测距仪之间的距离。与脉冲式激光测距不同，相位测距发射的光束是连续调制的，这使得其在测距时具有一定的连续性和精确性。

在自动化生产等领域，相位式激光测距传感器得到广泛应用。其优势在于能够实现较高精度的距离测量，适用于一些对测距精度要求较高的应用场景。相位测距方法可以应用于工业自动化中的定位、测量以及对物体位置的精准控制。

2.1.3　三角测距

三角测距利用几何学中的三角关系来确定目标物体与观察点之间的距离，这种测距方法通过观察同一目标的角度差异，利用三角形的边长比例关系，从而计算目标物体到观察点的距离。在光学三角测距中，典型的应用包括激光三角测距和视觉三角测距。

激光三角测距利用激光束照射目标，测量激光在目标表面的反射或散射后的角度，通过这些角度信息和已知基线长度，使用三角形相似性原理计算目标距离。具体而言，激光三角测距法可通过计算光斑在传感器上的位移、角度变化或时间延迟等信息，利用三角形相似性或其他几何关系，精确地确定目标与传感器之间的距离。

2.1.4　结构光测距

结构光测距和三角测距有密切的关系。结构光是一种通过投射特殊光模式,如激光条纹或格雷码,形成结构化光斑的技术。通过观察结构光在目标表面的形变,利用三角测距原理,可以计算目标物体与测距设备之间的距离。这一技术可实现高精度的三维测量,广泛应用于工业制造、机器视觉、医疗影像等领域。

在操作中,结构光系统通常包括投射器和相机。投射器产生特定的结构光模式,而相机捕捉目标表面上结构光的形变。通过分析这些形变,系统可以推断出目标物体的三维形状和位置。这种结合结构光和三角测距的方法非常有助于实现高精度、非接触的三维测量,满足了各种应用领域对精密测量的需求。

2.2　激光三角测距法

激光三角测距是一种测量物体的绝对距离的方法。本节介绍三角测距法的原理,包括到二维和三维的扩展。讨论激光三角测距的特征曲线、激光束传播的影响以及物体表面的特性,并在最后列举该方法在工业界的相关应用实例。

2.2.1　三角测距法的原理

激光三角测距法是一种可以确定物体表面上某一点相对于参考平面的绝对距离的测量方法。从这个意义上讲,三角测距是一种类似于机械探头的定点导向方法,所测得的距离对应于一维测量。激光三角测距法的一种推广是激光截面法。激光截面法是一种光学三维测量技术,它基于三角测距原理。在这种方法中,一条横向的光线会被投射到待测量的物体上,在光线移动过程中,从另一个方向观测该光线,通过记录它的变化,可以确定物体剖面在其路径中的二维轮廓。两种方法之间存在一个简单的过渡,例如,通过结合激光三角测距法和光束扫描(后者通过旋转镜或移动平台实现),可以进行二维轮廓的测量。

对于非接触式的距离和轮廓测量,市面上有不同类型的激光三角测距传感器,它们通常被设计成紧凑型设备,在质量检测和流程控制等领域有大量应用,其原理如图 2.1 所示。

激光器向工件发出光束,光在光束照射到测量物体的地方发生散射,因此能利用散射光观察到交点。该方法只适用于表面具有漫射特性的物体,而理想的镜面物体不适合使用激光三角测距。一般情况下,散射的行为取决于工件的材料特性、物体表面纹理结构以及激光的波长,可以用角强度分布来描述散射,如图 2.1 所示。

利用探测器上的物镜,在入射方向给定的角度上,

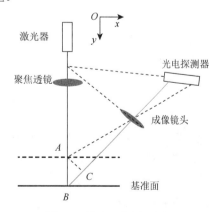

图 2.1　激光三角测距原理

对光束在工件表面上形成的光点进行成像。在选取角度时，必须考虑到工件表面的散射特性，以便从物体上记录到足够的光强。接着位敏探测器会根据成像光点的位置发出信号。关于检测器，优先使用横向效应二极管、CCD 或 CMOS 线阵列。

光点成像到探测器上的位置取决于工件在 z 轴方向上的位置，参见图 2.1 中的坐标系。根据像点的测量位置及已知的成像几何关系和入射方向，可以确定测试对象在 z 轴方向上相对于参考平面（如图 2.1 中的 xOy 平面）的距离。图 2.2 展示了从一维距离测量到轮廓（二维）及形状（三维）的扩展，其中最左侧的距离测量使用了准直的激光；中间使用激光截面法测量物体轮廓；最右侧则是投影多条激光线以测量物体的形状。对于轮廓的二维测量，激光束形成激光线被投影到物体上，这条线在二维位敏探测器上以已知角度的成像，而这种类型的激光三角测距称为光截面法。

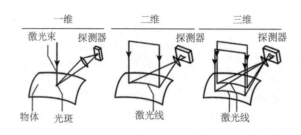

图 2.2　激光三角测距法的扩展

在三角测距传感器中，通常采用半导体激光器，它们以连续或脉冲的方式运行。半导体激光器的辐射通量是电流控制的。通过这种方式，可以补偿测试对象处由于不同表面特性而出现的散射光强的强烈波动。光源的典型波长在红色和近红外的光谱范围内，如 660 nm、670 nm、685 nm 和 780 nm 等。辐射通量在 1～100 mW 变化，具体取决于平均测量距离、测量范围、波长和具体的应用场景。除了辐射通量，还需要关注激光源的光束质量以及指向稳定性。通常，探测器前面需要添置一个光谱激光线滤光片。该滤光片使得散射的激光能通过，并减少来自周围环境的干扰光。

1. 向甫鲁条件

在一维激光三角测距中，物镜和探测器必须相对于激光束的入射方向以一定的方式布置，使得对于不同距离的测试对象，光斑都尽可能清晰地聚焦在检测平面中。因此，探测器相对于物镜的光轴倾斜。图 2.3 更详细地说明了所需的几何布置。为了简化表示，建立 uv 坐标系，使得 v 轴平行于物镜的光轴，物镜平面中 u 轴朝向 z 轴，uv 坐标系的原点位于物镜的中心。

射向工件的激光束倾斜于 v 轴，如图 2.3 所示。如果激光束在点 P_1 与待测物相遇，那么在探测器上点 P_1' 处能观察到对应的光斑，这同样适用于点 P_2 和 P_2'。由于 P_2 相较于 P_1 距物镜更远，P_2' 相比于 P_1' 离物镜更近。显然，探测器必须以不同于 90° 的角度与光轴倾斜，以实现清晰的成像，下面将讨论倾斜角度的值应该有多大。

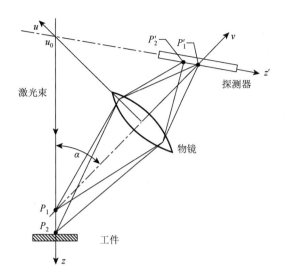

图 2.3　一维激光三角测距的成像几何关系

激光束的入射方向由式（2-1）描述：

$$u = m_L v + u_0 \tag{2-1}$$

参考图 2.3 的 uv 坐标系，m_L 是直线的斜率，u_0 是 $v = 0$ 时，激光束对应位置的 u 值。假设 (v, u) 是工件表面上一点 P 的坐标，它在像平面上对应点为 $P'(v', u')$ 可由式（2-2）和式（2-3）获得：

$$v' = \frac{v}{1 + v/f} \tag{2-2}$$

$$u' = \frac{v'}{v} u \tag{2-3}$$

式中，f 为物镜的焦距，式（2-2）由薄透镜方程 $1/s_o + 1/s_i = 1/f$ 推得，其中 s_o 和 s_i 分别为物距和像距。利用式（2-1）、式（2-2）和式（2-3）消去其中的 u、v 可得像点坐标值 v'、u' 的关系满足：

$$u' = \left(m_L - u_0/f \right) v' + u_0 \tag{2-4}$$

可见物点沿激光束的方向运动时，像点的坐标也是线性运动的。所以为了对图 2.3 中 P_1 和 P_2 点同时清晰成像，探测器平面需要对齐式（2-4）中的直线，即图 2.3 中的虚线，这对于沿激光束入射方向的所有其他点同样有效，并且图中的虚线同样经过激光光束与物镜平面的交点。

最终选择探测器的倾角，使得入射方向本身、物镜平面中的 u 轴和探测器对准的直线［由式（2-4）描述］相交于一点，这种规则称为向甫鲁条件（Scheimpflug condition）。

2. 三角测距传感器的特性曲线

下面将计算三角测距传感器的特性曲线。它描述了被测物体上光点的位置与检测器处成像光点的位置之间的关系。式（2-1）描述的直线上的每个光点都会对应其成像的光点位置。在下面的表达式中会用到图 2.3 中 z 和 z' 的坐标轴，它们分别与式（2-1）和式（2-4）中描述的直线平行。这些轴线的坐标原点都位于图 2.3 中的 v 轴上。在位置 z 处的光点将被投影到探测器上对应的 z'，它们的关系满足：

$$z'(z) = m_L f \sqrt{1+\left(m_L - \frac{u_0}{f}\right)^2} \cdot \frac{\dfrac{z}{\sqrt{1+m_L^2}}}{\left(\dfrac{z}{\sqrt{1+m_L^2}} + \dfrac{u_0}{m_L} - f\right)\left(m_L - \dfrac{u_0}{f}\right)} \qquad (2\text{-}5)$$

当 $z=0$ 时，也有 $z'=0$，这刚好对应着物点和像点都在物镜光轴上的情况。图 2.4 中实线部分是式（2-5）所对应的三角测距传感器的特性曲线，其中随机选择了参数 u_0、m_L 和 f。三角测距传感器在 z 方向上–120～120 mm 的测量范围将成像到 z' 方向上大约 20 mm 长度上，该长度可以对应如具有 2048 个元件的 CCD 线阵列。

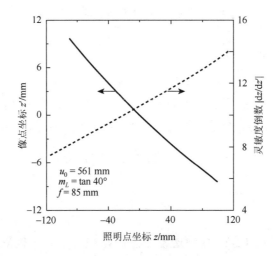

图 2.4　像点 z' 的坐标和灵敏度的倒数 $|\mathrm{d}z/\mathrm{d}z'|$ 与给定的照明点坐标 z 的函数关系图像

由于满足向甫鲁条件的特殊布置，一般来说，坐标 z 和 z' 之间不存在线性关系，从式（2-5）和图 2.4 都可以看出。因为这种非线性特性，由光束和工件交点的位移量 $\mathrm{d}z$ 所引起的像点的位移量 $\mathrm{d}z'$ 的值，取决于交点的位置。为了描述这种依赖性，在式（2-5）中关于 z 求导得到 $\mathrm{d}z'/\mathrm{d}z$，其模称为灵敏度，图 2.4 中的虚线和右侧的纵坐标都对应着灵敏度的倒数值。在所示的示例中，灵敏度的倒数在 7.5～14 的测量范围内变化。因此，三角测距传感器的灵敏度在其测量范围内并不是恒定的，测试对象距离传感器越远，灵敏度的值越低。

2.2.2　三角测距法的影响因素

关于激光三角测距的性能特征，如测量的不确定度、精度以及分辨率，必须考虑激光束传播、物体表面的特性、成像像差、探测器和信号评估、大气干扰等影响因素。当然，这些因素对其他激光测量方法也同样重要，下面以激光三角测距为特例来考虑它们。

1. 激光束传播

激光束传播和光束轮廓通常由所使用的激光源类型和光束整形光学器件决定。为了简化，在下面的讨论中，假设激光束可以用高斯光束来描述。图 2.5 描述了高斯光束的一些特征量。

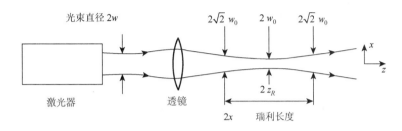

图 2.5　高斯光束的激光束传播（未按实际比例画出）

为了在三角测距中实现高分辨率，工件上的激光束直径应尽可能小。因此，激光束通常要用短焦透镜聚焦。参考图 2.5，假设在透镜前激光束的束腰半径为 w，同时还假设束腰到聚焦透镜的距离等于透镜的焦距。那么对于透镜后焦点处的光束束腰直径满足：

$$2w_0 = \frac{2\lambda}{\pi w} f_F \qquad (2\text{-}6)$$

式中，λ 为激光光源的波长；w 为激光光束在聚焦透镜前的束腰半径；$2w_0$ 为激光光束在透镜后焦面的束腰直径；f_F 则为透镜的焦距。

瑞利长度 z_R 是指激光从聚焦位置沿传播方向，光束半径增加到束腰半径的 $\sqrt{2}$ 倍的距离，其与束腰半径的关系满足：

$$z_R = \frac{\pi}{\lambda} w_0^2 \qquad (2\text{-}7)$$

可以看到，在给定的瑞利长度下，要求光束的束腰直径越小，选择激光波长则要越短。对于实际的激光束，给定瑞利长度下的光束直径始终大于理论计算值。

对于三角测距传感器，需要使得在测量范围内的光束直径尽可能小。以这样的方式有

$$M_Z = 2z_R \qquad (2\text{-}8)$$

式中，M_Z 为三角测距传感器在 z 方向上的测量范围，参见图 2.3。

当给定测量范围 M_Z 时，可以通过式（2-7）和式（2-8）确定束腰直径 $2w_0$ 的值。如参考图 2.4 的情况，假设选取 $M_Z = 240\ \text{mm}$，采用的氦氖激光器有 $\lambda_{\text{HeNe}} = 633\ \text{nm}$，可以求得 $2w_0 = 311\ \mu\text{m}$，在测量范围的极限处相应的光束直径达到 $2\sqrt{2}w_0 = 440\ \mu\text{m}$。

下面利用给定的表达式来估计在测量范围内至少可以分别区分多少个测量位置。为了简单性及进行大致估计，仅讨论图 2.6 给出的情况，即激光的束腰在 v 轴上 $z = 0\ \text{mm}$ 的位置，待测物的表面在 $z = 0\ \text{mm}$ 的位置，与 z 轴垂直。以角度 $\alpha(\alpha \neq 90°)$ 对光斑进行观测，如图 2.6 所示，光斑有限的直径 $2w_0$，会在确定光斑在 z 轴上的具体位置时引入不确定性 $\pm\Delta z$，且满足：

$$\Delta z = w_0 / \tan\alpha \qquad (2\text{-}9)$$

式中，α 为入射激光光束和 v 轴的夹角。

在测量范围内的其他待测位置，由于光束直径和观察方向不同，会产生另一个 Δz 值。借助式（2-9），可粗略估计可实现的最小三角测距的分辨率。为了简化计算，忽略 Δz 在测量范围内的变化。此外，还假设若两个测量位置的光点中心之间的距离达到 Δz，则仍然可以区分它们。在这些简化假设的基础上，z 方向测量范围 $M_Z = 2z_R$ 内可区分的测量位置的数量可由式（2-10）进行估计：

$$N = 2z_R / \Delta z = (\pi w_0 / \lambda)\tan\alpha \tag{2-10}$$

例如，当 $\alpha = 40°$ 时，即图 2.4 的情况，可实现的最小分辨率为 $N = 1295$，通过使用三角测距传感器来确定投影光点的重心，可实现高达 $N = 4000$ 的分辨率。

对于图 2.4 中给出的数值示例，图 2.7 展示了检测平面中对应成像光点的形式，y 轴的方向参考图 2.6。为了获得更好的视觉效果，三个位于不同位置 z 的测试对象，相应的投射光斑都分别转移到坐标原点（$z' = 0$ mm）。由于观测所满足的几何关系，投射的光斑呈椭圆形。当被测物在 $z = 0$ mm 和 $z = 120$ mm 之间时，投射光斑的大小变化几乎可以忽略不计。其原因如图 2.6 所示，实际上光斑在物体表面 $z = 120$ mm 处的直径大于 $z = 0$ mm 处的直径，也就是说在成像到检测平面上时，$z = 120$ mm 处的光斑尺寸比 $z = 0$ mm 处的光斑尺寸减小得更多（参见图 2.4 中不同位置 z 对应的灵敏度倒数）。由于这些相反的关系，其效果部分地相互补偿，成像光斑的尺寸没有显著变化。

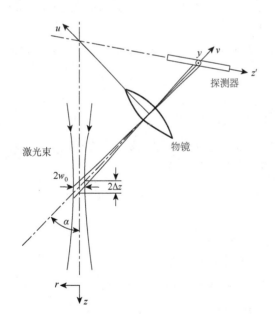

图 2.6　z 方向分辨率的确定

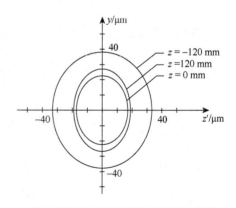

图 2.7　测量范围内不同被测物体位置在检测平面上的成像光点形式（y 轴和 z' 轴参考图 2.6）

对于 $z = -120$ mm 位置处的光斑成像情况则有些不同，探测器上更大的成像光斑意味着较少的成像缩小量，由其导致的成像光斑尺寸增加。在下面的小节中，将更详细地考虑投射光斑的大小与其检测结果的相关性。

2. 物体表面的特性

待测物体表面的特性以及激光源的光束轮廓都会影响激光三角测距的精度。对于以下讨论，如前所述，依然假设激光束具有高斯强度分布，见图 2.8（a），激光束垂直投射到平面物体的表面上，并假设有均匀的散射行为。函数 $I(r)$ 描述了光束与物体表面相交点处附近的强度分布，坐标 r 参见图 2.6。图 2.8（a）还示意性地展示了对应检测平面上成像光点附近的光强分布 $I' = I'(z)$，由于成像尺度和观察方向的布置，该强度分布的半宽值小于 $I(r)$ 的半宽值。如果物体表面相对于入射方向倾斜 ［图 2.8（b）］，则探测器平面上会产生更宽的强度分布。

在以上两种情况下，成像光点的强度分布都是对称的。如果通过重心确定来评估光点的位置，则物体的倾斜度不会对结果产生影响。

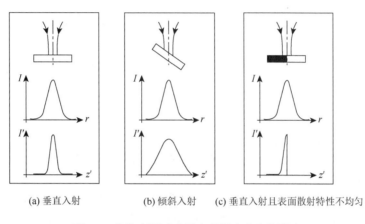

(a) 垂直入射　　　　(b) 倾斜入射　　　(c) 垂直入射且表面散射特性不均匀

图 2.8　物体表面对成像光斑强度分布的影响

图 2.8（c）给出了物体表面垂直于入射光束方向且该表面具有不均匀的散射特性。事实上，物体的一半完全吸收入射辐射，而另一半则散射光束。此时 $I' = I'(z)$ 的强度分布是非对称的，如果依旧通过重心确定光点位置，该分布将导致与图 2.8（a）中情况的结果不同。产生的偏差取决于入射光束强度分布的直径 $2w$。由于测试对象的散射特性变化如此剧烈，预计误差与光束半宽度值具有相同的数量级。

如果激光束遇到物体边缘，也会发生类似的效果。这种情况对应于图 2.8（b）和（c）的组合。强度分布 $I' = I'(z)$ 变得非对称，导致测量误差。

下面将更仔细地讨论物体表面的散射特性，它们受到材料特性和表面结构的影响，图 2.9 示意性地显示了不同的可能情况。图 2.9（a）表示具有镜面表面的物体。入射激光束在表面发生反射，反射方向取决于激光束与物体表面的相对方向。一般来说，反射光不会落在物镜的孔径上，因此不会测量到信号。

图 2.9（b）描述了理想情况，其中物体表面在所有空间方向上都有均匀的散射。这种情况由朗伯余弦定律描述，即表面元与观察方向两者法线矢量之夹角

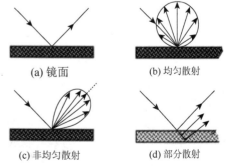

(a) 镜面　　　　　　(b) 均匀散射

(c) 非均匀散射　　　(d) 部分散射

图 2.9　不同测试对象的散射特性

的余弦值与辐射强度成正比。可以在空间任意方向上对此类物体进行激光三角测距。在前面的几节中，一直假设情况就是如此。实际情况下，散射分布的最大值沿着反射方向，如图2.9（c）中的虚线所示。该散射分布的角半宽值取决于物体的表面结构。通常表面较高的粗糙度会导致散射分布的角宽度增加。如果物体表面结构具有特定的优选方向，如卷制钢板、车削或磨削制成的工件，那么产生的散射分布将不具有旋转对称性。在这种情况下，散射分布在相互垂直的两个方向上的角半宽度值会有所差异。

如果已知对象的散射分布的角半宽度值，那么可以确定物体表面相对于激光入射方向的最大允许倾斜角。在此角度范围内，仍有足够的散射光用于检测。这意味着，当物体表面的倾斜角度不超过允许的最大角度时，依然可以通过检测系统捕获并测量散射光。在实际应用中，这一信息可以帮助设计者合理安排检测器和光源的相对位置，以确保测量系统在所需的角度范围内可以获得足够的散射光强度。

在图2.9（d）中，部分激光光束传播到物体内部。这种现象可能出现在塑料等有机材料以及玻璃、泡沫或液体等物质中。在传播路径区域，激光束会产生部分散射。因此，观察到的光斑会发生改变，这将影响在检测器平面上测量其位置的精度，并且需要在评估算法中予以考虑。

3. 成像像差

激光三角测距中激光束、被测物、物镜和探测器的几何布局已在2.2.1节中介绍过。接下来，将关注影响测量精度的因素。

首先因为由非近轴光线追踪和近轴光线追踪所得的结果不一致，在激光三角测距中用于观察光斑的物镜会不可避免地产生像差，像差包括彗差、条纹像差、畸变和球差等。球差描述了光束在物镜边缘的折射比光轴附近更强的效果。当物镜光圈照明不均匀时，这种效应在激光三角测距中的影响如图2.10所示。这里，将考虑物体散射光角分布内的光束1和光束2。光束1位于物镜光轴附近，汇聚到探测器平面上的一点。光束2从工件上同一光点发出，但经过的是物镜的外部区域。由于球差，光线没有像近轴光束1一样成像到检测平面中的同一位置，而是出现了位移。球差导致光斑的图像向一侧扭曲，这称为彗差。

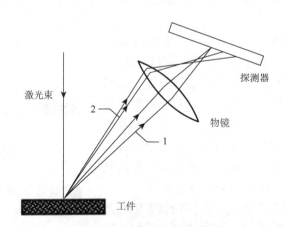

图2.10 物镜球差及光圈非均匀照明对成像光束位置的影响

当物体表面发生如图 2.9（c）所示的散射时，可能会出现如下情况：由于散射光强的特殊分布和物体表面的朝向，物镜孔径内只有一部分被照亮，例如，图 2.10 中只有光束 1 或只有光束 2 参与了成像，虽然都对应着同一个 z 值，但是检测器上成像的位置却不同。测量结果也取决于物体表面的朝向，在未知方向的情况下，测量不确定度由球面像差的大小决定。若物镜孔径尺寸减小，则球差的影响也会减小。然而，检测器平面上探测到的光强也会相应下降。

4. 探测器和信号评估

在激光三角测距中，通常使用以下类型的探测器：横向效应二极管、CCD 线阵列、CMOS 线阵列。探测器的功能是传递信号，从中获得成像光点的位置，通常会用检测平面中强度分布的质心来确定。横向效应二极管对强度分布进行积分，从而根据强度分布的质心直接传递信号。对于 CCD 或 CMOS 阵列，必须对各像素的强度值及其坐标进行加权，从而计算强度分布的质心位置。然而，由于强度分布的不对称性（图 2.8），横向效应二极管无法计算重心确定结果中可能存在的误差。

多重散射对测量结果的影响如图 2.11 所示，若待测工件的表面不平整，则可能会出现多重散射。图 2.11 中光束 1 在到达物镜前在物体表面发生一次散射，光束 2 在物体表面发生两次散射。两束光束在探测器平面的不同位置成像，导致像面强度分布发生变化，使得该分布的质心不再与工件上主光斑的精确位置相对应。对于横向效应二极管，无法考虑到多重散射的情况，因此测量结果是错误的。但如果使用 CCD 线阵列，可以将各个像素值与给定阈值进行比较，排除较弱的多重散射强度值，再进行加权计算，减少多重散射带来的误差。

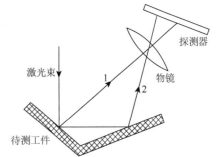

图 2.11　不平坦工件表面在激光三角测距中的多重散射

一般来说，横向效应二极管的信号是用模拟电子系统评估的。输出电流首先通过放大器转换为电压，并对电压的带宽进行限制，以抑制电子元件噪声的影响。通过运算放大器，形成差值和求和信号，由此得出横向效应二极管的强度分布的重心。使用横向效应二极管，可以实现高达 10 MHz 的测量频率。因此，具有横向效应二极管的三角测距传感器适合在需要高测量速率的测量过程中使用。而使用 CCD 线阵列，可以实现 1～70 kHz 范围内的频率测量。

下面将考虑散斑对信号检测的影响。在如图 2.7 所示的成像光斑内，会存在不规则的光强分布，这是激光照射到粗糙表面后又经由透镜成像而产生的散斑效应，其会产生统计性的强度调制。像平面上散斑的尺寸 ϕ_{sp} 取决于物镜到像平面距离、物镜的孔径以及激光束的波长 λ，具体关系满足：

$$\phi_{sp} \approx (\lambda / D) s_i \tag{2-11}$$

式中，D 为物镜孔径的直径；s_i 为物镜和像平面之间的距离。

距离 s_i 可以由式（2-4）确定，令 $u' = 0$，可得 $v' = s_i$。参考图 2.4 的数值实例，算得 $s_i = 97.4 \, \text{mm}$。假设物镜焦距与孔径大小的比值 $f / D = 2.8$，则由实例中的 $f = 85 \, \text{mm}$，得到

$D = 30.4\,\text{mm}$。将这些数值代入式（2-11），得到像平面中心处的平均散斑大小 $\phi_{sp} = 2\,\mu\text{m}$，在此基础上，CCD 线阵列的每个像素的大致尺寸为 $10\,\mu\text{m} \times 10\,\mu\text{m}$，因此在一个像素元上大概有 25 个散斑。由于每个像素的散斑数量会受到统计波动的影响，因此会出现信号噪声。假设服从泊松分布，则每个像素上的散斑数量 N_{sp} 的相对波动 $\Delta N_{sp} / N_{sp} = 1/\sqrt{N_{sp}}$，对于选定的数值特例有 $\Delta N_{sp} / N_{sp} = 0.2$，由于各个像素值的波动，检测平面中的强度分布是有噪声的，因此在确定质心时会出现额外的误差。

图 2.12 中展示的是同样大小的光斑，在散斑噪声的干扰下，被具有不同尺寸像素的 CCD 线阵列所探测到的强度分布示意图。图 2.12 左图，CCD 线阵列上的像素元是在 y 方向和 z' 方向边长为 $10\,\mu\text{m}$ 的方形像素。如前所述，在这种情况下每个像素上仅存在相对较少的可用散斑。由于散斑带来的噪声，使用线性 CCD 传感器测量的强度分布 $I' = I'(z')$ 具有强烈的波动。图 2.12 右图中，展示了具有非方形像素的 CCD，对其像素在 y 方向上的延伸，使其等于 z' 方向像素宽度的倍数。它在 y 方向上包含了大量散斑，使得强度分布上的波动减少。通过这种方式可以更精确地确定光斑在像平面中 z' 坐标的位置。

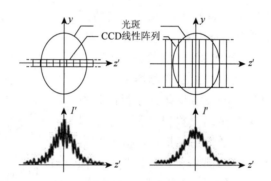

图 2.12　不同像素尺寸的 CCD 线阵列在散斑噪声干扰下获得的强度分布示意图

接下来将更详细地考虑散斑对成像光斑质心不确定度的影响。图 2.13 是 CCD 线阵列对光斑成像的示意图，图中单个光敏元 i，也称为像素，其高度为 Δy，宽度为 Δp。光敏元 i 接收到的辐射能量 Q_i 等于辐照度、像元面积和曝光时间的乘积。

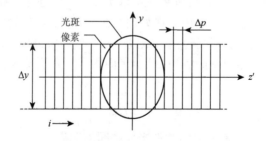

图 2.13　CCD 线阵列对成像光斑的检测

成像光斑质心对应的光敏元序号满足：

$$i_{cg} = \frac{\sum_{i=1}^{m} iQ_i}{\sum_{i=1}^{m} Q_i} \tag{2-12}$$

式中，m 为探测器阵列的总像素数。

一个像素所接收到的辐射能可以写为

$$Q_i = Q_{i0} + \Delta Q_i \tag{2-13}$$

式中，Q_{i0} 为像素 i 在没有散斑的情况下接收到的辐射能；ΔQ_i 为由散斑引起的辐射能变化。由于能量守恒，有 $\sum_{i=1}^{m} \Delta Q_i = 0$。定义能量波动的相对标准差为

$$\delta_i = \frac{\Delta Q_i}{Q_{i0}} \tag{2-14}$$

那么能量的总和满足：

$$Q = \sum_{i=1}^{m} Q_i \tag{2-15}$$

将式（2-13）～式（2-15）代入式（2-12）中可得

$$i_{cg} = \frac{1}{Q}\sum_{i=1}^{m}[i(Q_{i0} + \Delta Q_i)] = \frac{1}{Q}\sum_{i=1}^{m}[iQ_{i0}(1+\delta_i)]$$
$$= \frac{1}{Q}\sum_{i=1}^{m} iQ_{i0} + \frac{1}{Q}\sum_{i=1}^{m} iQ_{i0}\delta_i = i_{cg0} + \frac{1}{Q}\sum_{i=1}^{m} iQ_{i0}\delta_i \tag{2-16}$$

式中，i_{cg0} 为在没有散斑引起强度分布波动的情况下，光斑的质心的光敏元序号。现在对光斑质心序号进行 N 次测量，这些测量值的平均值可表示为

$$\langle i_{cg} \rangle = \frac{1}{N}\sum_{j=1}^{N}\left(i_{cg0} + \frac{1}{Q}\sum_{i=1}^{m} iQ_{i0}\delta_i\right) \tag{2-17}$$

当测量次数 $N \gg 1$ 时，式（2-17）中括号内第二项的求和值将等于 0，所以此时式（2-17）可以写为

$$\langle i_{cg} \rangle = \frac{1}{N}\sum_{j=1}^{N} i_{cg0} = i_{cg0} \tag{2-18}$$

其中，i_{cg} 的方差公式为

$$s_{cg}^2 = \langle(i_{cg} - i_{cg0})^2\rangle = \frac{1}{N-1}\sum_{j=1}^{N}(i_{cg} - i_{cg0})^2 = \frac{1}{N-1}\sum_{j=1}^{N}\left(\frac{1}{Q}\sum_{i=1}^{m} iQ_{i0}\delta_i\right)^2$$
$$= \frac{1}{N-1}\frac{1}{Q^2}\sum_{j=1}^{N}\left[\sum_{i=1}^{m} i^2 Q_{i0}^2 \delta_i^2 + \sum_{i=1}^{m}\sum_{k=1,k\neq i}^{m}(iQ_{i0}\delta_i)(kQ_{k0}\delta_k)\right] \tag{2-19}$$

因为 δ_i 和 δ_k 是不相关的，式（2-19）中双求和符号项可以消除，因此式（2-19）可以写为

$$s_{cg}^2 = \frac{1}{N-1}\frac{1}{Q^2}\sum_{j=1}^{N}\left(\sum_{i=1}^{m} i^2 Q_{i0}^2 \delta_i^2\right) \tag{2-20}$$

为了简化讨论，假设所有的 δ_i 都有相同值，即满足：

$$\delta_i = \delta \tag{2-21}$$

那么得到

$$s_{\mathrm{cg}}^2 = \frac{N}{N-1}\delta^2 \frac{1}{Q^2}\left(\sum_{i=1}^{m} i^2 Q_{i0}^2\right) \approx \delta^2 \frac{\sum_{i=1}^{m} i^2 Q_{i0}^2}{Q^2} \tag{2-22}$$

为了评估这种关系，假设不同位置能量 Q_{i0} 的分布可以用高斯函数描述，不失一般性，设在 $i=0$ 处取到最大值，得到

$$Q_{i0} = \frac{\Delta p Q}{a\sqrt{\pi}}\mathrm{e}^{-\frac{i^2(\Delta p)^2}{a^2}} \tag{2-23}$$

式中，Δp 为像素在 z' 方向的宽度，参考图 2.13；$a = l_{\mathrm{FWHM}}^i \Delta p /\left(2\sqrt{\ln 2}\right) = l_{\mathrm{FWHM}}/\left(2\sqrt{\ln 2}\right)$，$l_{\mathrm{FWHM}}^i$ 是由式（2-23）描述的光斑强度分布所对应像素数的半高全宽，l_{FWHM} 则是光斑实际的半高全宽。对于进一步的计算步骤，用积分近似计算式（2-22）中的和。假设 $\Delta p \ll a \ll L$，L 为探测器芯片的长度，$L = m\Delta p$。对式（2-23）在 $(-\infty,+\infty)$ 关于 i 积分恰好得到 Q。在该假设条件下，式（2-22）可以改写为

$$s_{\mathrm{cg}}^2 = \delta^2 \frac{\Delta p^2}{a^2 \pi}\int_{-\infty}^{\infty} i^2 \mathrm{e}^{-2\frac{i^2(\Delta p)^2}{a^2}}\mathrm{d}i = \frac{\delta^2 a}{\sqrt{32\pi}\Delta p} \tag{2-24}$$

那么由散斑导致的确定光斑位置测量的不确定度满足：

$$\Delta z_{\mathrm{cg}}' = \sqrt{s_{\mathrm{cg}}^2}\cdot\Delta p = \frac{\delta\sqrt{a\Delta p}}{(32\pi)^{1/4}} \tag{2-25}$$

由式（2-25）可知，当散斑效应不存在，即 $\delta = 0\,\mathrm{mm}$ 时，测量不确定度消失，直观上是显而易见的。为了估计由散斑效应引起的能量部分的相对标准偏差，这里计算了一个像素中散斑的数量，其公式满足：

$$N_{\mathrm{sp}} = \frac{\Delta p \Delta y}{\frac{\pi}{4}\phi_{\mathrm{sp}}^2} \tag{2-26}$$

式中，ϕ_{sp} 为散斑的尺寸大小，参考式（2-11）。如上所述，假设所设定的泊松统计量满足：

$$\delta = \frac{1}{\sqrt{N_{\mathrm{sp}}}} \tag{2-27}$$

将式（2-11）、式（2-26）和式（2-27）代入式（2-25）得

$$\Delta z_{\mathrm{cg}}' = \frac{\sqrt{\pi}}{(32\pi)^{1/4}}\frac{\lambda s_i}{D}\sqrt{\frac{a}{\Delta y}} \tag{2-28}$$

式（2-28）表明，如果增加像素在 y 方向的尺寸，测量的不确定度会得到改善。显然，只要根据式（2-26）增加像素元所捕获的散斑数，情况便会如此。当 Δy 大于光斑的半高全宽 l_{FWHM} 时，每个像素的散斑数就不会再增加了。为达到可实现的最小不确定度，取 $\Delta y \approx l_{\mathrm{FWHM}} = 2\sqrt{\ln 2}a$，代入式（2-28）得

$$\Delta z_{\mathrm{cg}}' = \left(\frac{\pi}{32\ln 2}\right)^{1/4}\sqrt{\frac{1}{2}}\frac{\lambda s_i}{D} = \kappa\frac{\lambda s_i}{D} \tag{2-29}$$

在下一步中，将探测器上的不确定度转化到物空间，参考图 2.3 的几何关系，利用透镜成像关系得

$$\frac{\Delta z'_{cg}}{\Delta z \sin \alpha} = \frac{s_i}{s_o} \tag{2-30}$$

式中，s_i 为物镜到探测器平面的距离；s_o 为物镜到待测物平面的距离。参考图 2.14，当从测量位置向物镜方向看时，半张角大小为 β，假设 $D/(2s_0) \ll 1$，那么 β 满足：

$$\tan \beta = \frac{D}{2s_o} \approx \sin \beta \tag{2-31}$$

将式（2-30）和式（2-31）代入式（2-29）得到激光三角测距传感器测量不确定度的理论下限满足：

$$\Delta z = \kappa \frac{\lambda}{2 \sin \alpha \sin \beta} \tag{2-32}$$

分析式（2-32）可知使用更小的波长 λ、更大的测量角 α 以及更大的物镜孔径可以降低测量的不确定度。对于图 2.4 中所选择的数值示例，若 $\lambda = 633$ nm，$\alpha = 40°$，$\sin\beta = 0.023$，得到可实现的最小不确定估计值 $\Delta z = 4.8 \, \mu m$。实际上，进一步增加测量角 α 会因散射光强度降低而受限。物镜数值孔径的进一步增加也会受到传感器可用

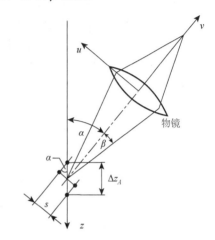

图 2.14　在三角测距中用物镜观测两个相距 s 的点，并将距离投影到 z 轴上

结构空间的限制，并且会使得传感器外壳上观察窗尺寸的相应增加，难以在工业环境中保持清洁。

有趣的是，如果不考虑式（2-32）中的常数因子，该公式也可以由阿贝（Abbe）描述下的显微镜相邻点的极限分辨距离推得，参考图 2.14，和 u 轴平行的物体平面上两点可分辨的极限距离满足：

$$s = \frac{\lambda}{2 \sin \beta} \tag{2-33}$$

如果将与 u 轴平行的距离 s 投影到 z 轴上，会得到 $\Delta z_A = s/\sin\alpha$。根据式（2-33），$z$ 方向的可分辨距离满足：

$$\Delta z_A = \frac{\lambda}{2 \sin \alpha \sin \beta} \tag{2-34}$$

式（2-32）和式（2-34）表现了纵向分辨率对波长、测量角 α 和数值孔径同样的依赖性。所以在阿贝关于解析物体最小细节时至少要使用 ±1 级衍射阶的阐述 [式（2-33）和式（2-34）]与本书考虑的散斑效应（一种衍射现象）对成像光斑位置确定时所带来不确定性进行评估的推导之间有着等价的关系。

在测量热工件的环境中，激光三角测距的照射光和散射光的传播会受到周围大气折射率变化的影响，系统设计时需要加以考虑。

2.2.3　用于轮廓测量的三角测距传感器

三角测距传感器测的原理如图 2.1 所示。传感器主要由激光器、物镜和探测器阵列组成。若要测量物体的轮廓或外形，对应于图 2.2 中所示的二维测量，则需要激光束形成一条线投影到测量物体上。另一种方法是使用带有准直激光束的一维三角测距传感器，激光束通过线性轴在物体上移动，或者物体相对于传感器移动。

图 2.15 展示了基于激光光截面法的二维三角测距传感器的原理示意图。通过使用柱面透镜，激光束形成一条线，被投射到测量对象上。图 2.16 是用于测量轮廓的激光光截面传感器的照片，其具体的设备技术参数包括130 mm×105 mm 的测量范围、272 mm 的平均测量距离、1280×1024 的探测器像素分辨率、200 Hz 的测量频率等。

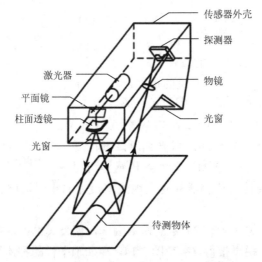

图 2.15　二维三角测距传感器的装置示意图

图 2.16　用于轮廓测量的激光光截面传感器

轮廓测量的另一种实现方法是将三角测距传感器与移动镜面相结合。图 2.17 为这种传感器的装置示意图。照明激光束通过旋转镜引导到测量物体上的不同位置。散射光由另一个旋转镜收集，该旋转镜与第一个旋转镜同轴共面，并将光引导至物镜。同样，激光束、物镜和探测器的几何布置依然要满足 2.2.1 节中所提及的向甫鲁条件。检测器的信号仅取决于旋转轴与测量物体上相应照明点之间的垂直距离。旋转轴的角位置可由角度发射器测量。通过这种方式，可以在极坐标中扫描测量物体的轮廓。

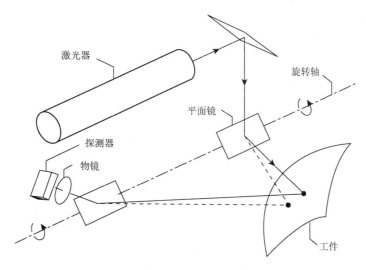

图 2.17　利用旋转镜进行轮廓测量的三角测距传感器

2.2.4　应用实例

三角测距传感器在过程控制和质量保证中有各种应用，如测量移动物体的几何量。图 2.18 示例性地显示了用于距离测量的三角测距传感器的一些应用案例。

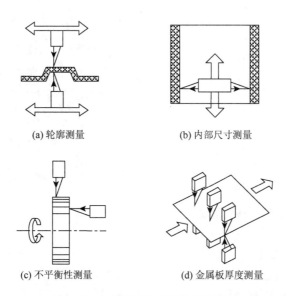

(a) 轮廓测量　　　　　　　(b) 内部尺寸测量

(c) 不平衡性测量　　　　　(d) 金属板厚度测量

图 2.18　三角测距传感器的应用案例

在图 2.18（a）中，两个传感器安装在平移台上，并在导轨上沿着一定的方向行进，实现对物体的轮廓进行检测。利用导轨之间的已知距离和用三角测距传感器测得的两个距离，确定待测物体的轮廓。在另一种应用中，传感器被固定安装，并连续测量经过传感器的轨道直线度。图 2.18（b）展示了测量物体内部尺寸的示例。旋转工件的不平衡性可以通过图 2.18（c）所示的装置进行测量，其中一个传感器测量径向跳动度，另一个传感器测量轴向跳动度。类似的装置用于检查各种类型的轴或轴类部件的几何形状，如凸轮轴、驱动轴或曲轴。然而，由于对高精度轴（如磨削轴）的检测精度的要求不断提高，三角测量达到了原理的极限，对于亚微米范围内的测量不确定度，干涉测量方法具有显著的优势。

图 2.18（d）示意性地显示了用于测量轧制金属板厚度的三角测距传感器阵列。在移动的金属板的两侧安装了多个传感器，传感器同步触发。根据获得的距离信号，确定每个测量位置的板材厚度。

轧制厚板的平整度是通过激光三角测量原理的变体来测量的，如图 2.19 所示。3 个三角测距传感器 M1～M3 安装在辊道上方 5 m 处，用于测量移动热轧厚板的平整度。每个传感器将 10 束激光投射到经过的测量物体的表面上。在满足向甫鲁条件的基础上，将横跨轧制宽度上的 2×5 个照明点清晰地行成像到对应的 CCD 检测器阵列上。测量点阵列覆盖的面积为 1500 mm×4500 mm。测量频率为 100 Hz，3 个三角测距传感器同步测量 30 个点距离。通过这种方法可以判断轧制板的平整度，并且消除轧制板本身在滚轮台上的不规则运动带来的伪缺陷。可以测量温度高达 900℃的热金属板材。由于热板的热辐射，周围的大气变得温暖，并且伴随着折射率的梯度而引起对流。当板温度为 900℃时，这种效应引起的测量不确定度约为 ±2 mm。测量结果被实时评估，并将识别出的平整度缺陷显示在轧机控制室中，进行反馈并作为对前段水冷装置进行优化操作的基础。图 2.20 显示了轧机中安装的系统照片。传感器安装在辊道上方钢脚手架的顶部。辊道上有一块滚烫的厚板正在经过。

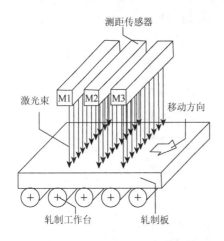

图 2.19　用激光三角测距传感器测量厚板的平整度　　图 2.20　轧机中基于激光三角测距的平面度测量系统

使用如图 2.19 和图 2.20 中的测量系统后，图 2.21 展示了厚板平坦度拓扑结构的一些示例。图中平坦度偏差被放大显示，以便更容易识别出平坦度的缺陷类型，其中颜色代表与理想平面的偏差量。厚板的缺陷会根据类型自动分类，并确定其全局和局部量。对来自多点三角测量的原始数据一般会进行如下处理：预处理以消除轧板的移动、评估全局结构、提取局部特征、使用神经模糊算法对图案特征进行分类。

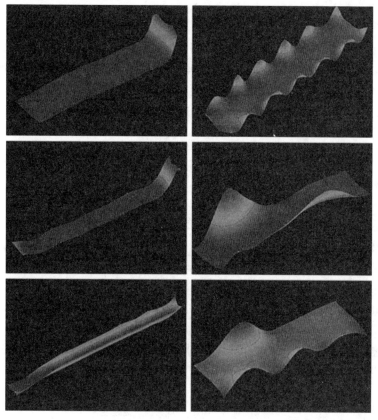

图 2.21　用激光三角测距法测量的厚轧板的平整度拓扑结构

2.3　飞行时间测距法

　　飞行时间（time of flight，TOF）测距法作为一种全场景同步距离成像的方法，因其高采集速率和相对较高的测量精度而备受关注。

　　如今三维飞行时间测量技术使用主动调制光源和 CMOS 像素阵列（价格较低）进行三维成像，正在彻底改变机器视觉行业，其广泛应用于无人驾驶、工业控制等领域。本节将对飞行时间测距法的部分技术及原理进行介绍。

2.3.1　飞行时间

　　飞行时间距离测量技术最初应用于军事行业，其中飞行时间是指从发射器发出的能量信号向被测物传播，到由被测物返回信号被接收器接收之间的时间。

　　TOF 系统的信号在发出和返回时路线基本是相同的，这使其传感具有直接性质，也是其优势所在。若使用光为信号源，则通过往返时间和光速（约为 30 cm/ns）来得到测量距离。TOF

系统测量的是信号往返于测量设备与被测物之间的时间，其对应着 2 倍的待测距离，满足：

$$L = \frac{c}{2}t \tag{2-35}$$

式中，L 为待测距离；c 为光速；t 为飞行时间。

　　分析式（2-35）可知，这种系统的距离分辨率取决于计时器的分辨率，例如，如果 L 要达到 1 mm 的精确度，那么时间测量间隔的精确度应达到 6.6 ps，即 150 GHz 的时钟振荡器。此外，飞行时间测距法根据调制信号的不同可以分为脉冲调制法和连续波幅度调制法，下面将对二者做分别介绍。

2.3.2　脉冲调制

　　为了测量距离，TOF 系统需要测量光信号的往返时间，这时需要将光信号调制为光脉冲，实际应用中一般选择较容易得到的方波光脉冲。通过测量单个高强度的光脉冲由光源出射到达被测物然后返回所用的时间，就能得到需要测量的距离。对于时间差的计算主要有两种方法，一种是对累积反射光中的光电子数进行积分间接计算时间，也称为脉冲式间接飞行时间（indirect time of flight，iTOF）法，另外一种则是在探测到反射光时快速计时，也称为直接飞行时间（direct time of flight，dTOF）法。

　　图 2.22 为脉冲式 iTOF 的示意图，入射光脉冲被由充电电容、高频转换开关以及光电二极管组成的接收端转换成电荷，之后被高频转换开关 G_1 和 G_2 分别导入电容 S_1 和 S_2 中。

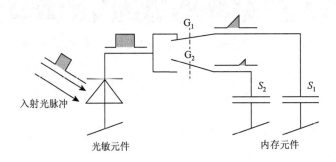

图 2.22　脉冲式 iTOF 示意图

　　由系统光源发射光脉冲。在光源打开，接收到反射光脉冲后，使高频转换开关 G_1 闭合，电荷 Q_1 的量在电容 S_1 中开始累积。在光源关闭后，即不再有发射光时，立刻断开 G_1 闭合 G_2，此后接收到的电荷 Q_2 被存储到电容 S_2 中。

　　接着采集光脉冲产生的电荷量。根据具体的积分量 Q_1 和 Q_2，假设光脉冲的持续时间为 T_p，那么飞行时间表示为

$$t = \frac{Q_2}{Q_1 + Q_2}T_p \tag{2-36}$$

　　然而，这种系统面临的最大挑战是传感器的设计，它必须在非常高的频率下进行开关转换。

在深度相机中，以前的系统使用了图像增强器和标准的 CCD 相机，其中光电阴极的增益可以由电路控制，以提供非常短的积分周期。这种方法能提供良好的对比度和较高的空间分辨率，因为空间分辨率受图像增强器分辨率（线对/mm）的限制，该限制分辨率通常小于标准 CCD 相机的像素阵列的大小。该方法的主要局限性是距离测量精度和图像中像素的强度有关，对于具有低反射率或距离太远的物体，测量精度受到图像传感器动态范围的限制。

另一种方法为 dTOF 法，也称为光探测或测距法（激光雷达法），如今此方法已经被广泛应用于三维成像等领域中，其原理如图 2.23 所示。常见的 dTOF 传感器发射端采用垂直腔表面发射激光器（VCSEL），通过直接测量光脉冲从发射到返回的时间差 ΔT 来计算所测量的距离。dTOF 的难点在于要检测的光信号是脉冲信号，因此对光的敏感度必须要非常高，所以接收端一般使用单光子雪崩二极管（single photon avalanche diode，SPAD）。SPAD 的工作区域位于二极管的击穿区附近，当单个光子进入 X 射线电子计算机断层扫描（computed tomograph，CT）设备后就会产生大量的电子-空穴对，使得 SPAD 能检测到非常微弱的光脉冲。但是从器件的角度看，SPAD 的集成度要低于普通的 CMOS 光传感器，这也是 dTOF 传感器（相机）二维分辨率较低的原因。

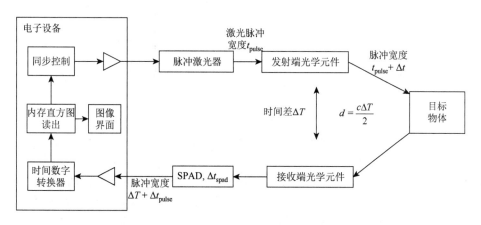

图 2.23 直接飞行时间测距传感器原理图

此外，从读出电路来看，dTOF 传感器需要分辨出非常精细的时间差，这需要使用时间数字转换器（time-to-digital converter，TDC）实现。例如，若需要实现 1.5 mm 的测距精度，则 TDC 的分辨率需要达到 10 pS。因此，在单帧测量时间中，dTOF 传感器实际会对光信号发射和返回的时间差进行多次重复测量，采用多次结果中出现次数最多的数据。

总体而言，脉冲调制法的特点是测量理论简单，响应速度快。同时发射光脉冲具有较高的能量，不易受环境光干扰，能获得较高的信噪比。但是发射高频高精度脉冲对物理器件的性能和时间分辨率都提出了较高的要求。

2.3.3 连续波幅度调制

在实际工程中，很多商业 TOF 相机产品都采用零差幅度调制，其电路基于与内像素光电混频器件相关的多种方案，简单称为内像素设备。该方法使用连续波激光发射来工作，需要先

解算出相位差 $\Delta\varphi$，间接获得飞行时间。相对于脉冲调制，其解调原理更复杂。

图 2.24 显示了零差幅度调制发射端和接收端的工作概念模型，与典型通信系统不同的是，它们共存于 TOF 相机中。电信系统会将发射端发送的信号转换为有用的信息，而相比之下，TOF 系统只估计信号往返的延迟，而不是在信号内部所编码的信息。设备发射和接收到的信号可以分别表示为

$$s_E(t) = m_E(t)\cos(2\pi f_c t + \varphi_c) \tag{2-37}$$

$$s_R(t) = m_R(t)\cos\left(2\pi f_c t + \varphi_c'\right) + n_R(t) \tag{2-38}$$

式（2-37）和式（2-38）中载波的频率 f_c 对应近红外波段的波长，为几百太赫兹（如 $\lambda_c = c / f_c = 860$ nm，对应 $f_c = 348$ THz）；$m_E(t)$ 则是频率为 f_m 的调制信号，f_m 的大小为几十兆赫，波长为数米（如 $f_m = 16$ MHz），对应 $\lambda_m = 18$ m。

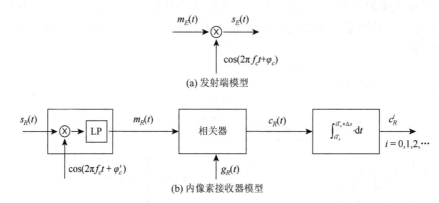

图 2.24 零差幅度调制的工作模型

值得注意的是，$s_E(t)$ 和 $s_R(t)$ 都是光学信号，图 2.24 的调制图准确地描述了发射端的操作，但是略去了接收端口的光电转换过程。图 2.24 更具概念上的意义，而非物理电路意义。实际上，内像素器件上的光输入信号 $s_R(t)$ 通过光电转换器件直接产生基带电压信号 $m_R(t)$，没有左侧解调的过程。因此，接收器前端的解调器和载波的相位 φ_c 和 φ_c' 都只是为了让模型更为简单易懂，实际的物理过程要更为复杂。

电调制信号 $m_E(t)$ 既可以是周期为 T_m 的正弦波，满足：

$$m_E(t) = A_E(1 + \sin(2\pi f_m + \varphi_m)) \tag{2-39}$$

式中，$f_m = 1/T_m$。也可以是调制周期为 T_m 的方波，满足：

$$m_E(t) = A_E \sum_{k=0}^{\infty} p(t - kT_m + \varphi_m; \Delta_m) \tag{2-40}$$

式（2-40）中有 $\Delta_m < T_m$，其中函数满足：

$$p(t; \Delta) = \text{rect}\left(\frac{t - \Delta/2}{\Delta}\right) = \begin{cases} 1, & 0 \le t \le \Delta \\ 0, & \text{其他} \end{cases} \tag{2-41}$$

为了简化讨论，将脉冲波 $p(t)$ 设定为方波，然而考虑实际中获得急剧上升和下降信号的困难性，这只能作为一个名义上的参考信号。

在接收端对光信号 $s_R(t)$ 解调后，令与 $m_E(t)$ 形状相似的基带电信号 $m_R(t)$ 与参考信号 $g_R(t)$ 在周期 T_m 内做相关操作，可得

$$c_R(t) = \int_0^{T_m} m_R(t')g_R(t'+t)\mathrm{d}t' \qquad (2\text{-}42)$$

信号 $c_R(t)$ 在接收器的后端，根据自然采样模式，被充电蓄能器电路采样。这一过程可以建模为一个系统，在每个采样时间点 $iT_s(i=0,1,2,\cdots)$ 后，返回时间段 Δs 内 $c_R(t)$ 的积分值，可得

$$c_R^i = \int_{iT_s}^{iT_s+\Delta s} c_R(t)\mathrm{d}t \qquad (2\text{-}43)$$

显然，对于 TOF 相机传感器，$m_E(t)$、$g_R(t)$ 和 Δs 的选取组合有无数种。接下来将讨论两种最基本的情况，即正弦波和方波调制信号，以及 $m_E(t)$、$g_R(t)$ 和 Δs 相关的选取。

1. 正弦波调制

在正弦波调制的情况下，根据图 2.24，TOF 相机发射端用幅度为 A_E、频率为 f_m 的正弦波信号 $m_E(t)$ 调制近红外光载波，即有

$$m_E(t) = A_E(1+\sin(2\pi f_m t+\varphi_m)) \qquad (2\text{-}44)$$

信号 $m_E(t)$ 在 $s_E(t)$ 中被场景表面反射回来，并返回到与发射器位置相同的接收器。由于反射时能量的吸收、传播过程中能量的衰减和在空间传播中相位延迟 $\Delta\varphi$ 等原因，到达接收端的高频或高频调制信号可以写为

$$\begin{aligned} m_R(t) &= A_R(1+\sin(2\pi f_m t+\varphi_m+\Delta\varphi))+B_R \\ &= A_R\sin(2\pi f_m t+\varphi_m+\Delta\varphi)+(A_R+B_R) \end{aligned} \qquad (2\text{-}45)$$

式中，A_R 为接收到的调制信号衰减后的幅值；B_R 为由背景光和其他因素干扰造成的信号幅值波动。图 2.25 显示了发射和接收调制信号的示例。

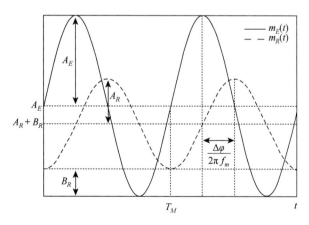

图 2.25　发射端的调制信号 $m_E(t)$ 和接收端的调制信号 $m_R(t)$ 示例

为方便表示，用 A 替代 A_R，用 $B/2$ 替代 A_R+B_R，可得

$$m_R(t) = A\sin(2\pi f_m t+\varphi_m+\Delta\varphi)+\frac{B}{2} \qquad (2\text{-}46)$$

式中，A 为振幅，因为它是有用信号的振幅；B 为强度或偏移量。如果在接收端的相关信号满足：

$$g_R(t) = \frac{2}{T_m}\big(1 + \cos(2\pi f_m t + \varphi_m)\big) \tag{2-47}$$

那么相关电路的输出满足：

$$
\begin{aligned}
c_R(t) &= \int_0^{T_m} m_R(t') g_R(t' + t)\mathrm{d}t' \\
&= \frac{2}{T_m}\int_0^{T_m}\left(A\sin(2\pi f_m t' + \varphi_m + \Delta\varphi) + \frac{B}{2}\right)\big(1 + \cos(2\pi f_m(t + t') + \varphi_m)\big)\mathrm{d}t' \\
&= \frac{2}{T_m}\int_0^{T_m} A\sin(2\pi f_m t' + \varphi_m + \Delta\varphi)\mathrm{d}t' + \frac{2}{T_m}\int_0^{T_m}\frac{B}{2}\mathrm{d}t' \\
&\quad + \frac{2}{T_m}\int_0^{T_m} A\sin(2\pi f_m t' + \varphi_m + \Delta\varphi)\cos(2\pi f_m(t + t') + \varphi_m)\mathrm{d}t' \\
&\quad + \frac{2}{T_m}\int_0^{T_m}\frac{B}{2}\cos(2\pi f_m(t + t') + \varphi_m)\mathrm{d}t' \\
&= A\sin(\Delta\varphi - 2\pi f_m t) + B
\end{aligned}
\tag{2-48}
$$

值得注意的是，由于发射端和接收端的位置相同，调制的正弦波信号（包括相位 φ_m）也可以在接收端获得。式（2-48）中的未知数为 A、B 和 $\Delta\varphi$，其中 A 和 B 可以转换为电压用伏特表示，而相位值 $\Delta\varphi$ 是一个纯数字。最重要的未知量为 $\Delta\varphi$，其与信号发送接收时差 τ、待测距离 d 的关系为

$$\Delta\varphi = 2\pi f_m\tau = 2\pi f_m\frac{2d}{c} \tag{2-49}$$

故能推断待测距离 d 的表达式为

$$d = \frac{c}{4\pi f_m}\Delta\varphi \tag{2-50}$$

为了估计未知量 A、B 和 $\Delta\varphi$，必须用理想的采样器对信号 c_R 进行采样。例如，使式（2-43）中的 $\Delta s \to 0$，每个调制周期 T_m 内采样至少 4 次，可以使采样间隔 $T_s = T_m/4$。假如调制频率是 30 MHz，那么信号 c_R 的采样频率至少为 120 MHz。设采样频率 $F_s = 4f_m$，每个调制周期内有 4 个采样间隔和采样值：$c_R^0 = c_R(t = 0)$、$c_R^1 = c_R(t = 1/F_s)$、$c_R^2 = c_R(t = 2/F_s)$、$c_R^3 = c_R(t = 3/F_s)$，那么接收器对 A、B 和 $\Delta\varphi$ 的估计可以表示为

$$(\hat{A}, \hat{B}, \Delta\hat{\varphi}) = \arg\min_{A,B,\Delta\varphi}\sum_{n=0}^{3}\left[c_R^n - \left(A\sin\left(\Delta\varphi - \frac{\pi}{2}n\right) + B\right)\right]^2 \tag{2-51}$$

对式（2-51）经过一些代数运算后可得

$$
\begin{aligned}
\hat{A} &= \frac{\sqrt{\left(c_R^0 - c_R^2\right)^2 + \left(c_R^3 - c_R^1\right)^2}}{2} \\
\hat{B} &= \frac{c_R^0 + c_R^1 + c_R^2 + c_R^3}{4} \\
\Delta\hat{\varphi} &= \operatorname{atan2}\left(c_R^0 - c_R^2, c_R^3 - c_R^1\right)
\end{aligned}
\tag{2-52}
$$

式中，atan2(a,b) 函数是对复数 $a+\mathrm{i}b$ 求幅角的操作。

最终距离的估计值 $\hat{d}$ 满足：

$$\hat{d}=\frac{c}{4\pi f_m}\Delta\varphi \tag{2-53}$$

如果考虑到采样过程并不是理想的，实际上是在标准自然采样模型中由一系列宽度为 Δs 的矩形脉冲产生的，那么在这种情况下，A、B 和 $\Delta\varphi$ 的估计值则需要修改为

$$\hat{A}'=\frac{\pi}{T_s\sin(\pi\Delta s/T_s)}\hat{A}$$
$$\hat{B}'=\frac{\hat{B}}{\Delta s} \tag{2-54}$$
$$\Delta\hat{\varphi}'=\Delta\hat{\varphi}$$

可见相移量 $\Delta\varphi$ 与采样持续时间 Δs 的大小无关，其仅会影响 A 和 B 的估计值。Δs 的一种典型取值方式为 $\Delta s=T_m/4=1/(4f_m)$。

2. 方波调制

在方波调制的情况下，根据图 2.24 的方案，TOF 相机的发射端会用幅度为 A_E、频率为 $f_m=1/T_m$ 的高频或甚高频方波 $m_E(t)$ 去调制近红外光学载波，可以表达为

$$m_E(t)=A_E\sum_{k=0}^{\infty}p(t-kT_m;\Delta_m) \tag{2-55}$$

式中，$\Delta_m<T_m$，且 $m_E(t)$ 的相位项 φ_m 在此处被省略了，因为在接收端和发射端 φ_m 都是已知的，它的具体值与实际的解调结果是无关的。

返回接收器的信号 $s_R(t)$ 中的调制信号 $m_R(t)$ 可以表示为

$$m_R(t)=A\sum_{k=0}^{\infty}p(t-\tau-kT_m;\Delta_m)+B \tag{2-56}$$

式中，A 为调制信号衰减后的振幅；B 为由背景光所带来的直流项；τ 为信号传播来回的时间。显然，式（2-55）中的 A_E 是已知的，而式（2-56）中的 A、τ 和 B 都是未知的，前两者取决于目标距离和材料的近红外光波段的反射率，后者则受背景光噪声的影响。在方波调制中，有许多方法估计 A、τ 和 B 的值，接下来将通过几个例子进行介绍。

先考虑图 2.26 中的情况，$m_E(t)$ 由式（2-55）给出，$m_R(t)$ 由式（2-56）给出，$g_R(t)$ 则定义为

$$g_R(t)=\sum_{k=0}^{\infty}(-1)^k p(t-2kT_s;2T_s) \tag{2-57}$$

下面的推导都假设 $\tau<T_s$，且有 $T_s=T_m/4$。为了符号标注方便，图 2.26 中信号 $m_R(t)$ 在第一、二、三采样周期内有用的面积表示为

$$R = (T_s - \tau)A$$
$$Q = T_s A \tag{2-58}$$
$$Q - R = \tau A$$

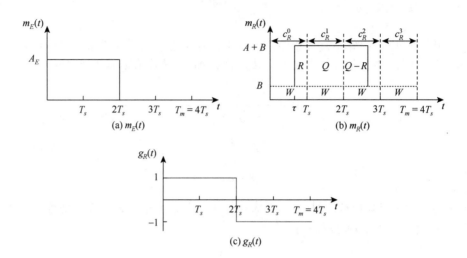

图 2.26　方波调制一周期内各信号波形示例

　　而光噪声信号的面积，被简单地建模为一个恒定的确定性信号，在每个采样周期内表示为

$$W = BT_s \tag{2-59}$$

　　类似地，参考式（2-42）与式（2-43），不考虑噪声 $n_R(t)$，后端积分器的输出表示为

$$c_R^i = \int_{iT_s}^{iT_s + \Delta s} m_R(t) g_R(t) \mathrm{d}t \tag{2-60}$$

式中，$\Delta s = T_s$。如图 2.26 所示，积分器输出的各段积分值与信号 $m_R(t)$ 不同采样周期内面积的关系可以表示为

$$
\begin{aligned}
c_R^0 &= R + W = Q(1 - \tau / T_s) + W \\
c_R^1 &= Q + W \\
c_R^2 &= -(Q - R + W) = -(Q\tau / T_s + W) \\
c_R^3 &= -W
\end{aligned} \tag{2-61}
$$

　　由式（2-58）、式（2-59）和式（2-61）可推得

$$
\begin{aligned}
\hat{\tau} &= \frac{T_s}{2}\left(1 - \frac{c_R^0 + c_R^2}{c_R^1 + c_R^3}\right) \\
\hat{A} &= \frac{1}{T_s}\left(c_R^1 + c_R^3\right) \\
\hat{B} &= -\frac{c_R^3}{T_s}
\end{aligned} \tag{2-62}
$$

保留式（2-55）和式（2-56）中定义的 $m_E(t)$、$m_R(t)$，并保持 $\tau < T_s$、$\Delta s = T_s$ 和 $T_s = T_m/4$ 的假设不变，$g_R(t)$ 还有许多其他的选择形式，如

$$g_R(t) = \sum_{k=0}^{\infty} (-1)^k p(t - kT_s; T_s) \qquad (2\text{-}63)$$

其图像如图 2.27 所示，它会改变 c_R^1 和 c_R^2 的符号，使得估计值变为

$$\hat{\tau} = \frac{T_s}{2}\left(1 - \frac{c_R^2 - c_R^0}{c_R^1 - c_R^3}\right)$$

$$\hat{A} = \frac{1}{T_s}\left(c_R^3 - c_R^1\right) \qquad (2\text{-}64)$$

$$\hat{B} = \frac{c_R^3}{T_s}$$

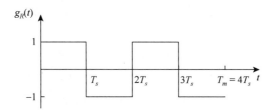

图 2.27　由式（2-63）定义的参考函数 $g_R(t)$ 图像

若参考信号 $g_R(t)$ 定义为

$$g_R(t) = 1 \qquad (2\text{-}65)$$

估计值则表示为

$$\hat{\tau} = \frac{T_s}{2}\left(1 - \frac{c_R^0 - c_R^2}{c_R^1 - c_R^3}\right)$$

$$\hat{A} = \frac{1}{T_s}\left(c_R^1 - c_R^3\right) \qquad (2\text{-}66)$$

$$\hat{B} = \frac{c_R^3}{T_s}$$

图 2.28 中展示了内像素接收器的另外一种方案，称为差分，相较于图 2.25，其主要的不同在于引入了两个参考信号进行相关操作。两参考信号 $g_{R1}(t)$ 和 $g_{R2}(t)$ 定义为

$$g_{R1}(t) = \sum_{k=0}^{\infty} p(t - (2k)T_s; T_s)$$

$$g_{R2}(t) = \sum_{k=0}^{\infty} p(t - (2k+1)T_s; T_s) \qquad (2\text{-}67)$$

$g_{R1}(t)$ 和 $g_{R2}(t)$ 与 $m_R(t)$ 的相关操作是并行运行的，后一阶段会将同一时段的积分值 c_{R1}^i 和 c_{R2}^i 做加减运算得到，即

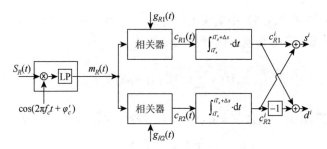

图 2.28　内像素接收器差分方案图

$$s^i = c_{R1}^i + c_{R2}^i$$
$$d^i = c_{R1}^i - c_{R2}^i \tag{2-68}$$

在电路层面，图 2.28 中的双相关和积分步骤适合应用于简单有效的解决方案，例如，由采样周期为 T_s 的时钟信号控制，当时钟信号是高电平时，将入射光子产生的电荷量累积到 c_{R1}^i 中；当时钟信号是低电平时，将入射光子产生的电荷量累积到 c_{R2}^i 中。

从图 2.29 中可以推算出：

$$c_{R1}^0 = R + W, \quad c_{R2}^0 = 0, \quad s^0 = R + W, \quad d^0 = R + W$$
$$c_{R1}^1 = 0, \quad c_{R2}^1 = Q + W, \quad s^1 = Q + W, \quad d^1 = -(Q + W)$$
$$c_{R1}^2 = Q - R + W, \quad c_{R2}^2 = 0, \quad s^2 = Q - R + W, \quad d^2 = Q - R + W$$
$$c_{R1}^3 = 0, \quad c_{R2}^3 = W, \quad s^3 = W, \quad d^3 = -W$$
$$\tag{2-69}$$

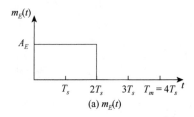

(a) $m_E(t)$

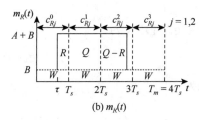

(b) $m_R(t)$

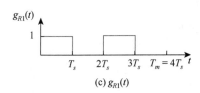

(c) $g_{R1}(t)$

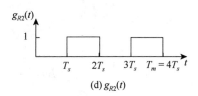

(d) $g_{R2}(t)$

图 2.29　内像素差分方案信号波形示意图

由式（2-58）、式（2-59）和式（2-69）可以得到

$$\hat{\tau} = T_s \frac{d^1 + d^0}{d^1 - d^3} = T_s \frac{d^3 + d^2}{d^3 - d^1}$$
$$\hat{A} = \frac{1}{T_s}(d^3 - d^1) \tag{2-70}$$
$$\hat{B} = -\frac{1}{T_s} d^3$$

在这种情况下，c_{R1}^i 和 c_{R2}^i 都具有大小为 $2T_s$ 的内在采样周期，而 c_{R2}^i 相对于 c_{R1}^i 延迟了 T_s。因此，式（2-68）中的样本 s^i 和 d^i 携带有相同的信息，故只需要一些符号上的改变，s^i 也同样能用于未知数 A、τ 和 B 的求解。

在获得时差 τ 后，根据式（2-49）和式（2-50）可算出目标距离。

2.3.4 多频扩展测距

由于连续波测距原理基于相位差，但是相位差每隔 2π 就会使得测量值重复，这意味着相位差超出 2π 以后，所对应的测量距离会与相位差小于 2π 所对应的距离发生重叠。所以实际相位 $\Delta\varphi$ 对应的距离有多种可能，式（2-50）应该扩展为

$$d_u = \frac{c}{2f_m}$$
$$d = d_u\left(\frac{\Delta\varphi}{2\pi} + k\right) \tag{2-71}$$

式中，c 为光速；f_m 为幅度调制频率；$\Delta\varphi$ 为测得的相移量；整数 k 为实际相位包裹可能的偏移；d_u 为单频测量信号条件下有效测量的最大距离。

参考图 2.30，由于反射信号的相位包裹，当目标物处在有效测量距离 d_u 之外时，用式（2-50）算得的测量距离比实际距离要小，相差了 d_u 的整数倍，因为有很多种可能性，此时无法确定物体真实的位置。

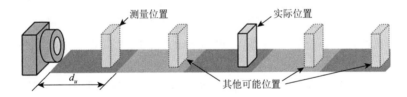

图 2.30 当物体的实际距离超过有效测量距离 d_u 后测量结果与实际结果的对比

分析式（2-71）可知，若要增大有效测量距离 d_u，则需要降低探测信号的频率，采用波长更长的调制信号。然而，根据式（2-50）可以得到测量距离的精度 σ_d 与相位精度 σ_φ 之间的关系为

$$\sigma_d = \frac{c}{4\pi f_m}\sigma_\varphi = \frac{d_u}{2\pi}\sigma_\varphi \tag{2-72}$$

由式（2-72）可知，用这样的方法增大有效测量距离无疑会降低测量的精度。

而另外一种方法则是采用两种（多种）不同调制频率的信号，假设两种信号频率分别为 f_A 和 f_B，那么对应会有不同的有效测量距离 d_{uA} 和 d_{uB}。如图 2.31 所示，当用单独的一种频率测量时，都会有给出目标物多个可能的位置，而物体真实的位置对应着两种频率位置重合时的情况。此时用两种波长的信号获得了更大的有效测量范围，等效于使用了一个调制波长为 λ_E 的信号。对于这种应用，其等效的调制频率为 f_E，其可表示为

$$f_E = \gcd(f_A, f_B) \tag{2-73}$$

即 f_E 是 f_A 和 f_B 的最大公约数。

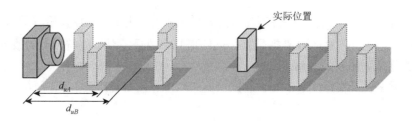

图 2.31　双频扩展测距原理图

此时的有效最大测量距离被扩大，可以表示为

$$d_E = \frac{c}{2f_E} \qquad (2\text{-}74)$$

通过使用多个调制频率的方法，能够很好地实现相位解包，也非常有助于减小多径误差。

2.3.5　先进雷达相机设备

1. Velodyne 距离扫描仪

大多数激光雷达系统只有一台激光器射向旋转镜子，因此只能在一个平面上观察物体。而来自 Velodyne 的高清晰度 HDL-64E 激光雷达距离扫描仪使用 64 个半导体激光器的旋转头。每个激光器的操作波长为 905 nm，具有 2 mrad 的光束发散度，并以 20000 次/s 的频率发射 5 ns 的脉冲光。这 64 个激光器分布在一个垂直视场上，并与 64 个专用光电探测器结合使用，以进行精确的测距。激光-探测器配对以垂直角度精确定位，以获得一个 26.8°的垂直视场。通过以垂直轴为中心将整个装置以 900 r/min（15 Hz）的速度旋转，生成一个 360°的视场。

这让传感器的数据采集速率比大多数传统设计高一个数量级。每秒生成超过 130 万个数据点，与旋转速率无关。Velodyne 还为该设备提供了高度定制化的软件，以提供实时的三维定位和环境感知功能。这种先进的技术使得 HDL-64E 能够在自动驾驶、机器人和其他感知应用中发挥重要作用。该公司还推出了具有较低垂直分辨率的 HDL-32E 和 VLP-16 激光扫描仪以商业化，范围扫描仪如图 2.32 所示。这些旋转式扫描仪具有完整的 360°水平视野，以及分布在垂直视野上的 16、32 和 64 个激光-探测器对。传感器的测距范围从 1 m 到 120 m 不等（取决于被扫描对象的材料属性），其精确度为 2 mm。

图 2.32　由 Velodyne 制造的 VLP-16、HDL-32E 和 HDL-64E 高清晰度激光雷达扫描仪（从左到右）

2. 丰田的混合激光雷达摄像头

图 2.33（a）显示了日本丰田开发实验室开发的深度传感器系统。一个重复频率为 200 kHz 的 870 nm 脉冲激光源发射一个光束，垂直和水平方向的散射角分别为 1.5° 和 0.05°。光脉冲的持续时间是 4 ns，FWHM（半峰全宽），平均光功率为 40 mW。激光束通过一个成像凹面镜中心的开口，同轴瞄准三面多边形镜。多边形镜的每个面有稍微不同的倾斜角度。

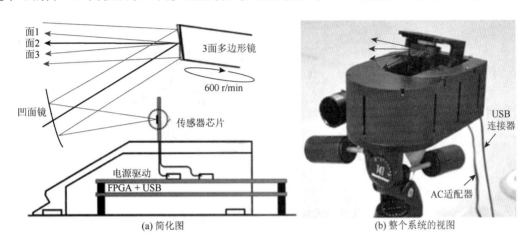

图 2.33　丰田开发的深度传感器系统

因此，在 100 ms 的一个循环中，多边形镜将激光束反射到 1.5°、0° 和 −1.5° 三个垂直方向上，与激光的垂直散射一起，覆盖了一个连续的 4.5° 垂直视野。在 170° 的水平扫描中，在一个特定的面上，场景中目标的反射光子由同一面收集，并成像到凹面镜的焦点平面上的 CMOS 传感器芯片上。芯片具有一个带有 32 个宏像素的垂直线传感器。这些像素在不同面的不同时刻解析场景的不同垂直部分，从而产生了实际 96 像素的垂直分辨率。由于每个宏像素电路都是完全并行运作的，在完成一次完整的旋转后，会计算出 1020×32 个距离点。然后将这个图像帧重新分配为 340×96 个实际像素，以 10 帧/s 的速度显示。还在传感器前面放置了一个光学近红外干扰滤光片（图中未显示），用于抑制背景光。

该系统的电子部件包括一个刚性-柔性头部传感器印制电路板（printed-circuit board，PCB）、一个激光驱动板、一个信号接口和电源供应板，以及一个数字板，包括一个低成本的现场可编程门阵列（field-programmable gate array，FPGA）和通用串行总线（universal serial bus，USB）收发器。距离、强度和可靠性数据由 FPGA 生成，并以 10 Mbit/s 的适度数据速率传输到个人计算机。该系统仅需要一个小型外部交流适配器，从中可以内部衍生出多个其他电源。

3. 三维闪光激光雷达相机

三维闪光激光雷达是用于指定一种传感器的另一个名称，该传感器通过单个激光脉冲来创建一个三维图像（每个像素处的深度值），用于照亮目标场景或物体。激光雷达摄像机和标准激光雷达设备之间的主要区别在于不需要机械扫描机构，如旋转镜子。因此，闪光激光雷达可以视为一台能以高达 30 帧/s 的速度提供三维图像的三维视频相机。图 2.34 显示了其总体原理和基本组件。闪光激光雷达使用由单个激光发射的光脉冲，该光脉冲被反射到场景物体上。由于反射光线被进一步分配给多个探测器，能量衰减是相当大的。不过，无需扫描是其一个明显的优势。事实上，每个单独的 SPAD 都会长时间暴露在光信号中，通常为 10 mm 左右。这允许进行大量的照明循环，可以对各种噪声效应进行平均处理以减少干扰。

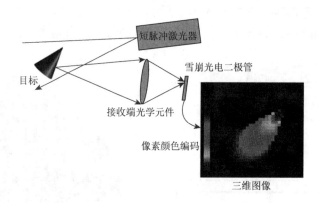

图 2.34　闪光激光雷达摄像机的基本原理

2.4　结构光三维测距法

传统的成像传感器和相机无法得到三维图像，这一限制极大地制约了人们对现实世界物体复杂性的感知和理解能力。经过几十年的发展，三维表面成像技术的相关技术以及商业化取得了显著进步，这一进步主要得益于高分辨率和高速电子成像传感器技术的不断革新、计算能力的持续增强和各个细分市场对应用需求的提升。本节概述利用结构光进行表面成像技术的最新进展。

三维成像是指能够获取真实三维数据的技术，即三维物体的某些属性值，如密度分布，作为三维坐标 (x, y, z) 的函数。医学成像领域的例子有计算机断层扫描（CT）和磁共振成像（magnetic resonance imaging, MRI），它们获取被测目标的体积像素（或体素），包括其内部结构。相比之下，表面成像则是测量物体表面各点的 (x, y, z) 坐标。由于表面一般是非平面的，所以需要在三维空间中进行描述，成像问题称为三维表面成像。测量结果可视为深度（或测距）z 与直角坐标系中位置 (x, y) 的函数关系图，可用数字矩阵形式 $z_{i,j} = (x_i, y_j)$ $(i = 1, 2, \cdots, L; j = 1, 2, \cdots, M)$ 表示。这一过程也称为三维表面测量、测距、测距传感、深度绘图、表面扫描等。这些术语用于不同的应用领域，通常指的是大致相同的基本表面成像功能，只是在系统设计、实施和/或数据格式的细节上有所不同。

更通用的三维表面成像系统能够获取与非平面表面上每个点相关的标量值，如表面反射率。结果是一个点云 $P_i = (x_i, y_i, z_i)$ $(i = 1, 2, \cdots, N)$，其中 i 表示数据集中第 i 个三维空间点。同样，彩色曲面图像由 $P_i = (x_i, y_i, z_i, r_i, g_i, b_i)$ 表示，$i = 1, 2, \cdots, N$，其中向量 (r_i, g_i, b_i) 表示与第 i 个表面点相关的红、绿、蓝颜色分量。光谱表面特性也可以用更大维度的向量来描述。

三维表面成像的一种主要方法是使用"结构光"，即用专门设计的二维空间变化强度模式对场景进行主动照明。如图 2.35 所示，空间变化的二维结构照明由特殊的投影仪或空间光调制器调制的光源产生。结构光图案上每个像素的强度用数字信号 $I_{ij} = (i, j)(i = 1, 2, \cdots, I; j = 1, 2, \cdots, J)$

表示,其中(i, j)代表投射图案的(x, y)坐标。本小节讨论的结构光投影图案均为二维图像。

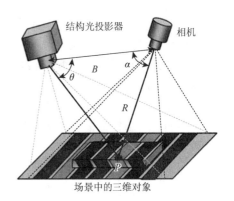

图 2.35 结构光示意图

成像传感器(如摄像机)用于获取结构光照明下场景的二维图像。若场景是没有任何三维表面变化的平面,则获取的图像中显示的图案与投射的结构光图案相似。然而,当场景中的表面为非平面时,表面的几何形状会使从摄像机中看到的投射结构光图案扭曲。结构光三维表面成像技术的工作原理是基于对投射的结构光图案变形信息的捕获和分析,从而提取出目标物体的三维表面形状。通过应用各种结构光原理和算法,能够精确地计算出场景中物体的三维表面轮廓。

如图 2.35 所示,成像传感器、结构光投影器和物体表面点之间的几何关系可以用三角测量原理表示为

$$R = B \frac{\sin \theta}{\sin(\alpha + \theta)} \tag{2-75}$$

基于三角测量的三维成像技术的关键在于在二维投影模式下从获取的图像中区分单个投影光点的技术。为此提出了各种方案,本节将概述基于结构光照明的各种方法。

从更一般的意义上讲,主动照明的结构光图案可包括所有(x, y, z)方向的空间变化,从而成为真正的三维结构光投影系统。例如,由于相干光干涉,投射光的强度可沿投射光的光路变化。然而,大多数结构光三维表面成像系统使用的是二维投影模式。因此,在本节对"结构光"的讨论仅限于二维结构光图案的使用。

图 2.36 是结构光三维成像系统的工作原理。结构光投影图案照射任意目标三维表面。在这种特殊情况下,结构光图案是空间变化的多周期彩色光谱。在结构光照射下,彩色成像传感器获取目标三维表面的图像,动态地改变三维表面的几何形状。成像传感器捕捉到的图像也随之变化。根据在感应图像上看到的结构光图案与未失真投影图案的对比失真度,可以准确计算出目标表面的三维几何形状。

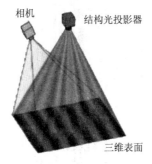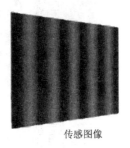

图 2.36 结构光三维成像系统的工作原理

目前,利用结构光进行表面成像的技术层出不穷。本节首先将所有技术分为单次成像和连续(多次)成像两类。当目标物体处于移动状态时,通过单次拍摄技术获取目标特定时间的三维表面快照图像。而若物体处于静止状态,则在对采集时间没有要求的情况下,可通过更精准

可靠的多镜头技术获取目标图像。

单次拍摄技术又可细分为三种：使用一维编码方案（条状索引）的技术、使用二维编码方案（网格索引）的技术、使用连续变化结构光模式的技术。每种技术都有自己的优缺点，具体取决于具体应用。也有可能将不同的技术结合在一起，以实现某些预期的优势。本节将详细介绍这些技术，并讨论与三维表面成像系统性能评估有关的问题，以及对任何结构光三维表面成像系统的成功运行都至关重要的相机和投影仪校准技术。最后一节提供了一些应用实例。

要在本节中涵盖所有可能的三维表面成像技术是不可能完成的任务。因此，这里选择了一些有代表性的技术，并以教程的方式介绍这些技术，这将有助于读者了解整个领域，并理解基本的技术原理和典型的系统特性。

2.4.1　顺序投影技术

1. 二进制模式和格雷编码

二进制编码使用黑白条纹形成一连串的投影图案，这样物体表面上的每个点都拥有唯一的二进制编码，不同于其他不同点的编码。一般来说，N 个图案可以编码 $2N$ 个条纹。图 2.37 显示了一个简化的 5 位投影图案。将这一系列图案投影到静态场景上后，就会出现 32 个用独特条纹编码的独特区域。根据三角测量原理，可以计算出每条水平线上所有 32 个点的三维坐标 (x, y, z)，从而形成一帧完整的三维图像。

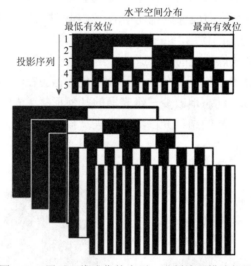

图 2.37　用于三维成像的序列二进制编码模式投影

所有像素中只存在二进制值，使得二进制编码技术对表面特征的敏感度较低，具有较高的可靠性。但是，想要提高空间分辨率，需要对大量的连续图案进行投射，且场景中的所有物体都必须静止。三维图像采集的整个持续时间可能比实际三维应用所允许的时间更长。

2. 灰度模式

为了有效减少获得高分辨率三维图像所需的图案数量，开发了灰度图案。在对投影图案进行编码时，可以将强度划分为 M 个不同的级别。此时，N 个图案可以编码的条纹数量为 M^N，每个条带码可视为 N 维基空间中的一个点，每个维度都有 M 个不同的值。例如，取 $N = 3$，$M = 4$，则可以编码的条纹数量为 64（$= 4^3$），而这对于二进制代码而言需要 6 个图案。在设计二进制和格雷编码模式时有一个优化。目标是最大化所有唯一码字之间某种类型的距离度量。对于实际的三维成像应用，能够区分相邻的条纹很重要。图 2.38 显示了在希尔伯特空间中优化的灰度编码模式的示例。

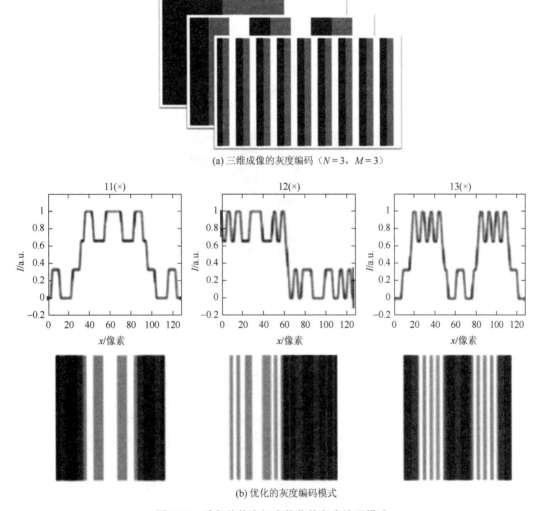

(a) 三维成像的灰度编码（$N = 3$，$M = 3$）

(b) 优化的灰度编码模式

图 2.38　希尔伯特空间中优化的灰度编码模式

3. 相移法

相移法是一种众所周知的三维表面成像条纹投影方法。一组正弦曲线图案被投影到物体表面（图 2.39）。三个投影条纹图案的每个像素 (x, y) 的强度描述为

$$
\begin{aligned}
I_1(x, y) &= I_0(x, y) + I_{\text{mod}}(x, y)\cos(\phi(x, y) - \theta) \\
I_2(x, y) &= I_0(x, y) + I_{\text{mod}}(x, y)\cos(\phi(x, y)) \\
I_3(x, y) &= I_0(x, y) + I_{\text{mod}}(x, y)\cos(\phi(x, y) + \theta)
\end{aligned}
\tag{2-76}
$$

式中，$I_1(x,y)$、$I_2(x,y)$ 和 $I_3(x,y)$ 为三个条纹图案的强度；$I_0(x,y)$ 为背景的直流分量；$I_{\mathrm{mod}}(x,y)$ 为调制信号幅度；$\phi(x,y)$ 为相位；θ 为恒定相移角。

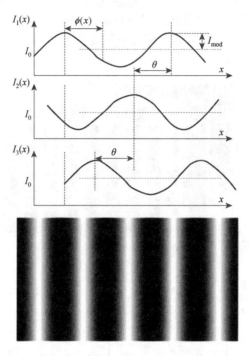

图 2.39　具有三种投影图案的相移和条纹图像的示例

相位展开是将包裹相位转换为绝对相位的过程。可以从三种条纹图案的强度检索相位信息 $\phi'(x,y)$，计算公式为

$$\phi'(x,y) = \arctan\left(\sqrt{3}\,\frac{I_1(x,y)-I_3(x,y)}{2I_2(x,y)-I_1(x,y)-I_3(x,y)}\right) \tag{2-77}$$

通过在 $\phi'(x,y)$ 值上添加或减去 2π 的倍数，可以消除反正切函数在 2π 处的不连续性（图 2.40），可得

$$\phi(x,y) = \phi'(x,y) + 2k\pi \tag{2-78}$$

式（2-78）中 k 是表示投影周期的整数。要注意，展开方法仅提供相对相位的展开，并不求解绝对相位。三维坐标 (x,y,z) 可以根据测量的相位值 $\phi(x,y)$ 与参考平面之间的相位差值来计算。图 2.41 说明了一个简单的情况，参量间关系满足：

$$\frac{Z}{L-Z} = \frac{d}{B} \tag{2-79}$$

式（2-79）关系可以进一步化简为

$$Z \approx \frac{L}{B}d \propto \frac{L}{B}(\phi-\phi_0) \tag{2-80}$$

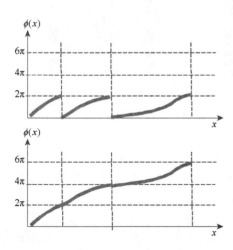

图 2.40　相位解包过程示意图

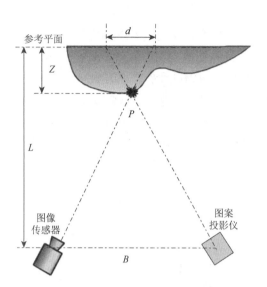

图 2.41 根据相位值计算 Z 深度

4. 混合方法：相移＋格雷编码

如上所述，相移技术存在两个主要问题：展开方法仅提供相对展开，而不能求解绝对相位。若两个表面的不连续性相位超过 2π，则任何基于展开的方法都无法正确地相对于彼此展开这两个表面。这些问题通常称为"模糊性"，可以通过结合使用格雷码投影和相移技术来解决。

图 2.42 显示了在 32 条编码序列中将格雷码投影与相移相结合的示例。格雷码确定相位的绝对范围，没有任何模糊性，而相移提供的子像素分辨率超出了格雷码提供的条纹数量。然而，混合方法需要更多数量的投影，并且不太适合动态物体的三维成像。

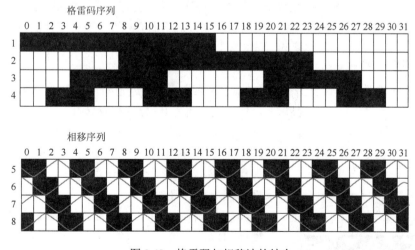

图 2.42 格雷码与相移法的结合

5. 光度立体法

光度立体（photometric stereo）法，最早是在 1978 年由麻省理工学院人工智能实验室的

Woodham 教授所提出的。实现光度立体法的基本思路是当相机和被测物的相对位置固定不变时，使用不同方向的光源照射同一目标物体，相机可以捕获带有不同明暗分布的图像，接着通过求解基于朗伯反射原理的反射方程组，得到目标表面点的法向分布或者深度图信息，如图 2.43 所示。因此，它通过使用多个图像解决了阴影带来的形状不适定问题。基础的光度立体法对成像提出三个基本假设：①正交投影，图像的 u、v 坐标直接对应物体的 x、y 坐标值。②物体表面具有朗伯反射特性，像素值与对应物体表面的法向量、反射系数、入射光角度和强度维持一种特定的关系。③入射光由远处的单一点光源发出，光线照到物体表面每一点的方向和强度都一致。

图 2.43　用光度立体法在八个不同位置的照明下拍摄同一物体的八幅图像

2.4.2　单次条纹索引

条纹索引对于实现稳健的三维表面重建是必要的，因为观察条纹的顺序不一定与投影条纹的顺序相同。这是由于三维表面成像系统基于三角测量，因此会存在固有视差，再加上物体三维表面特征的遮挡，会使得得到的图像中可能会丢失条纹。下面介绍一些有代表性的条纹索引技术。

1. 使用颜色的条纹索引

彩色图像传感器通常具有三个独立的采集通道，每个通道对应一个光谱带，将这些颜色分量值组合可以获得无限多种颜色。当每个通道使用 8 位（即 256 个级别）来量化颜色强度时，三个通道总共可以产生 256^3 种不同的颜色组合，如此丰富的颜色信息可用于提高三维成像精度并减少采集时间。例如，在投影图案中使用颜色进行条纹索引（图 2.44）可以帮助缓解使用单色图案的相移或多条纹技术所面临的模糊性问题。

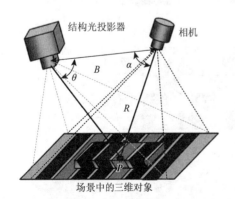

图 2.44　使用颜色进行条纹索引

这种颜色编码系统能够实现实时三维表面成像，还能将多个图案编码成单一颜色投影图像，每个图案在颜色空间中拥有唯一的颜色值。为了降低解码错误率，可以选择一种颜色集，其中每种颜色与该集中的任何其他颜色具有最大距离。该组颜色的最大数量受限于在所采集图像中产生最小串扰的颜色之间的距离。

2. 使用分段模式的条纹索引

为了区分一个条纹与其他条纹，可以向每个条纹添加一些独特的分段图案（图 2.45），这样，在执行三维重建时，算法可以使用每个条纹的独特分段图案来区分它们。这种索引方法是有趣且巧妙的，但它仅适用于具有光滑连续表面的三维对象，且当表面形状引起的图案失真不严重时。否则，在物体表面的不连续性和图案的变形等因素的影响下，恢复独特的分段图案可能非常困难。

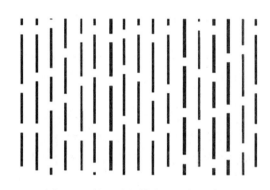

图 2.45　使用分段模式进行条纹索引

3. 基于德布鲁因序列的条纹索引

德布鲁因序列（de Bruijn sequence），记为 $B(k, n)$，是 k 个元素构成的循环序列。所有长度为 n 的 k 个元素构成序列都在它的子序列（以环状形式）中，出现并且仅出现一次。例如，序列 00010111 属于 $B(2, 3)$。00010111 的所有长度为 3 的子序列为 000、001、010、101、011、111、110、100，正好构成了由 0 和 1 构成的长度为 3 的所有组合。

德布鲁因序列的长度为 k^n。注意到，所有长度为 n 的 k 个元素构成的序列总共有 k^n 个。而对于德布鲁因序列中的每个元素，恰好构成一个以此元素开头长度为 n 的子序列。所以德布鲁因序列的长度为 k^n。

下面举例说明如何使用 R、G、B 三色的二进制组合来生成基于德布鲁因序列的颜色索引条纹。三种颜色的最大组合数为 2^3。由于不打算使用（0，0，0），所以只有 7 种可能的颜色。这个问题可以通过构建一个 $k = 7$、$n = 3$ 的德布鲁因序列来解决。这样就得到了一个有 343 个条纹的序列。若条纹数过多，则可以通过设置 $k = 5$、$n = 3$，使用德布鲁因序列的缩减集。在这种情况下，条纹的数量减少到 125 条。使用德布鲁因技术构建彩色索引条纹序列有一个重要的限制条件：所有相邻的条纹必须具有不同的颜色。否则，会出现一些双倍或三倍宽度的条纹，从而混淆三维重建算法。通过使用异或运算符，可以轻松解决这一限制。图 2.46 显示了一组带有实际颜色索引条纹图案的结果。在这个条纹序列中，所有相邻条纹的颜色都不同。德布鲁因技术的各种变体可用于生成独特的颜色索引、灰度索引或其他类型的投影图案，以用于三维表面成像应用。

图 2.46　基于德布鲁因序列的彩色条纹索引示例

2.4.3　三维表面成像系统的性能评价

表征三维表面成像系统技术性能的因素有很多。从应用角度来看，以下三个方面常被作为评价三维成像系统的主要性能指标。

1. 精度

测量精度是指三维表面成像系统在测量三维物体时，物体实际尺寸与所获取的测量值之间的最大偏差。由于系统固有的设计特性，三维成像系统在不同方向上可能展现出不同的精度水平。此外，不同制造商在描述其成像系统的精度时可能采用不同的指标，如用误差范围、平均误差、均方误差、不确定性等来表征其测量性能。因此，在对不同的系统进行比较时，必须理解任何性能声明的确切含义，并在同一框架中进行比较。

2. 分辨率

在大多数光学文献中，光学分辨率定义为光学系统区分图像中各个点或线的能力。同样，三维图像分辨率表示三维成像系统可以解析的物体表面的最小部分。然而，在三维成像领域，术语图像分辨率有时也表示系统在单帧中能够获得的最大测量点数量。例如，具有640像素×480像素的三维传感器可能能够为单次采集生成307 200个测量点。考虑到视野、间隔距离和其他因素，图像分辨率的这两个定义可以相互转换。

3. 速度

采集速度对于运动物体（如人体）成像非常重要。对于单次三维成像系统，帧速率代表其在短时间内重复全帧采集的能力。对于顺序三维成像系统（如激光扫描系统），除了帧速率之外，还需要考虑另一个问题：在进行顺序采集时物体是在移动的，因此获得的全帧三维图像可能不代表单个位置处的三维对象的快照。相反，它变成了在不同时间实例中获取的测量点的集成，因此三维形状可能会偏离三维对象的原始形状。采集速度和计算速度之间还有另一个区别，例如，某些系统能够以30帧/s的速度采集三维图像，但这些采集的图像需要以慢得多的帧速率进行后处理才能生成三维数据。

上述三个关键性能指标可以用来比较三维成像系统。除了主要性能指标，实际上还有无限数量的性能指标可用于表征三维成像系统的各个特定方面，例如，三维成像系统的景深，是指能够获得精确三维测量的间隔距离范围。最终，这些类型的系统属性将反映在主要性能指标上（如测量精度、分辨率和速度）。

视场、基线和间隔距离也可用于表征三维成像系统的行为。由于光投射能量有限，结构光三维成像系统通常具有有限的隔离距离，而依赖单激光扫描的飞行时间传感器可以达到数千公里的距离。每种类型的三维成像技术都有其自身的优点和缺点，应该根据其针对预期应用的整体性能来判断系统。

2.4.4 相机和投影仪的标定技术

三维成像技术的一个重要组成部分是相机和投影仪标定技术，它对确定三维成像系统的测量精度起着至关重要的作用。相机校准是计算机视觉中一个众所周知的问题。然而，令人惊讶的是，在许多三维成像技术评论、研究和应用文章中，三维成像技术的这一关键方面并没有得到足够的重视。

由于大多数三维成像系统都使用二维光学传感器，因此相机校准程序要建立二维图像上的像素（相机坐标）与三维空间中物体点所在直线（世界坐标）之间的关系，并将镜头畸变考虑在内。

通常使用简化的摄像机模型和一组固有参数来描述这些关系。有几种方法和配套的工具箱可供使用。这些程序通常需要已知校准对象的多个角度和距离的图像。平面棋盘图案是一种常用的校准对象，因为它的制作非常简单，可以用标准打印机打印，而且具有易于检测的独特边角。根据校准图案的图像可以构建二维到三维的对应关系。

假设世界坐标系中棋盘格的平面为 $Z=0$；那么标定板上的每个点就变成 $M=[X,Y,Z,1]^T$，因此物点 M 与其像点 m 通过单应矩阵 H 相关，满足的关系为

$$m \sim K[r_1,r_2,r_3,-Rt][X,Y,0,1]^T$$
$$m \sim H[X,Y,1]^T \tag{2-81}$$

式中，$H=[h_1,h_2,h_3]=K[r_1,r_2,-Rt]$ 是按比例定义的 3×3 矩阵；r_1、r_2、r_3 是旋转矩阵中的 3×1 列向量。注意到对于旋转矩阵 R，列向量 r_1、r_2、r_3 是相互正交的，即

$$h_1^T(KK^T)^{-1}h_2^T=0$$
$$h_1^T(KK^T)^{-1}h_1^T=h_2^T(KK^T)^{-1}h_2^T \tag{2-82}$$

每个单应矩阵可以对内参提供两个约束。由于式（2-82）中 $K^{-T}K^{-1}$ 是对称矩阵，所以可以用六维向量来定义，表示为

$$A-K^TK^{-1}=\begin{bmatrix} A_1 & A_2 & A_4 \\ A_2 & A_3 & A_5 \\ A_4 & A_5 & A_6 \end{bmatrix} \tag{2-83}$$
$$a=[A_1,A_2,A_3,A_4,A_5,A_6]$$

令 H 的第 i 列向量为 $h_i=[h_{i1},h_{i2},h_{i2}]$，那么能够得到

$$h_i^T A h_j=v_{ij}a \tag{2-84}$$

式中，$v_{ij}=[h_{i1}h_{j1},h_{i1}h_{j2}+h_{i2}h_{j1},h_{i2}h_{j2},h_{i3}h_{j1}+h_{i1}h_{j3},h_{i3}h_{j2}+h_{i2}h_{j3},h_{i3}h_{j3}]^T$。然后可以将这两个约束重写为齐次方程。为了求解 a，至少需要来自不同视点的三幅图像。实际中，使用更多的图像

来减少噪声的影响，并通过奇异值分解获得最小二乘误差解。最后，可以通过最小化能量函数来优化结果以最小化重投影误差，能量函数表达式为

$$\sum_{i=1}^{n}\sum_{j=1}^{m}\left\|m_{ij}-\hat{m}(K,R,t,M_j)\right\|^2 \qquad (2\text{-}85)$$

2.4.5 投影仪标定

投影仪的标定有两个方面：作为主动光源，需要对投影仪的光强进行标定，以恢复其照度的线性；作为逆向相机，需要像普通相机一样进行几何标定。

1. 投影仪光强标定

为了增强对比度，投影仪供应商经常通过伽马变换来改变投影仪的强度曲线。当在三维成像系统中用作主动光源时，需要进行校准以恢复照明强度的线性度。因此，需要投影多个测试图案，并且图像传感器捕获投影的图案。可以建立图像像素值与投影图案的实际强度之间的关系，然后用高阶多项式函数对其进行拟合。然后计算反函数并用于校正三维成像过程中要投影的图案（图 2.47）。

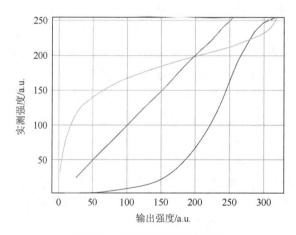

图 2.47　投影仪的光强度校准

位于下方的曲线是拟合函数的曲线，上方曲线是反函数曲线，中间的曲线是校正强度曲线（它应该是一条直线）

2. 投影仪的几何标定

将投影仪视为一个反向相机，投影仪的光学模型与相机相同，唯一的区别是投影方向。逆模型使得二维图像（在相机坐标系中）上的像素与三维空间（世界坐标系）中的直线相关联的问题变得困难，因为无法判断三维空间中的给定点将在逆相机中投影到哪个坐标系。投影仪校准的关键问题是如何建立对应关系。一旦建立对应关系，就可以使用相机校准算法来校准投影仪。

投影仪校准是通过使用预先校准的相机和校准平面来执行的。首先，在相机坐标系中恢复标定平面。然后校准图案被投影并由相机捕获。由于相机和平板之间的空间关系已经恢复，所以可以通过将捕获图像上的角点重新投影到平板上来确定在校准平面上形成的棋盘图案的角

点的三维坐标。最后，可以利用获取的点对应关系来校准投影仪。这种方法在理论上很简单并且相对容易实现。然而，这些方法的标定精度在很大程度上取决于相机预标定的精度。

2.4.6　三维表面成像技术应用实例

本节简要提供几个三维成像技术有趣的应用说明性示例。虽然篇幅有限，这些示例并不详尽，但是能让读者对三维成像技术的应用场景有进一步的了解。

1. 三维面部成像

人体部位是三维成像的理想对象。每个人的身体部位都不同，因此没有人体的数字计算机辅助设计（computer-aided design，CAD）模型，身体的每个部位都需要通过三维成像技术来建模。图 2.48 显示了三维相机拍摄的三维面部图像的示例，其中包含了三维表面数据的阴影模型和线框模型。三维面部图像存在多种应用，如三维面部识别、整形手术等。

图 2.48　三维相机获取的三维面部图像示例

2. 牙科三维成像

图 2.49 展示了三维相机拍摄的一些牙齿三维结构图像。通常，单幅三维图像只覆盖牙弓结构的一小部分，如图 2.49（a）所示。拍摄多幅三维图像是为了覆盖牙弓的整个表面区域，然后使用三维拼接软件将这些多幅三维图像无缝拼接在一起，形成整个牙弓的三维模型，如图 2.49（c）所示。

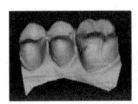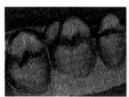

(a) 单幅三维图像　　　　　　(b) 另一幅三维图像　　　　　　(c) 整体三维模型图

图 2.49　三维相机获取的三维牙齿图像示例

3. 用于定制助听器的耳模三维模型

目前生产定制助听器的过程是劳动密集型的，返修率约为 1/3。三维成像技术可以取代传统的物理印模，从而省去了这种容易出错且不舒适的过程所带来的成本和时间。数字印模使助听器制造商能够利用 CAD 和计算机辅助制造（computer-aided manufacturing，CAM）技术的最新突破，在一天内生产出定制的助听器设备（图 2.50）。

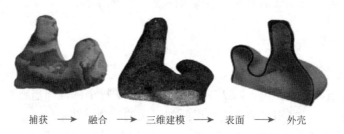

捕获　⟶　融合　⟶　三维建模　⟶　表面　⟶　外壳

图 2.50　三维相机获取的耳模三维图像示例

参 考 文 献

BOYER K L，KAK A C，1987. Color-encoded structured light for rapid active ranging. IEEE Transactions on Pattern Analysis and Machine Intelligence，9（1）：14-28.

DONGES A，NOLL R，2014. Laser Measurempent Technology：Fundamentals and Applications. Berlin：Springer.

FERNANDEZ S，SALVI J，PRIBANIC T，2010. Absolute phase mapping for one-shot dense pattern projection[C]. IEEE Computer Society Conference on Computer Vision and Pattern Recognition – Workshops，San Francisco：1-4.

HEIKKILA J，SILVEN O，1997. A four-step camera calibration procedure with implicit image correction. Proceedings of IEEE Computer Society Conference on Computer Vision and Pattern Recognition，San Juan：1-6.

HORAUD R，HANSARD M，EVANGELIDIS G，et al.，2016. An overview of depth cameras and range scanners based on time-of-flight technologies. Machine Vision and Applications，27（7）：1005-1020.

MACWILLIAMS F J，SLOANE N J A，1976. Pseudo-random sequences and arrays. Proceedings of the IEEE，64（12）：1715-1729.

MARUYAMA M，ABE S，1993. Range sensing by projecting multiple slits with random cuts. IEEE Transactions on Pattern Analysis and Machine Intelligence，15（6）：647-651.

PADMANABHAN P，ZHANG C，CHARBON E，2019. Modeling and analysis of a direct time-of-flight sensor architecture for LiDAR applications. Sensors，19（24）：5464.

REYNOLDS M，DOBOS J，PEEL L，et al.，2011. Capturing time-of-flight data with confidence. CVPR，2011：945-952.

TSAI R，1987. A versatile camera calibration technique for high-accuracy 3D machine vision metrology using off-the-shelf TV cameras and lenses. IEEE Journal on Robotics and Automation，3（4）：323-344.

WOODHAM R J，1980. Photometric method for determining surface orientation from multiple images. Optical Engineering，19（1）：513-531.

ZANUTTIGH P，MARIN G，DAL MUTTO C，et al.，2016. Operating Principles of Time-of-Flight Depth Cameras. Cham：Springer International Publishing.

ZHANG Z Y，1999. Flexible camera calibration by viewing a plane from unknown orientations. Proceedings of the Seventh IEEE International Conference on Computer Vision，Kerkyra：1-5.

ZHANG L，CURLESS B，SEITZ S M，2002. Rapid shape acquisition using color structured light and multi-pass dynamic programming. Proceedings of the 1st International Symposium on 3D Data Processing Visualization and Transmission，Padova：1-5.

第 3 章

光色度检测技术

3.1　辐射度学、光度学、色度学基本概念

3.1.1　辐射度量与光度量基础

辐射度学是关于光学辐射能量的测量以及确定光如何从辐射源传输到探测器的科学，研究的光谱范围覆盖电磁波谱中波长从 1 nm 至 1 mm 的波长范围，涵盖紫外、可见红外、太赫兹光谱范围。辐射度学的基本参数是光功率和光能量，单位分别是瓦特（简称瓦，用 W 表示）和焦耳（简称焦，用 J 表示）。在实际应用中，结合几何量中的距离、面积、立体角等参数，形成了光辐射计量中常用的辐射强度、辐射照度、辐射亮度、曝辐射量等参数。

辐射度学又可根据量值复现方法分为基于辐射源的辐射度学和基于探测器的辐射度学。基于辐射源的辐射度学中，基本辐射源主要是普朗克黑体辐射源和同步辐射源，对已知温度的黑体辐射源可以根据普朗克公式确定其光谱辐射特性，对已知磁场强度、轨道半径的电子束流的同步辐射源可以根据施温格（Schwinger）公式确定其光谱辐射特性。基于辐射源的辐射度可实现辐射源的光谱辐射特性量值复现和传递。基于探测器的辐射度学中，基本辐射探测器包括电校准辐射计和量子效率可预测探测器。电校准辐射计利用光吸收后转化为热的现象，用等效电加热功率的测量实现光辐射功率测量。量子效率可预测探测器是通过确定光电探测器量子效率或使得载流子损耗机制降低到可忽略程度从而量子效率接近 1 的光电探测器。基于探测器的辐射度可实现探测器的光谱响应度和积分响应度。

辐射度学根据应用进一步扩展到覆盖：①激光辐射度计量，包括激光功率、激光能量、激光脉冲宽度、激光脉冲时域波形、光束质量等；②光通信计量，包括光纤功率、光纤光谱特性、光纤损耗等；③太阳光伏计量，包括太阳电池短路电流、最大输出功率、光电转换效率、太阳模拟器光谱辐射照度等；④光子计量，包括基于自发参量下转换关联光子探测器量子效率定标方法、单光了和光子数可分辨探测器、单光子源等。

光度学是辐射度学的一个特殊的分支，是关于可见光对人眼作用强弱程度的科学。对于单色辐射，光通量与辐射通量之间通过光谱光视效率函数相联系。因此，光度量与辐射度量之间有密切联系，相应的量值存在对应换算关系。发光强度单位坎德拉（cd）和光通量单位流明（lm）、光照度单位勒克斯（lx）、光亮度单位（cd/m²）以及曝光量单位（lx·s）等一起构成光度学单位体系。光度学基本限于 380～780 nm 的可见光范围。

3.1.2　色度量基础

颜色是不同波长的可见光辐射作用在人体的视觉感应器官（眼睛）后由大脑神经产生的一种心理感受。颜色并非物质的固有属性，而是可见光与物体通过吸收、反射、发射、干涉等物理现象表述。对于大多数人，颜色是通过视锥细胞所感知的。

定量描述颜色模型往往涉及光学、生理学、心理学等相关方面，其复杂因素导致了难以对颜色进行确定。目前为方便颜色的表示与相互区分，确定了两种颜色系统：色序系统与混色系统。

色序系统采用了色卡等标准物体的颜色来评价颜色,其原理是基于观察者心理主观印象的颜色感知。

混色系统认为所有颜色均可通过三色光混合达到与目标颜色匹配,是一种较为客观的规范化表述。目前,色序系统广泛应用于艺术创作、颜色描述之中,而混色系统则更多应用于染料、涂料制备等工业行业之中。

3.1.3　颜色三要素

在色序系统中,人们采用三种表观特征,即明度、色调和饱和度来描述颜色。明度表示颜色明亮的程度,是人眼对物体亮度明暗大小的感觉。色调是用以区分不同颜色的特征。对于光源色,其色调由发光光源的光谱所决定;而对于物体色,色调则由照明光的光谱与物体表面对不同色光的选择性吸收所共同决定。饱和度用来表示颜色接近光谱理论颜色的程度。对于任何一种颜色,可以将其看成色谱光与白光混合之后所得到的结果。光谱色的占比越大,认为颜色的饱和度越高。

3.1.4　三色理论与三刺激值

三色理论的基础是 1854 年由格拉斯曼(Grassman)总结颜色混合实验归纳整理的色光混合定律,包括:

(1)只有颜色饱和度、色度、色度的变化能被人肉眼分辨;

(2)对于两个颜色混合得到的混合色,改变其中一个颜色,那么组成的混合色也会发生变换。

色光混合定律包括三条基本定律,如下所述。

①代替律,即如果两种颜色在视觉上相似,那么在混合过程中,使用其中一种颜色代替另一种颜色,产生的视觉效果是相同的。

②中间色律,即将不互为补色的两个成分混合会得到中间色,成分的混合比例和色调会决定中间色的饱和度和色调。

③补色律,即对于颜色互为补色的两个成分以适当比例混合会得到白色或者灰色,如果不按适当比例进行混合,那么哪种成分在混合中的比例更大,就得到这个成分的非饱和色。

(3)混合色的总亮度等于组成混合色的各种颜色光的亮度总和。

格拉斯曼颜色混合定律的提出建立了现代色度学的基础。

任意三种不能由另外两种颜色混合得到的颜色(如蓝、红、绿),可以通过颜色混合产生所有的颜色,称为三原色或者参照色刺激。麦克斯韦可能是最早尝试绘制一些描述颜色三色理论的颜色曲线的。世界上第一个色度图是牛顿设计的圆。后来,麦克斯韦使用了等边三角形,如图 3.1 所示。他的三色理论中的红(R)、绿(G)和蓝(B)三种原色分别位于三角形的每个角上。白色位于中间,任何其他颜色均由三个分量(r、g 和 b)形成,并由距三角形三边中每条边的距离表示。

三刺激值是由 CIE 1931 标准提出确认色度的核心,其单位 R、G、B 使用色度学单位。想要得到三刺激值,首先要确定一个标准白光 W,然后通过对三原色光进行混合,并调整三原色

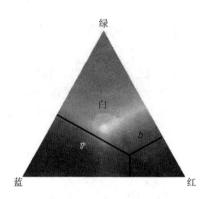

图 3.1 麦克斯韦颜色三角

光比例使混合光为此标准白光 W 光。记录此时三原色光的混合比例，若三种原色光 R、G、B 光通量值（单位为 lm）的比值为 $l_R : l_G : l_B$，那么这个比值就定义为色度学单位（也就是三刺激值的相对亮度单位）。举例来说，匹配颜色为 C 且光通量值为 F_C 的光，对应的颜色方程为

$$F_C(C) \equiv F_R(R) + F_G(G) + F_B(B) \tag{3-1}$$

3.1.5 CIE 1931 标准色度系统

国际照明委员会（Commission Internationale De l'eclairage，CIE）于 1931 年提出了色品坐标系统与 CIE 标准色度观察者来统一标准，此外对测量反射面的照明观测条件和三个标准光源（A、B、C）也都做了标准化规定。CIE 1931 标准色度系统包括颜色测量原理、基本数据和计算方法，其核心是使用三刺激值来表示颜色。

1. CIE 1931 RGB 标准色度系统

1931 年 CIE 以代表人眼 2° 视场的平均颜色视觉特性为标准，对匹配等能光谱色的 RGB 三刺激值进行了规定，用 $\bar{r}$、$\bar{g}$、$\bar{b}$ 表示，称为 CIE 1931 RGB 系统标准色度观察者光谱三刺激值，简称 CIE1931 RGB 系统标准色度观察者，这一系统称为 CIE 1931 RGB 标准色度系统。

在可见光中，700 nm 位于红光谱线末尾，435.8 nm 和 516.1 nm 易于从汞灯光谱中获得，出于方便得到的原因，将这三种光选择为三原色。要得到等能白光，需要将辐亮度比和亮度比分别为 72.0962 : 1.3791 : 1.0000 和 1.0000 : 4.5907 : 0.0601 的三原色光（R）、（G）、（B）进行混合。

光谱三刺激值与光谱色色品坐标关系为

$$r = \frac{\bar{r}}{\bar{r} + \bar{g} + \bar{b}}, \quad g = \frac{\bar{g}}{\bar{r} + \bar{g} + \bar{b}} \tag{3-2}$$

图 3.2 展示了基于 CIE 1931 RGB 系统标准色度观察者三刺激值绘出的色品图，图中所有光谱色色品点连接出的曲线称为光谱轨迹。图 3.3 为光谱三刺激值曲线，以波长和三刺激值作为横纵坐标。

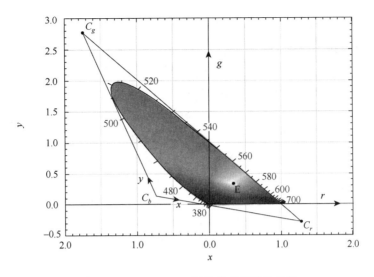

图 3.2 CIE 1931 *RGB* 标准色度系统色品图

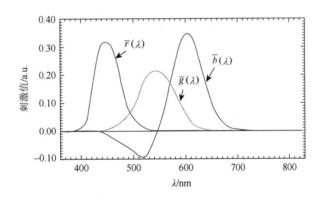

图 3.3 光谱三刺激值曲线图

2. CIE 1931 *XYZ* 标准色度系统

在 CIE 1931 *RGB* 标准色度系统中，可以通过观察 CIE 1931 *RGB* 标准色度系统色品图（图 3.2）得知，部分颜色三刺激值落在了负值区域。

为了更有效地采集和处理大量的颜色数据，CIE 1931 *XYZ* 标准色度系统被国际照明委员会提出。如图 3.2 所示，系统假想了一组三原色 *X*、*Y*、*Z*，使可见光波段内的所有颜色都被 *XYZ* 三角形完整地覆盖，这意味着用该三原色进行颜色匹配和融合时，三刺激值均为正值，这极大地简化了计算。

确定系统中的三个假想原色时，主要考虑了以下方面：

（1）*X*、*Z* 两个原色仅用于表示色度，只由 *Y* 值来表示亮度。因此，在 *r*-*g* 色品图上 *XZ* 线的方程需要满足无亮度线的条件。

R、*G*、*B* 三原色的相对亮度比是 $l_R : l_G : l_B = 1.0000 : 4.5907 : 0.0601$。因此，色品图坐标为 *r*、*g*、*b* 的颜色的亮度方程为 $l(C) = r + 4.5907g + 0.0601b$，若颜色在无亮度线 $l(C) = 0$ 上，则 $r + 4.5907g + 0.0601b = 0$，代入 $b = l - r - g$，整理后得 *XZ* 线的方程为

$$0.9399r + 4.5306g + 0.0601 = 0 \tag{3-3}$$

光谱轨迹从 540 nm 至 700 nm 的 XY 线方程为

$$r + 0.99g - 1 = 0 \tag{3-4}$$

YZ 边取与光谱轨迹波长 503 nm 点相切的直线，其方程为

$$1.45r + 0.55g + 1 = 0 \tag{3-5}$$

同样可以通过联立方程，解得 X、Y、Z 三原色在 RGB 色品图上的坐标值为

$$\begin{cases} (X): r = 1.2750, & g = -0.2778, & b = 0.0028 \\ (Y): r = -1.7392, & g = 2.7671, & b = -0.0279 \\ (Z): r = -0.7431, & g = 0.1409, & b = 1.6022 \end{cases} \tag{3-6}$$

同样规定在 R、G、B 与 X、Y、Z 色品图中的等能白光位置为

$$\begin{cases} r = g = 0.3333 \\ x = y = 0.3333 \end{cases} \tag{3-7}$$

（2）假想的三原色形成的颜色三角形要覆盖整个光谱轨迹，这样便不会出现负的三刺激值。

（3）在色品图上可以看到，由 540 nm 至 700 nm 的光谱轨迹，是一条近似直线。

混合这条线上任意两个颜色，可以通过调整比例获得位于这两个颜色间的不同的颜色。由于这条直线上不涉及 Z 原色的变化，那么选择假想三原色时，其在色品图上的 XY 边需要与光谱轨迹直线相重合。

为了从 r-g 坐标系（这是另一种常见的色度坐标系）和 x-y 坐标系（即 CIE 1931 色度图）中获取三原色（通常是红、绿、蓝）和等能白点的位置，需要进行一系列精确的测量和计算。这些位置信息对于理解颜色的感知和再现至关重要。

一旦得到了这些关键点的位置信息，就可以通过坐标转换来建立 XYZ 系统和 RGB 系统三刺激值之间的转换关系。这个过程涉及将颜色在 XYZ 空间中的坐标转换为 RGB 空间中的坐标，反之亦然。这种转换关系允许在不同的色彩空间之间准确转换颜色，从而在不同的显示设备和媒介上实现一致的颜色表现。

总之，通过细致观察色品图上的光谱轨迹，精确测量和计算关键点的位置，以及建立不同色彩空间之间的转换关系，可以实现对颜色的准确描述和再现。

利用 x-y 坐标系和 r-g 坐标系中等能白点和三原色的位置，转换坐标，就能得到两个系统对应的三刺激值间的转换公式：

$$\begin{cases} X = 2.7689R + 1.7517G + 1.1302B \\ Y = 1.0000R + 4.5907G + 0.0601B \\ Z = 0 + 0.0565G + 5.5943B \end{cases} \tag{3-8}$$

以及两个系统对应的色品坐标的转换关系：

$$\begin{cases} x = \dfrac{0.49000r + 0.31000g + 0.20000b}{0.66697r + 1.13240g + 1.20063b} \\[3mm] y = \dfrac{0.17697r + 0.81240g + 0.01063b}{0.66697r + 1.13240g + 1.20063b} \\[3mm] z = \dfrac{0.0000r + 0.01000g + 0.99000b}{0.66697r + 1.13240g + 1.20063b} \end{cases} \tag{3-9}$$

图 3.4 为 CIE 1931 标准色度观察者三刺激值曲线，坐标系纵坐标为三原色的相对值，横坐标为光谱波长，$\bar{x}(\lambda)$、$\bar{y}(\lambda)$、$\bar{z}(\lambda)$ 为三原色的匹配系数。波长横坐标对应的三条曲线的纵坐标的值，就是 XYZ 三原色匹配对应波长颜色相应的比例相对值。以波长为 450 nm 的蓝紫色光为例，为了精确匹配这一颜色，根据曲线图，需要混合 1.77 单位的 Z 基色、0.33 单位的 X 基色、0.04 单位的 Y 基色。此外，在构建 XYZ 色度系统时，已经设定 X、Z 两个原色仅用于表示色度，只由 Y 值来表示亮度，故 $\bar{y}(\lambda)$ 函数曲线与明视觉光谱光视效率 $V(\lambda)$ 一致，即 $\bar{y}(\lambda) = V(\lambda)$。

CIE 1931 标准色度观察者数据有其适用条件，只适合 2° 视场的中央视觉观察（视场在 1°～4° 范围内），不能用于更小的视场范围；同样，当观察面积大于 4° 视场时，则需要参考适用于 10° 视场的 CIE 1964 补充标准色度观察者数据。在色度学的计算中，这两组数据被广泛用作观察特性的代表，以排除观察者的视觉差异带来的影响，从而保证了颜色描述的准确性和一致性。

将光谱三刺激值 $\bar{x}(\lambda)$、$\bar{y}(\lambda)$、$\bar{z}(\lambda)$ 代入式（3-9），可以在 X-Y 坐标系统中得到各光谱色的坐标值。将得到的 X-Y 坐标系统中的坐标点连接，就可以得到 CIE XY 色品图的光谱轨迹（图 3.5）。这条曲线直观地展示了不同波长光谱色在色品图上的位置关系，为颜色分析和设计提供了重要的参考依据。

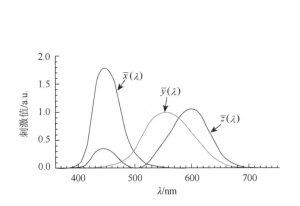

图 3.4　CIE 1931 标准色度观察者三刺激值曲线

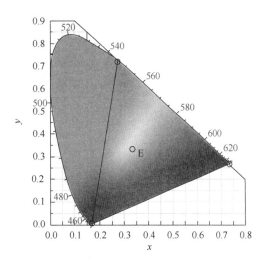

图 3.5　CIE XY 色品图的光谱轨迹

3. 色度系统的转换

当选择不同的三原色与不同确定三原色刺激值单位的方法时，会导致选用不同的色度系统。无论是在数学方法与物理实际意义中，每一种色度系统都可以相互转换，其本质是不同坐标系之间的相互转换。

3.1.6　CIE 色度计算方法

1. 三刺激值及色品坐标的计算

想要得到颜色的色品坐标及三刺激值，需要先得到颜色刺激函数 $\varphi(\lambda)$，其定义是：光从光源发出后直接或照射到物体上被反射、透射进入眼睛，激发人眼颜色感知的光谱能量。

由国际照明委员会规定，$\varphi(\lambda)$ 引起的 CIE 三刺激值计算公式为

$$\begin{cases} X = k\int_{380}^{780} \varphi(\lambda)\bar{x}(\lambda)\mathrm{d}\lambda \\ Y = k\int_{380}^{780} \varphi(\lambda)\bar{y}(\lambda)\mathrm{d}\lambda \\ Z = k\int_{380}^{780} \varphi(\lambda)\bar{z}(\lambda)\mathrm{d}\lambda \end{cases}, \quad \begin{cases} X_{10} = k_{10}\int_{380}^{780} \varphi(\lambda)\bar{x}_{10}(\lambda)\mathrm{d}\lambda \\ Y_{10} = k_{10}\int_{380}^{780} \varphi(\lambda)\bar{y}_{10}(\lambda)\mathrm{d}\lambda \\ Z_{10} = k_{10}\int_{380}^{780} \varphi(\lambda)\bar{z}_{10}(\lambda)\mathrm{d}\lambda \end{cases} \quad (3\text{-}10)$$

在具体的计算过程中，由于连续的积分运算较为复杂，通常会用求和的方式来近似得到结果，公式为

$$\begin{cases} X = k\sum_{\lambda=380}^{780} \varphi(\lambda)\bar{x}(\lambda)\Delta\lambda \\ Y = k\sum_{\lambda=380}^{780} \varphi(\lambda)\bar{y}(\lambda)\Delta\lambda \\ Z = k\sum_{\lambda=380}^{780} \varphi(\lambda)\bar{z}(\lambda)\Delta\lambda \end{cases}, \quad \begin{cases} X_{10} = k_{10}\sum_{\lambda=380}^{780} \varphi(\lambda)\bar{x}_{10}(\lambda)\Delta\lambda \\ Y_{10} = k_{10}\sum_{\lambda=380}^{780} \varphi(\lambda)\bar{y}_{10}(\lambda)\Delta\lambda \\ Z_{10} = k_{10}\sum_{\lambda=380}^{780} \varphi(\lambda)\bar{z}_{10}(\lambda)\Delta\lambda \end{cases} \quad (3\text{-}11)$$

在式（3-10）与式（3-11）中，涉及两个不同的标准色度系统，X、Y、Z 和 $\bar{x}(\lambda)$、$\bar{y}(\lambda)$、$\bar{z}(\lambda)$ 分别为 CIE 1931 标准色度系统对应的三刺激值和光谱三刺激值；而 X_{10}、Y_{10}、Z_{10} 和 $\bar{x}_{10}(\lambda)$、$\bar{y}_{10}(\lambda)$、$\bar{z}_{10}(\lambda)$ 分别为 CIE 1964 补充标准色度系统对应的三刺激值和光谱三刺激值。此外，常数 k、k_{10} 为归一化系数，计算时，当物体为自发光物体时，将其本身的 Y 值归一化为 100；当物体为非自发光物体时，则将所选标准照明体的 Y 值归一化为 100。k、k_{10} 计算公式为

$$k = \frac{100}{\sum_{\lambda} S(\lambda)\bar{y}(\lambda)\Delta\lambda}, \quad k_{10} = \frac{100}{\sum_{\lambda} S(\lambda)\bar{y}_{10}(\lambda)\Delta\lambda} \quad (3\text{-}12)$$

在计算出相应物体颜色的三刺激值后，可计算出物体的色品坐标为

$$\begin{cases} x = \dfrac{X}{X+Y+Z} \\ y = \dfrac{Y}{X+Y+Z} \\ z = \dfrac{Z}{X+Y+Z} \end{cases}, \quad \begin{cases} x_{10} = \dfrac{X_{10}}{X_{10}+Y_{10}+Z_{10}} \\ y_{10} = \dfrac{Y_{10}}{X_{10}+Y_{10}+Z_{10}} \\ z_{10} = \dfrac{Z_{10}}{X_{10}+Y_{10}+Z_{10}} \end{cases} \quad (3\text{-}13)$$

在使用上述公式进行实际计算时，当物体为非自发光体时，需要测量的是其光谱反射比或光谱透射比；当物体为光源时，需要测量的是其相对光谱功率的分布。之后，按照标准色度观察者数据和标准照明体数据，就能计算出物体的色品坐标值。

1）光源色计算

对于光源色，只需要考虑自身光谱特性，相对光谱功率分布 $P(\lambda)$ 即颜色刺激函数 $\varphi(\lambda)$，即有

$$\varphi(\lambda) = P(\lambda) \quad (3\text{-}14)$$

2）物体光计算

对于物体色（非自发光），需要考虑的因素有两个：自身光谱特性和照明条件，因此物体

色的颜色刺激函数 $\varphi(\lambda)$ 等于自身光谱特性函数与照明体相对光谱功率分布的相乘，即满足：

$$\begin{cases} \varphi(\lambda) = \tau(\lambda)P(\lambda) \\ \varphi(\lambda) = \rho(\lambda)P(\lambda) \\ \varphi(\lambda) = \beta(\lambda)P(\lambda) \end{cases} \tag{3-15}$$

式（3-15）中一共有三个颜色刺激函数，其中第一个适用于发生透射的物体，$\tau(\lambda)$ 代表透明物体的光谱透射比；另外两个适用于发生反射的物体，$\beta(\lambda)$ 与 $\rho(\lambda)$ 分别代表光谱辐亮度因数以及光谱反射比。在灯光对物体进行观察和日光下对物体进行观察时，采用的标准照明体是不同的，前者采用 D_{65}、B、C 等，后者采用 A。

2. 颜色相加计算

想要得到由两种颜色混合得到的混合色的色品坐标，可以利用这两种颜色本身的亮度值和色品坐标进行计算。不同于色品坐标，混合色的三刺激值由两种已知颜色的三刺激值直接线性叠加而来，故优先计算，其公式为

$$X = X_1 + X_2, \quad Y = Y_1 + Y_2, \quad Z = Z_1 + Z_2 \tag{3-16}$$

式中，X_1、X_2、Y_1、Y_2、Z_1、Z_2 为用于混合的两种已知颜色的三刺激值。

当已知颜色的色品坐标 x、y 及亮度 Y 时，则颜色的三刺激值可由式（3-17）计算：

$$X = \frac{x}{y}Y, \quad Y = Y, \quad Z = \frac{1-x-y}{y}Y \tag{3-17}$$

3.2 光电辐射度测量仪器

3.2.1 颜色测量中的色度基准

《色度计量器具》（JJG 2029—2006）对我国色度计量方面的各项基准做出了标准规定，如色度计量的基本参数、色度计量器具（如标准反射白板）、传递色度单位量值的标准流程等，通过各种不同级别的基准，使全国范围内使用色度量值时保持统一性和准确性。

《中华人民共和国国家计量检定规程 标准色板》（JJG 453—2002）规定，专用标准反射白板或色板和一、二级基准的检定需要在分光测色仪上采用光谱光度法进行。经过标准反射白板检定的色差计、色度计等色度计量器具，可以采用光电积分法对各种颜色的样品进行检定和对比。另外，国家计量标准也对色度测量仪器的检定制定了规范的检定规程。

1. 光谱反射比测量

光盘反射比测量往往采用光度积分球完成测量工作。通过光度积分球的基本理论，可知积分球内任意一点处的照度 E 的表达式为

$$E = \frac{\rho_F \Phi}{4\pi R^2 [1 - \rho_F(1-f)]} \tag{3-18}$$

式中，ρ_F 为积分球内壁涂层的绝对反射比；Φ 为射入积分球的光通量；R 为积分球半径，为积分球几何参数，即满足：

$$f = \frac{S_2}{S_1} = \frac{S_2}{4\pi R^2} \tag{3-19}$$

设有一辅助球，开口部分的有效反射比为 ρ_s，将式（3-18）与式（3-19）中 E 与 f 代入可得

$$\rho_S = \frac{S_2 E}{\Phi} = \frac{f\rho_F}{1 - \rho_F(1-f)} \tag{3-20}$$

设参比样品的反射比为 ρ_C，另有一个平面样品，其表面的涂层材料和工艺与辅助球内壁相同，所以它的反射比也为 ρ_F。这样，利用光谱光度计可以测量待测样品相对于参比样品的光谱反射比。设平面样品涂层相对于参比样品的反射比测量值为 Q_F，辅助球孔相对于参比样品的反射比测量值为 Q_S，表达公式为

$$Q_F = \frac{\rho_F}{\rho_C}, \quad Q_S = \frac{f\rho_F}{\rho_C[1 - \rho_F(1-f)]} \tag{3-21}$$

由此可以得到

$$\rho_F = \frac{1 - f\dfrac{Q_F}{Q_S}}{1-f} \tag{3-22}$$

在当辅助积分球几何参数 f 确定后，利用光谱光度计测得平面样品和辅助球孔在各个波长上的相对光谱反射比 $Q_F(\lambda)$ 和 $Q_S(\lambda)$，便可以求出绝对光谱反射比 $\rho_F(\lambda)$。透射比的测量一般以空气为 100%的参比标准。

2. 仪器测色几何条件

在观察均匀有色材料时，往往会注意到其颜色光从材料表面反射时产生图像清晰度光泽、镜面光泽、纹理特征这些现象。观察者、物体、光源之间的位置关系，以及光源本身的定向性能和漫射，都会影响观察结果。改变以上条件参数，就能改变观察到的物体的颜色、光泽等。根据观察到的光学成分的颜色与相互之间的关系，也能推算出被观察物体的材料种类。反过来，通过在计算机中设置三原色的比例，也可以模拟出不同的物体。

如图 3.6 所示，对于半透明材料，部分照射光会被吸收，部分照射光会被材料透射（又分为漫透射和定向透射），还有部分照射光会被材料反射（又分为漫射、镜面反射和逆反射）。

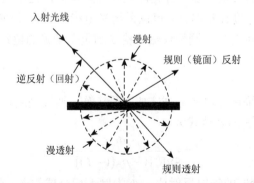

图 3.6　半透明材料的反射、透射和吸收

1）反射测量

CIE 于 1971 年规定了适用于反射测量的四种标准的几何条件（2004 年由 CIE 规定新标准叫法前，称为"照明/观测条件"）。如图 3.7 所示，四种几何条件分别为 0/d（垂直照明/漫射接收）、d/0（漫射照明/垂直接收）、0/45（垂直照明/45°接收）和 45/0（45°照明/垂直接收）。CIE将在 0/45、45/0、d/0 三种条件下测得的光谱反射因数规定为光谱辐亮度因数，分别记为 $\rho_{0/45}$、$\rho_{45/0}$ 和 $\rho_{d/0}$；在 0/d 条件下测得的光谱反射因数规定为光谱反射比 ρ。

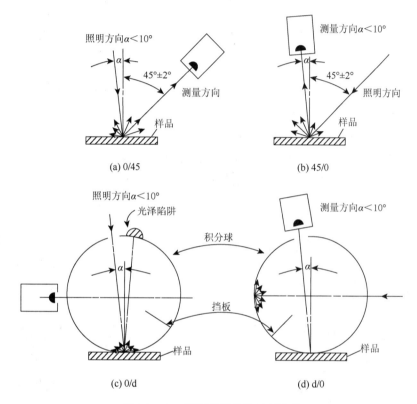

图 3.7　CIE 旧反射测量的几何条件

测量物体反射色度的几何条件按规定总共有十种，如下所示。

（1）漫射：8°几何条件，包含镜面成分，简写为 di：8°。

这里，di 是 diffusion（漫射）和 included（包含）的缩写。如图 3.8 所示，积分球内表面不同方向的光均匀照明取样孔径，且照明面积大于探测面积，探测器均匀响应。样品中心处的样品平面法线和样品中心与-样孔径中心点连线的夹角为 8°，以连线为轴线周围 5°的圆锥体范围内，反射光被视为均匀辐射。

（2）漫射：8°几何条件，排除镜面成分，简写为 de：8°。

这里，de 是 diffusion（漫射）和 excluded（排除）的缩写。如图 3.9 所示，首先满足 di：8°的条件，但是用一个光泽陷阱取代了图 3.8 所示的反射平面，这使得在取样孔径处放置平面反射镜时，反射光不会进入探测范围，此方向上 10°以内同样不存在镜面反射，这样做的目的是为仪器测量结果的各种误差留有余地。

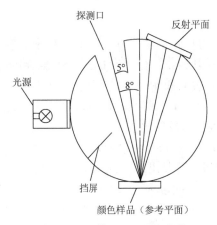

图 3.8　CIE 的 di：8°几何条件

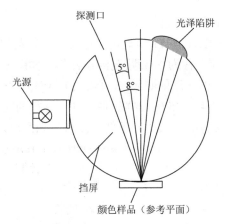

图 3.9　CIE 的 de：8°几何条件

（3）8°：漫射几何条件，包含镜面成分，简写为 8°：di。

相比于 di：8°，将探测器与照明光源的位置互换，如图 3.10 所示。

（4）8°：漫射几何条件，排除镜反射成分，简写为 8°：de。

相比于 de：8°，将探测器与照明光源的位置互换，如图 3.11 所示。

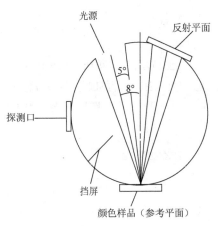

图 3.10　CIE 的 8°：di 几何条件

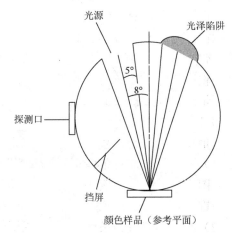

图 3.11　CIE 的 8°：de 几何条件

（5）漫射/漫射几何条件，简写为 d：d。

照明条件与 di：8°相同，且用以参考平面为界的半球收集取样孔径反射的各个角度通量。

（6）备选的漫射几何条件，简写为 d：0°。

该几何条件是严格地排除镜面反射的漫射几何条件，其出射方向为样品法线方向。

（7）45°环带/垂直几何条件，简写为 45°a：0°。

这里，a 是 annular（环形）的缩写。如图 3.12 所示，光源由两个圆锥之间入射，均匀照明取样孔径。这两个圆锥半角分别为 50°和 40°，以取样孔径法线为轴，以取样孔径中心为顶点；探测器的探测范围圆锥半角为 5°，同样以取样孔径法线为轴，以取样孔径中心为顶点。方向的选择性反射和样品质地对探测结果的影响在这种条件下被减小。若以被单光源照明且光口圆形排列的一系列光纤束或者是环形排列的一系列光源来对该几何条件进行模拟，那么将这种情况称为圆周/垂直几何条件（45°c：0°）。

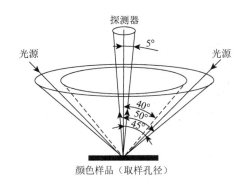

图 3.12　CIE 规定的 45°a: 0°几何条件

（8）垂直/45°环带几何条件，简写为 0°: 45°a。

相比于 45°a: 0°，0°: 45°a 的空间条件和角度条件不变，而探测器与照明光源的位置互换。

（9）45°单方位/垂直，简写为 45°x: 0°。

相比于 45°a: 0°，空间条件和角度条件不变，光源只从一侧入射，突出了样品质地和方向性对反射结果的影响，排除了镜面反射。符号中 x 表示入射光束从某任意方位照射参考平面。

（10）垂直 45°单方位，简写为 0°: 45°x。

相比于 45°x: 0°，0°: 45°x 空间条件和角度条件不变，而探测器与照明光源的位置互换。

CIE 规定，在（1）、（2）、（6）～（10）中的几何条件下，测量结果为光谱反射因数，在测量的张角小于一定值时等同于辐亮度因数。在（3）中的几何条件下，测量结果为反射比（需要理想积分球）。例如，在 0°: 45°x 几何条件下测量结果为辐亮度因数 $\beta_{0:45}$，在 8: di 几何条件下测量结果为反射比 ρ。

2）透射测量

测量物体透射色度的几何条件被规定为以下六种。

（1）垂直/垂直几何条件，简写为 0°: 0°。

如图 3.13 所示，光源发射范围与探测器接收范围都是半角为 5°、以取样孔径中心法线为轴的圆锥。入射光均匀照射，探测器均匀响应。

（2）漫射/垂直几何条件，包含规则成分，简写为 di: 0°。

如图 3.14 所示，探测器条件与 0°: 0°相同，区别是光源光束射入积分球内部，然后从积分球表面的取样孔径射出。

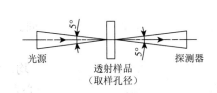

图 3.13　CIE 透射测量 0°: 0°几何条件

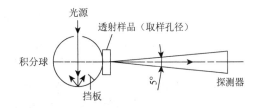

图 3.14　CIE 透射测量 di: 0°几何条件

（3）漫射/垂直几何条件，排除规则成分，简写为 de: 0°。

相比于 di: 0°，de: 0°条件下，若开放取样孔径（如不放置样品），则对于探测器，在 1°

的角度范围内不会有直射光。其他条件与 di：0°相同。

（4）垂直/漫射几何条件，包含规则成分，简写为 0°：di。

相比于 di：0°，空间条件和角度条件不变，而探测器与照明光源的位置互换，如图 3.15 所示。

（5）垂直/漫射几何条件，排除规则成分，简写为 0°：de。

相比于 di：0°，空间条件和角度条件不变，而探测器与照明光源的位置互换。

（6）漫射/漫射几何条件，简写符号为 d：d。

如图 3.16 所示，光源进入积分球内部从取样孔径射出照射样品，样品透射光进入第二个积分球并从探测口射出进入探测器。

对于包含规则成分的几何条件，测量结果为透射比。对于排除规则成分的几何条件，测量结果为透射因数。

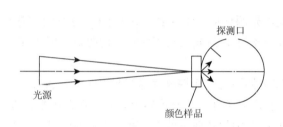
图 3.15 CIE 透射测量 0°：di 几何条件

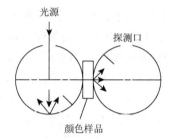
图 3.16 CIE 透射测量 d：d 几何条件

3.2.2 基本测色仪器

1. 积分球

积分球（integrating sphere）又称光通球、光度球，是一个内壁涂有高反射率涂层材料的中空完整球壳，球上开有光源、探测器等的孔，探测器前设有避免入射光直射的遮挡屏，如图 3.17 所示。光源输入的光经球体内壁多次反射，将多次反射的光照度叠加，即内壁的光照度，所以积分球可视为均匀朗伯光源，根据搭配的光度测量设备的不同，积分球可以用于测验光源的光通量、色温、光效等参数，也可用于测量物体的反射率和透过率等参数。

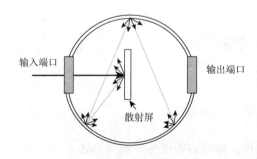
图 3.17 积分球内部结构示意图

通用标准型积分球因球体内壁涂有高反射率的涂层材料,且球壁上开有采样口,待测光源进入球体内部后经过涂层多次反射,在内壁形成均匀照度。可用于测试光源的光通量、色温、光效等参数。3 开口积分球在赤道处 0° 和 90° 方向有两个开口,第三开口为北极开口在顶端;4 开口积分球的额外开口为 180° 开口(在 0° 开口对面),180° 开口的尺寸可定制。并且所有球体都包含一个位于 0° 和 90° 开口之间的挡光板,可以防止光源直接照射到探测器端口。

透/反射积分球是一种光源经准直的平行光进入积分球内部后进行多次漫射,通过检测出光口的光通量,可以换算得出反射率、透射率等数据的专用积分球,主要用于对漫散射强的材料进行光学透/反射率的测量,如手机屏、胶水、玻璃镜片等。

2. 单色仪

单色仪可以用于产生所需波长的单色光,也可以用于分光。其原理是:光通过棱镜等色散元件时,光的色散角随光波长的不同而变化,因此不同波长的光因为出射角不同从而被分开。想要得到所需的(窄谱段)单色光,调节光出射和入射的两个狭缝即可。单色仪根据色素元件不同分为两种。

图 3.18 为一棱镜单色仪(prism monochromator)的简图。光源通过光学系统或直接照射位于第一物镜的焦平面上缝宽可调的入射狭缝,这样由物镜出射的一束平行光照射在用色散较大的透明材料做成的棱镜上,由棱镜出射的平行光,对不同波长有不同的出射方向;通过第二物镜(其焦距一般和第一物镜相同)会聚后,在位于其焦平面上的出射狭缝平面上得到横向展开的连续光谱像,出射狭缝只使很窄谱段的光出射。转动棱镜,使光谱像在出射狭缝上扫描,于是得到不同波长(窄谱段)单色光的输出。

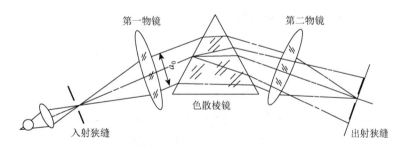

图 3.18 棱镜单色仪结构示意图

另一种是光栅单色仪。光栅已广泛地被用作单色仪的色散元件。光栅单色仪的基本结构和棱镜单色仪相同,只是色散元件是光栅,有透射型和反射型两种类型。

3.2.3 测色分光光度计

测色分光光度计(简称分光测色仪)是颜色测量中最基本的仪器之一,其原理是:对样品的光谱透射或反射特性进行测量,以此对样品颜色的三刺激值进行计算。现代的测色分光光度计由四个主要组成部分,分别是光源、积分球、分光单色器和光电检测器。设置两条光路,样品放在其中一条光路上，另一条光路则作为参考。通过检测两条光路的区别，就能得到样品对此波长的光辐射的透射或反射特性。

测色分光光度计设计时必须按照 CIE 规定的几何条件安排光路，可选择其中一种或多种条件。仪器测试的数据也应说明是在何种条件下测量的结果。如图 3.19 所示，典型分光测色仪被分为 d/8 和 0/d 两种测量观察方式。

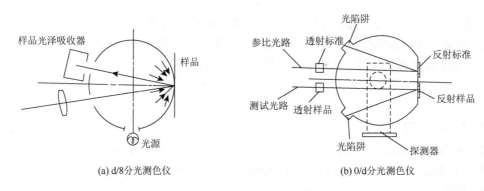

(a) d/8分光测色仪　　　　　　　　　　(b) 0/d分光测色仪

图 3.19　典型测色分光光度计的照明观察结构

1. 测色分光光度计的组成

1）照明光源

在测色分光光度计中，照明光源并不等同于标准照明体。首先，光源发出的光辐射波长要能覆盖仪器的测量范围。其次，为了提高探测到的光信号的信噪比，光源需要能发出功率足够大的光辐射，常用的照明光源包括卤素灯、脉冲氙灯等。想要提高照度，可以将光源利用透镜等元件成像在入射狭缝处，此外入射光要尽量均匀。

2）单色器

单色器是测色分光光度计中将照明光源能量分解为不同波长单色光的部分，一般单色器根据色散元件不同可分为如下几种。

（1）光栅、棱镜。

利用棱镜或光栅将光源能量色散成波长的函数，不同波长的单色光依次在空间排列成光谱带。转动色散元件或其他光学零件来控制落在单色器出射狭缝上单色光的波长。利用入、出射狭缝的宽度来控制单色光的带宽。为了得到更纯的单色光并减少仪器内的杂散光，有时一级单色器还不能满足要求，常将第一级单色器输出的单色光作为光源输入第二级单色器，再进行一次色散，这样组合在一起使用的单色器称为双联单色器。一级单色器的杂散光只达到 0.1%左右，而有些双联单色器可低到 0.0001%。

（2）单色滤光片。

利用现代光学薄膜技术，可制造出中心波长不同的各种窄带干涉滤光片，中心波长准确度约 2 nm，带宽可控制在 2～5 nm，通常将一组 10～30 片不同波长的滤光片装在可转动的圆盘上使用。这种窄带干涉滤光片分光的单色器，具有使用方便、成本低、体积小等优点。

（3）可调谐滤光片。

例如，液晶调谐滤光器（LCTF）和声光调谐滤光器（AOTF）都是目前较为广泛使用的单色器，它们的光谱分辨率可以达到 8 nm 左右。

（4）可调谐激光单色器。

可调谐染料激光器等的发展已能做到在一定波段内获得波长连续可调且单色性很好的强激光光束。这为测色工作提供了一种高性能的单色器。

3）积分球

积分球的作用是收集试样发射的光或试样的散射光，在测色分光光度计中一般采用 d/8 和 0/d 两种方式进行工作。

4）光电探测器

光电探测器一般可选择线阵探测器进行探测，每个探测元件对应于一种窄波长带。于是一个给定的光谱范围投射到一列探测器上，可同时得到光谱信息，大大缩短测量时间。这类元件有光电二极管阵列、CCD 阵列等。

5）数据采集与处理

测色分光光度计的数据采集与处理部分普遍采用微型计算机及其必要的电路接口，它将光电转换环节产生的电信号转换为数字信号并由计算机进行处理，最终得到光谱和色度参数。

2. 测色分光光度计光谱反射比计算

以反射式分光光度计为例，设已知用于测量基准的标准白板的光谱反射比为 $\rho_w(\lambda)$；当测量某个颜色样品时，由光电转换环节输出的测量结果为 $V_s(\lambda)$；当测量标准白板时，由光电转换环节输出的测量结果为 $V_w(\lambda)$，则可以根据以上结果计算被测颜色样品的光谱反射比 $\rho_s(\lambda)$，满足：

$$\rho_s(\lambda) = \frac{V_s(\lambda)}{V_w(\lambda)} \times \rho_w(\lambda) \tag{3-23}$$

3.2.4　光电积分测色计

光电积分式的颜色测量原理是对颜色的光谱能量在全波段上进行三路积分测量，分别测得 X、Y、Z 三刺激值，并由此计算出色品坐标等其他参数进行计算，一般使用硅光电二极管或更高灵敏度的光电倍增管进行测量。

光电积分测色计的典型代表是色度计，由照明光源、校正滤色器、光电传感器、数据处理等部分组成，设计中的关键问题是校正滤色器的设计。光电色度计量时所采用的仪器与分光测色仪器相同。

1. 卢瑟条件

在光电积分测色计中一般选择卤钨灯或白炽灯作为光源，光电池或光电管作为探测器。卢瑟（Luther）条件是在想要对标准照明观察几何条件进行模拟时，色度仪器的总光谱灵敏度需要满足的要求，满足的公式为

$$\begin{cases} K_X S_A(\lambda)\tau_X(\lambda)\gamma(\lambda) = S_C(\lambda)\overline{x}(\lambda) \\ K_Y S_A(\lambda)\tau_Y(\lambda)\gamma(\lambda) = S_C(\lambda)\overline{y}(\lambda) \\ K_Z S_A(\lambda)\tau_Z(\lambda)\gamma(\lambda) = S_C(\lambda)\overline{z}(\lambda) \end{cases} \tag{3-24}$$

式中，K_X、K_Y、K_Z 为比例系数（常数）；$S_A(\lambda)$ 为仪器内部光源的光谱分布；τ_X、τ_Y、τ_Z 为

校正滤色器的光谱透射比；$\gamma(\lambda)$ 为探测器的光谱灵敏度；$S_C(\lambda)$ 为所选的标准照明体的光谱分布；$\bar{x}$、$\bar{y}$、$\bar{z}$ 为所选的标准观察者的光谱三刺激值。

2. 校正滤色器

色度仪器的总光谱灵敏度符合卢瑟条件意味着各探测电信号值与物体颜色的三刺激值成正比，光学模拟成功。总光谱灵敏度越符合卢瑟条件，色度计的精度就越高。由式（3-24）可以计算三种校正滤色器各自的光谱透射比，得到相应的三种探测元件与校正滤色器的组合来进行测量，以此得到三刺激值 X、Y、Z。但是 $\tau_X(\lambda)$ 曲线有两个峰值，用滤色片组合来实现比较困难，因此常用以下方式实现。

用两个探测元件和滤色器的组合分别模拟 $\tau_X(\lambda)$ 曲线的两段曲线 $\tau_{X1}(\lambda)$ 和 $\tau_{X2}(\lambda)$，这类色度计有四个探测元件，这是最常用的一种方式。

假设 $\tau_X(\lambda)$ 曲线在短波部分的次峰曲线 $\tau_{X1}(\lambda)$ 的形状与 $\tau_Z(\lambda)$ 曲线相似，这部分由 $\tau_Z(\lambda)$ 校正滤色器来实现；$\tau_{X2}(\lambda)$ 由一个探测器和滤色器的组合来实现。测量时只要将 $\tau_Z(\lambda)$ 探测器的信号值按一定比例与 $\tau_{X2}(\lambda)$ 探测器的信号值相加就能获得 X 值的读数。此类色度计只有三个探测元件 $\tau_{X1}(\lambda)$、$\tau_Y(\lambda)$、$\tau_Z(\lambda)$。

确定 $S_C(\lambda)$ 和 $\bar{x}$、$\bar{y}$、$\bar{z}$ 以及 $S_A(\lambda)$ 和 $\gamma(\lambda)$ 后，根据卢瑟条件就可以得到 τ_X、τ_Y、τ_Z。而想要使校正滤色器的光谱透射比为 τ_X、τ_Y、τ_Z，可以通过组合不同透射比滤色片使滤色片组的总光谱透射比为所需透射比 τ_X、τ_Y、τ_Z，方式常有如图 3.20 所示的几种。图 3.20（a）为串联形式，由几块不同材料、不同厚度的滤色片沿着光线照射的方向叠加在一起。图 3.20（b）为并联形式，由几块不同材料、不同面积和厚度的滤色片沿垂直于光线照射方向并排组成。也可采用上述两种混合的方式组成，如图 3.20（c）所示。

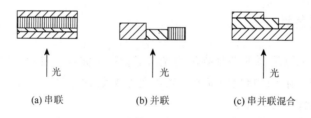

(a) 串联   (b) 并联   (c) 串并联混合

图 3.20　滤光片的组合方式

各滤色片的透射比与总透射比满足一定关系。对于串联式滤光片，满足：

$$\tau_C(\lambda) = \tau_1(\lambda)\tau_2(\lambda)\cdots\tau_K(\lambda) \tag{3-25}$$

对于并联式滤光片，满足：

$$\tau_C(\lambda) = \sum_{i=1}^{K} a_i \tau_i(\lambda), \quad i = 1, 2, \cdots, K \tag{3-26}$$

式中，a_i 为各滤色片的相对面积值。

为使校正滤色器的总透射比达到应有的数值，可根据选用的组合方式，按式（3-25）或式（3-26）适当地更换材料、厚度、相对面积值，用试算的方式进行计算。现在人们常用各种优化方法，编成计算程序。由计算机选出最佳校正滤色器的组合，可取得良好的结果。但是，由于滤色片材料种类的限制，厚度和相对面积更改时尺寸的限制，要使校正滤色架完全符合卢瑟条件是不可能的。因此，光电色度计在原理上存在误差，其精确度不如分光测色仪器，但其成本低，测量速度快，故为各行业广泛采用。

3. 仪器的定标

光电色度计得到的样品三刺激值是由仪器探测器的响应值直接读出的，故必须满足：

$$X = K_1 R_1 + K_2 R_2, \quad Y = K_g G, \quad Z = K_b B \tag{3-27}$$

式中，R_1、R_2、G、B 分别为四个光电探测元件的响应值；K_1、K_2、K_g、K_b 为在测样品前必须首先确定的常数，确定方法是用光电色度计测量已知三刺激值为 X_{10}、X_{20}、Y_0、Z_0 的标准样品，得到的响应值为 R_{10}、R_{20}、G_0、B_0，则可求得 K_i 值，这个过程称为仪器定标。各常数 K 的计算公式满足：

$$K_1 = \frac{X_{10}}{R_{10}}, \quad K_2 = \frac{X_{20}}{R_{20}}, \quad K_g = \frac{Y_0}{G_0}, \quad K_b = \frac{Z_0}{B_0} \tag{3-28}$$

得到 K_i 后可测量任意样品，测得样品的响应值 R_1、R_2、G、B，按式（3-28）可求得样品 $K_1 = \frac{X_{10}}{R_{10}}$、$K_2 = \frac{X_{20}}{R_{20}}$、$K_g = \frac{Y_0}{G_0}$、$K_b = \frac{Z_0}{B_0}$ 三刺激值 X、Y、Z。

光电色度计校正滤色器的光谱透射特性不可能完全符合卢瑟条件，为此，光电色度计经常配备多种已知三刺激值的标准样品，使用者可以选用与待测样品有近似颜色的标准样品进行定标。这样可减小误差，提高仪器的测量精度。一般光电色度计带有 4～10 块不同颜色的标准色板或标准滤色片。

4. 光电色度计

光电色度计有结果快速、便捷、结果自动给出、使用范围广等优点，在各生产领域被广泛使用。光电色度计的种类繁多，但基本原理相同，这里介绍其中一种。

图 3.21 为一个光电色度计的工作原理，该仪器可用来测量自发光物体和非发光物体的颜色。人眼通过目镜和反射镜将仪器对准待测色源，探测器通过物镜接收色源的辐射。使用彩色亮度计时，色源的被测部位应有均匀亮度。仪器内部没有照明光源，因此测量物体色时，必须以标准光源照明物体，仪器可直接测得物体色的三刺激值和色品坐标以及两个样品的色差。

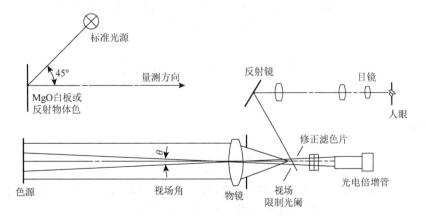

图 3.21 光电色度计工作原理示意图

3.3　色度的测量方法与应用

颜色的测量受多重因素影响，如几何条件、颜色光谱特性、光源分光谱线等。为了确保全球范围内颜色测量参数和测色仪器的一致性和可比性，国际照明委员会制定了一系列标准的测色规范。

颜色测量首先需要得到色刺激函数 $\varphi(\lambda)$，随后利用色刺激函数 $\varphi(\lambda)$ 计算出 CIE 三刺激值。具体来说，测量非自发光体时，其色刺激函数 $\varphi(\lambda)$ 与其光谱透射比 $\tau(\lambda)$ 或反射比 $\rho(\lambda)$、光谱辐亮度因数 $\beta(\lambda)$ 有关，测量以上参数时，$\tau(\lambda)$ 选用空气作为参照标准，另两个参数选择完全漫射体作为参考标准，另外应使用标准照明体作为光源；测量自发光物体光源时，色刺激函数 $\varphi(\lambda)$ 等于其相对光谱功率分布 $P(\lambda)$。

3.3.1　色度检测相关应用——白度测量

白色可以用反射比来表征，一般以可见光谱全波段光的反射比超过 80% 作为标准。此外，白色也可以用三刺激值 Y（即光反射比）和兴奋纯度 P_c 来表征。伯杰（Berger）和麦克亚当（MacAdam）均认为：当样品表面 $Y > 70$、$P_c < 10\%$ 时可当作白色；格鲁姆（Grum）等认为物质表面的 P_c 在 0%～12% 且具有高反射比时就可看成白色。

为了简便，将兴奋纯度 P_c、三刺激值 Y、主波长这三个参数统一为一维量白度 W 来表征白色。白度的计算一般采用国际照明委员会推荐的 CIE 1982 白度评价公式。

1. 白度的表达式

1）单波段白度公式

用某个单波段的反射比来表征样品的白度，根据使用光波长不同有两种形式可以表示为

$$\begin{cases} W = G \\ W = B \end{cases} \tag{3-29}$$

式中，W 为白度；G 和 B 分别为绿光和蓝光的反射比。式（3-29）也称为 TAPPL 公式。ISO 白度：国际标准化组织（International Standards Organization，ISO）采用主波长 (457 ± 0.5) nm、半峰宽度 44 nm 的蓝光测定样品反射比来表示白度，公式为 $W = R_{457}$。

2）多波段白度公式

以多个不同光谱区的反射比及其系数来表征白度，常用的公式有下列几种。

Taube 公式：

$$W = 4B - 3G \tag{3-30}$$

黄度指数：

$$W = \frac{A - B}{G} \tag{3-31}$$

式中，B、G、A 分别为蓝光、绿光、红光的反射比，与三刺激值 X、Y、Z 的转换公式为

$$X = f_{XA} + f_{XB}B, \quad Y = G, \quad Z = f_{ZB}B \tag{3-32}$$

当已知样品的三刺激值时，可确定出 A、G 和 B：

$$A = \frac{1}{f_{XA}} X - \frac{f_{XB}}{f_{XA} \times f_{ZB}} Z, \quad G = Y, \quad B = \frac{1}{f_{ZB}} Z \tag{3-33}$$

式中，f_{XA}、f_{XB}、f_{ZB} 随选用的标准观察者和标准照明体不同而不同。

常见的黄度指数 YI 表示为

$$\text{YI} = \frac{100(1.28X - 1.06Z)}{Y} \tag{3-34}$$

这是式（3-33）在标准照明体 C 2°标准观察者条件下得到的结果。

3）以明度 L（或光反射比 Y）和纯度表示的白度公式

常见的麦克亚当公式表示为

$$W = (Y - KP_c^2)^{1/2} \tag{3-35}$$

式中，Y 为白色表面的光反射比；P_c 为色度纯度；K 为常数。

4）与色差概念有关的白度公式

利用色差概念，通过将物体的白色与基准白（设定白度为 100）进行对比来得到物体的白度值。

亨特白度是常见的白度表达式，表示为

$$W = 100 - [(100 - W^*)^2 + U^{*2} + V^{*2}]^{1/2} \tag{3-36}$$

式中，W^*、U^*、V^* 按 CIE 1964 $W^*U^*V^*$ 色空间的公式计算。

在这类白度公式中，基准白是重要的概念。以前是将理想漫射体作为基准白（$W^* = 100$，$U^* = V^* = 0$），但使用了荧光增白剂（fluorescent whitening agent，FWA）之后，出现了新的白度概念，扩大了白度的上限，使它远远超过了理想漫射体的白度，因此对加了荧光增白剂的样品白度，选用理想漫射体作为基准白值进一步研究。

5）CIE 1982 白度公式

前述的白度公式都存在难以对偏色进行表示的缺点。对此，甘茨（E.Ganz）于 20 世纪 60 年代中期提出了加权因子不同的中性白、偏绿白和偏红白三种计算白度的公式。经国际上长期讨论和实践，经过对甘茨公式的修改，国际照明委员会于 1983 年推荐了 CIE 1982 白度评价公式，将白度公式分为白度 W 和白色泽 T_W 两部分：

$$\begin{cases} W = Y + 800(x_n - x) + 1700(y_n - y) \\ T_W = 1000(x_n - x) - 650(y_n - y) \end{cases} \quad (2°视场) \tag{3-37}$$

$$\begin{cases} W = Y_{10} + 800(x_{n,10} - x_{10}) + 1700(y_{n,10} - y_{10}) \\ T_W = 900(x_{n,10} - x) - 650(y_{n,10} - y_{10}) \end{cases} \quad (10°视场) \tag{3-38}$$

式中：x、y、x_n、y_n 分别为样品和理想漫射体的色品坐标（对应 2°视场 CIE 标准观察者）；x_{10}、y_{10}、$x_{n,10}$、$y_{n,10}$ 分别为样品和理想漫射体的色品坐标（对应 10°视场 CIE 标准观察者）。

CIE 推出的白度公式将对白度的评价统一起来，供在 CIE 标准照明体 D_{65} 下评价和对比白度样品用，只限于通称为"白"的样品。这些公式提供的是相对白度而不是绝对白度的评价。W 值越高表示白度越高。T_W 为正时表示带绿色，数值越大则表示带绿的程度越大；T_W 为负时表示带红色，数值越大表示带红的程度越大。对于理想漫射体，W 和 W_{10} 都等于 100，T_W 和 $T_{W_{10}}$ 都等于 0。

白度公式不适用于颜色明显的情况。CIE 指出：应用 CIE 白度公式计算的样品，其 W 或 W_{10} 值及 T_W 或 $T_{W_{10}}$ 值应在下列范围内。

W 或 W_{10}：大于 40 和小于 $5Y - 280$ 或 $5Y_{10} - 280$，此处 Y 为光反射比。

T_W 或 $T_{W_{10}}$：大于 –3 和小于 3。

2. 白度的测量

利用仪器客观评价白度可分为两步。

（1）测量出样品的三刺激值：可用分光测量方法测出样品的光谱辐亮度因数，用计算的方法计算出样品的三刺激值；也可用光电色度计直接读出三刺激值。一般白度测量都采用光电色度计的测量方法。如果样品仅仅经过漂白和染蓝或样品含有非荧光颜料且未经荧光增白剂处理，可用标准的色度测量技术；但对于荧光样品测量时需要加以特殊的注意，对照明光源的光谱分布不仅要考虑在可见光范围内符合标准照明体（如 D_{65}）的光谱分布，还必须注意能引起荧光激发的整个紫外区域内符合标准照明体的光谱分布。

（2）通过一定的白度公式计算出白度值：这些公式建立在三刺激值的基础之上，知道三刺激值即可求出白度值。

3.3.2 色度检测相关应用——色温测量

颜色温度简称色温。可以通过许多种不同的方式描述色温，例如，将色温与人眼的色觉感知相联系：可见光谱范围内，若物体的颜色与某一温度下的黑体颜色相同，则物体的色温可以描述为该温度。当然，色温这个概念对所有波长都适用。

颜色的本质是光谱能量的分布，且光谱能量分布不相同的光也可以构成同一种颜色，即同色异谱。但色温只适用于那些发射体光谱不连续，或发射体光谱连续但与黑体光谱能量分布差异显著的情况。

图 3.22 为 CIE 1960-UCS 均匀色品图，每一种色对应 (u,v) 坐标系中的一个点，点之间的距离代表了色之间的差异程度。图中曲线为普朗克轨迹，轨迹上的点的色温为对应的黑体温度。

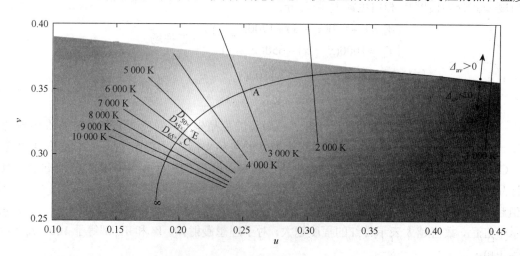

图 3.22　CIE 1960-UCS 均匀色品图

图中直线为等相关色温线，与普朗克轨迹是正交的，线旁数值称为麦尔德（Mired）值，又称微倒数（micro reciprocal degree，MRD）。使用麦尔德值作为参量的优点是，其差值能够直接反映人眼主观感受到的颜色差异大小，且其在计算中使用起来非常便捷。

MRD 与 T 的转换公式为

$$\text{MRD} = \frac{1}{T} \times 10^6 \tag{3-39}$$

利用距离内插法可以计算坐标点对应的相关色温值。例如，图 3.22 中 B 点的等相关色温线 MRD 在 200～210，则其相关色温计算公式为

$$T = \frac{10^6}{\text{MRD}} \approx \frac{10^6}{206} = 4878(\text{K}) \tag{3-40}$$

色温在测量中不能直接测出，通常是根据光源的相对光谱功率分布经计算而求得，具体测量方法分为光谱功率分布法和双色法两种。

1. 光谱功率分布法

1）光源相对光谱功率分布测定

光源在各个波长上发出的辐射功率与其波长的关系即光源的光谱功率分布。从光谱功率分布可以知道光源辐射的波长范围、某一波段的辐射功率以及该波段的功率占总辐射功率的百分比等信息。光源的光谱功率分布不同，则其呈现的颜色也不一样。在颜色的研究中，通常并不需要知道光谱辐射功率的绝对值，而只要求知道其相对光谱功率的分布，即光谱辐射功率的相对值与波长的关系。相对光谱功率分布的测量可以任取单位，不需对辐射功率进行定标，操作比较简单，而在使用中光谱辐射功率分布的相对值与绝对值是等效的，所以在实际应用中大多采用光源的相对光谱功率分布。

一般地，利用光谱辐射计来测量光源的光谱功率分布。前面曾经提到过，光谱辐射计一般由照明系统、单色仪分光色散系统、光度探测系统、信号处理和结果输出系统等部分组成，与分光光度计在结构上非常相似。

（1）单光路光谱辐射计。

图 3.23 为一种最简单的单光路测试系统原理框图。测量时先放上标准光源，在保持单色仪缝宽不变的条件下探测器光电流对应各个波长的输出：

$$i_S(\lambda) \propto I_S(\lambda)\tau(\lambda)S(\lambda)\Delta\lambda \tag{3-41}$$

式中，$I_S(\lambda)$ 为标准光源的光射强度；$\tau(\lambda)$ 为光学系统（包括单色仪和聚光透镜）的光透射比；$S(\lambda)$ 为探测器的光谱灵敏度；$\Delta\lambda$ 为波长为 λ 时单色仪出射光的波长带宽。然后换上待测光源并保持缝宽不变，则对应各个波长的光电流：

$$i_C(\lambda) \propto I_C(\lambda)\tau(\lambda)S(\lambda)\Delta\lambda \tag{3-42}$$

式中，$I_C(\lambda)$ 为待测光源的光谱辐射强度。式（3-41）和式（3-42）相比可得

$$I_C(\lambda) = k\frac{i_C(\lambda)}{i_S(\lambda)}I_S(\lambda) \tag{3-43}$$

式中，各波长的 $i_C(\lambda)$ 和 $i_S(\lambda)$ 可由仪器测出；$I_S(\lambda)$ 为已知；k 为与波长无关的比例常数，待测光源的相对光谱辐射强度可通过式（3-43）求出。最后，将上述获得的各波长相对光谱辐射强

度均除以最大相对光谱辐射强度（对应于辐射峰值波长），即可得到待测光源的相对光谱功率分布 $P(\lambda)$。

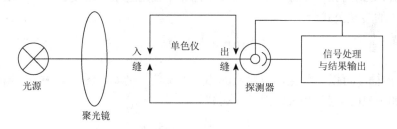

图 3.23　单光路光谱辐射计结构示意图

（2）双光路光谱辐射计。

双光路光谱辐射计结构如图 3.24 所示。在该系统中，通过摆动反射镜可以让标准光源和待测光源的光辐射交替地进入单色仪和光电探测器，经信号处理可直接获得两个灯的光度量之比。由于双光路系统基本上可以认为标准灯和待测灯是同时测量的，所以其测量精度要高于单光路系统。

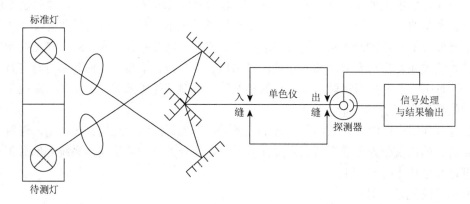

图 3.24　双光路光谱辐射计结构示意图

2）色温的计算

在测得光源的相对光谱功率分布 $P(\lambda)$ 之后，可以计算出光源的三刺激值，计算公式为

$$\begin{cases} X = k\int P(\lambda)\overline{x}(\lambda)\mathrm{d}\lambda \\ Y = k\int P(\lambda)\overline{y}(\lambda)\mathrm{d}\lambda \\ Z = k\int P(\lambda)\overline{z}(\lambda)\mathrm{d}\lambda \end{cases} \tag{3-44}$$

式中，$\overline{x}(\lambda)$、$\overline{y}(\lambda)$、$\overline{z}(\lambda)$ 为 CIE 标准色度观察值光谱三刺激值（2°或 10°）。由此，可以进一步计算出对应的光源色品坐标，计算公式为

$$x = \frac{X}{X+Y+Z}, \quad y = \frac{Y}{X+Y+Z}, \quad z = 1-x-y \tag{3-45}$$

　　根据色品坐标，可以在如图 3.25 所示的 CIE 色品图上找到该光源的坐标位置点，如果该点正好位于色品图内的黑体温度轨迹上，则该坐标点对应的黑体温度就是该光源的色温。若光源的色品坐标不在此黑体轨迹上，而是离轨迹有一定的距离，这时就要根据相关色温的定义，分析光源和黑体色品坐标之间的色距离（对应颜色差异的程度），又由于 CIE 1931-XY 色品图的视觉非均性，所以要在如图 3.26 所示的 CIE 1960 色品图（UCS）中比较两者的色差，并进行色品标的转换，转换公式为

$$\begin{cases} u = \dfrac{4X}{X+15Y+3Z} \\ v = \dfrac{6Y}{X+15Y+3Z} \end{cases} \tag{3-46}$$

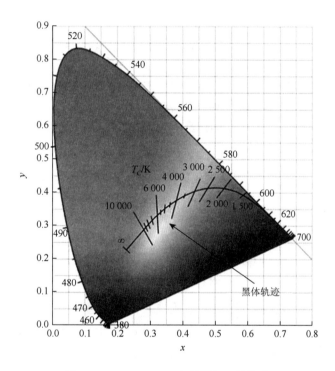

图 3.25　CIE 1931-XY 色品图与黑体轨迹

2. 双色法

　　双色法不需要测量全波段的光谱功率分布，而只要测量某两个波长的相对光谱功率，所以该方法使用简便，测量速度快，在连续光谱的色温测量方面得到了广泛的应用。

　　采用标准光源的方法通过与已知色温 T_S 的标准光源进行比较而得待测光源的色温 T_C。由黑体辐射光谱分布特性的普朗克公式可知，当黑体的温度较低或辐射的波长很短时，如白炽灯的温度（$T < 3400\,\text{K}$）和可见光波段（$\lambda < 0.78\,\mu\text{m}$）其 $\lambda T \ll c_2$，则黑体的光谱辐射出射度（$W/(\text{cm}\cdot\mu\text{m})$）可以近似地表示为

$$M_{b\lambda} \approx c_1 \lambda^{-5} \text{e}^{\frac{-c_2}{\lambda T}} \tag{3-47}$$

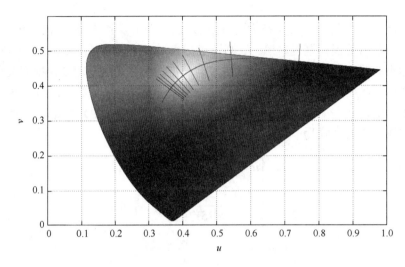

图 3.26　CIE 1960-uv 色品图

式（3-47）称为黑体辐射的维恩（Wien）定律，其中 λ 为波长（μm）；T 为黑体的绝对温度（K）；$c_1=2\pi hc^2=3.741\,844\times10^{-12}$ W·cm^2 为第一辐射常数；$c_2=ch/k=1.438\,833$ cm·K 为第二辐射常数。因此，对于色温为 T_S 的标准光源（钨丝灯、钨带灯等白炽灯），其光率分布可写为

$$P_S(\lambda)\propto\lambda^{-5}e^{\frac{-c_2}{\lambda T_S}}\tag{3-48}$$

利用光谱辐射计可以分别测出此标准光源在两个特定波长 λ_r （如波长为 650 nm 的红光）和 λ_b （波长为 470 nm 的蓝光）的光电流 $i_S(\lambda_r)$ 和 $i_S(\lambda_b)$ 为

$$\begin{cases}i_S(\lambda_r)\propto P_S(\lambda_r)\tau(\lambda_r)S(\lambda_r)\Delta\lambda(\lambda_r)\\i_S(\lambda_b)\propto P_S(\lambda_b)\tau(\lambda_b)S(\lambda_b)\Delta\lambda(\lambda_b)\end{cases}\tag{3-49}$$

式中，$\tau(\lambda_r)$ 和 $\tau(\lambda_b)$ 分别为仪器对红光 λ_r、蓝光 λ_b 的光谱透射比；$S(\lambda_r)$ 和 $S(\lambda_b)$ 分别为光电探测器对 λ_r 和 λ_b 的光谱灵敏度；$\Delta\lambda(\lambda_r)$ 和 $\Delta\lambda(\lambda_b)$ 分别相当于仪器在波长 λ_r 和 λ_b 处的出射光波长带宽。将式（3-48）代入式（3-49），可得

$$\begin{cases}i_S(\lambda_r)=k\lambda_r^{-5}e^{\frac{-c_2}{\lambda_r T_S}}\tau(\lambda_r)S(\lambda_r)\Delta\lambda(\lambda_r)\\i_S(\lambda_b)=k\lambda_b^{-5}e^{\frac{-c_2}{\lambda_b T_S}}\tau(\lambda_b)S(\lambda_b)\Delta\lambda(\lambda_b)\end{cases}\tag{3-50}$$

式中，k 为比例常数。

然后，将待测光源用同一仪器分别测出其在 λ_r 和 λ_b 时的光电流 $i_S(\lambda_r)$ 和 $i_S(\lambda_b)$，计算公式为

$$\begin{cases}i_S(\lambda_r)=k'\lambda_r^{-5}e^{\frac{-c_2}{\lambda_r T_C}}\tau(\lambda_r)S(\lambda_r)\Delta\lambda(\lambda_r)\\i_S(\lambda_b)=k'\lambda_b^{-5}e^{\frac{-c_2}{\lambda_b T_C}}\tau(\lambda_b)S(\lambda_b)\Delta\lambda(\lambda_b)\end{cases}\tag{3-51}$$

式中，T_C 为待测光源的色温；k' 为比例常数。

比较式（3-50）和式（3-51），可得

$$\frac{i_C(\lambda_b)i_S(\lambda_r)}{i_C(\lambda_r)i_S(\lambda_b)} = e^{c_2\left(\frac{1}{\lambda_b}-\frac{1}{\lambda_r}\right)\left(\frac{1}{T_S}-\frac{1}{T_C}\right)} \tag{3-52}$$

两边分别取自然对数后变为

$$\ln\left(\frac{i_C(\lambda_b)i_S(\lambda_r)}{i_C(\lambda_r)i_S(\lambda_b)}\right) = c_2\left(\frac{1}{\lambda_b}-\frac{1}{\lambda_r}\right)\left(\frac{1}{T_S}-\frac{1}{T_C}\right) \tag{3-53}$$

整理后可得

$$\frac{1}{T_C} = \frac{1}{T_S} - \frac{\ln\left(\dfrac{i_C(\lambda_b)i_S(\lambda_r)}{i_C(\lambda_r)i_S(\lambda_b)}\right)}{c_2\left(\dfrac{1}{\lambda_b}-\dfrac{1}{\lambda_r}\right)} \tag{3-54}$$

式中，T_S 为已知的标准光源色温；c_2 为第二辐射常数；λ_r 和 λ_b 为所取的已知波长。因此，只要测出相应的四个光电流值 $i_S(\lambda_r)$、$i_S(\lambda_b)$ 及 $i_C(\lambda_r)$、$i_C(\lambda_b)$，就可以按式（3-54）求得待测光源的色温 T_C。

3.3.3 色度测量相关应用——荧光材料颜色测量

荧光材料在多个应用领域中被广泛使用，因此对其颜色的准确测量显得尤为重要。荧光材料的颜色特性可以通过分光光度计和色度计等仪器进行测量，同样通过色品坐标和三刺激值对其进行描述。与自发光物体不同，荧光材料发光需要其他光源进行照射。荧光材料的测量相较于一般材料更为复杂，这是因为荧光材料能在照明光的激发下发射出可能原本在照明光束中不存在的光谱成分，所以其颜色实际上是由发射和反射光谱（占主要部分）共同决定的。对荧光材料的测量有两种主要的测量方法。

1. 单色光激发测量法

图 3.27 为单色光激发测量法的原理。单色光（波长为 μ）由激发单色仪发出照射样品，不同波长 λ 的发射光和反射光进入分析单色仪，得到其辐亮度因数 $\beta(\lambda,\mu)$。对于不同的入射波长 μ 都可测得相应的辐亮度因数 $\beta(\lambda,\mu)$。

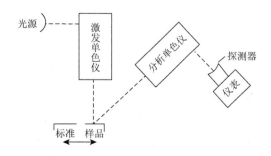

图 3.27 单色光激发测量荧光

根据斯托克斯（Stokes）定律，当入射辐射光谱分布为 $S(\mu)$ 时，荧光材料在波长 λ 的反射和发射的相对光谱分布为

$$R(\lambda) = \sum_{\mu=300}^{770} \beta(\lambda,\mu)S(\mu)\Delta\mu \tag{3-55}$$

于是，荧光材料的三刺激值可表示为

$$\begin{bmatrix} X \\ Y \\ Z \end{bmatrix} = K\sum_{\lambda} R(\lambda) \begin{bmatrix} \overline{x}(\lambda) \\ \overline{y}(\lambda) \\ \overline{z}(\lambda) \end{bmatrix} \Delta\lambda \tag{3-56}$$

2. 复合光照射测量法

与前面方法的区别是复合光照射测量法激发光源由复合光源直接照明（图 3.28）。复合光照射测量法可直接测出荧光材料在测试所用光源照射下的特性，测得物体的光谱辐亮度因数 $\beta(\lambda)$，从而计算出三刺激值。但其计算结果只局限于这种特定光源照射上的客观效果，而无法推算到另一光源下此荧光材料的颜色特性。

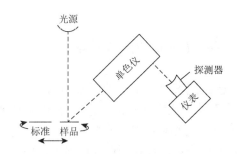

图 3.28　复合光照射测量荧光

3.3.4　色度测量相关应用——非荧光材料色差测量

图 3.29 为一种光电色差计的光学系统。光电色差计利用仪器内部光源照明被测物体，可直接测得物体色的三刺激值和色品坐标，并通过与微处理机或微机连接，计算出两个物体的色差值，展示了光学系统的侧视和顶视图，几何条件为 0/d，光源的光由光源发出后，经过由 45°角反射镜和聚光镜组成的投射系统，被样品反射。随后反射光进入积分球，三个测试孔中的探测器便能测得反射样品的三刺激值。当测量透射样品时，在反射样品处放置与积分球内壁同样材料的中性白板，测得的结果就是透射样品的三刺激值。

3.3.5　色度测量相关应用——显示器颜色校准

目前随着电子技术的蓬勃发展，数码显示产品在生活应用中发挥了重要的交互作用。目前市场上主流的显示产品分为液晶显示器（liquid crystal display，LCD）与有机发光二极管（organic

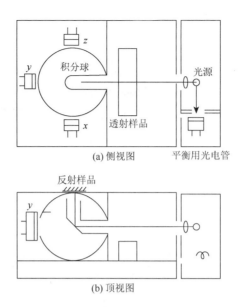

图 3.29　光电色差计工作原理示意图

light emitting diode，OLED）两类。对比而言，LCD 具有更高的对比度和更广的视场范围，成本和功耗都相对较低；而 OLED 则具有更好的色彩表现和更快的响应速度，体积也更小，目前在实际产品应用中占据了最主要的市场份额。

20 世纪 80 年代开始，液晶技术发展趋于成熟。LCD 主要由液晶面板和背光模块组成。LCD 液晶面板利用了液晶材料的介电性，基本结构是在液晶分子层和两侧的偏振方向相互垂直的偏振滤光片，并通过液晶分子层两侧的正负电极施加电场。通电产生电场后，改变了液晶分子的排列结构，使得通过液晶分子层的光偏振状态发生变化。通过施加不同的电场使不同比例的白光通过红、绿、蓝三色颜色薄膜，从而完成显示调色工作；而 LCD 的背光模块由大量 LED 背光灯组成，显示白光以供通过液晶面板进行调色。而由于液晶层与发光背板无法做到完全贴合，在显示黑色时往往会出现部分光穿透颜色层从而观感发灰的情况，这也是 LCD 类显示屏的重大缺陷。

目前显示的主要发展方向则聚焦于 OLED 的制作研发中。OLED 当下的基本结构类似于三明治，外层分别是一块铟锡氧化物（indium tin oxide，ITO）玻璃和低功函数的金属电极，中间层是有机发光材料制成的发光层（几十纳米厚）。通电后，空穴由阳极而电子由阴极进入发光层，并在其中相遇复合产生激子，即处于束缚能级的电子-空穴。随后，激子经历辐射退激发过程，释放出光子，从而发出可见光。OLED 在市场化商业中备受青睐，目前在手机屏幕、数码相机、彩色电视等应用中均属行业热点。目前，OLED 显示屏的研发主要集中于柔软屏幕的开发和透明屏幕的开发。OLED 显示屏目前流行于中小尺寸显示屏领域，同时也在向大尺寸显示屏领域不断发展。

OLED 显示屏在设备老化、长时间不间断工作、发热等情况下，会出现光衰减、色度漂移和各种面缺陷等问题，使得所成图像的色彩和亮度出现显示问题。为了解决这些问题，出现了色域修正、逐点校正等技术，这些技术均需要对显示产品的光色度学准确测量方能实现，因此使用光度学测量显示器材是十分必要的。

1. 显示器光色度性能指标

1）色域

色域又称颜色空间，是对一种颜色进行编码的方法，表示在某种表色模式下所能表达的所有颜色构成的颜色区域范围。目前常用的色域标准包括 Adobe RGB、sRGB、NTSC 等，其在色域图上的分布状况如图 3.30 所示。

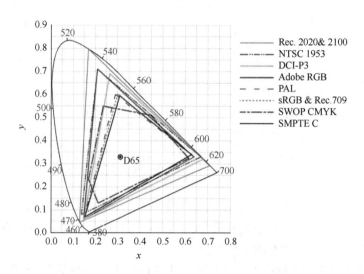

图 3.30　常用色域系统在 CIE 1931 色品图分布状况

对于一个显示器，色域表明了其可以显示的颜色种类数量。高色域显示器相较于低色域显示器可以显示更多种类的颜色。在一般商品的显示器中，由于不同的发光单元选择等，自身呈现的色域相较于标准色域会产生一定偏差，此时将两者重叠部分与自身色域的比值称为色域覆盖率。在确认显示器色域性能时，可将显示器色域同 Adobe RGB、DCI-P3、sRGB 计算色域覆盖率进行比较，从而确认实际应用中色域覆盖最全面的产品。

2）色准

色准是指真实的色彩和显示屏所呈现的色彩的颜色差距。两者的差距 ΔE 越小越好，一般 $\Delta E < 3$ 最好。当 ΔE 在 3～12 时，肉眼会辨别出颜色的差异，如显示深蓝色实际却呈现浅蓝色的效果。

3）亮度

屏幕亮度在显示器领域内常用单位为尼特（nit），物理含义为单位面积单位立体角内所发出的光通量，1 nit 大小定义为一平方米一坎德拉。目前液晶电视峰值亮度最低要求需达到 1000 nit，而顶级的手机屏幕峰值亮度可达 2000 nit。亮度可以带来更好的明暗表现与色彩对比能力，可以提供更好的颜色对比度与颜色饱和度。

4）Mura 评估

Mura 是制造显示器屏幕（LCD 和 OLED）难以避免的潜在副效应。显示器通常由多种材料黏合在一起加上基底层组成。几乎不可能每次都以绝对的精度将所有这些层黏合起来；各种接缝、迁移物、污染物、气泡或其他瑕疵可能会悄悄潜入。举例来说，LCD 上的 Mura 可能来自：液晶基质中的杂质或杂质颗粒，LCD 基质在制造过程中分布不均匀，TFT 厚度不均匀，基底之间的间距不均匀，滤色片、滤光片或弯曲导光板/漫射器的颜色不均匀，背光光源的亮度分布不均匀以及 LCD 面板瑕疵。可通过计算亮度差异以校正单个显示像素。这个过程称为"Demura"，可以调整每个 OLED 像素的亮度或色度，确保生产出拥有完全一致外观的显示器。

5）残影检测

残影是明显可见的上一个画面的残留，是连续长时间驱动某一个点多于其他的点造成的结果，可通过棋盘格长时间显示来进行测量。

2. 显示器光色度测量方法

根据原理的不同，可将显示屏测试方法分成以下几种。

1）分光光度计

分光光度计检测显示屏缺陷时一般要与光谱仪搭配使用。分光光度计能通过得到像素点对不同波长光的反射、投射特性来分析像素点的各光色度学参数，从而检测出像素点的缺陷。这种方式检测范围较小，只能检测配备的相机镜头光圈范围内的像素点。

2）滤光片式成像光度计/色度计

成像光度计/色度计检测屏幕时，要为探测器配备合适的滤光片使其相对光谱响应度近似于 CIE 1931 标准色度观察者色匹配函数。这种仪器一般配备 CCD 图像传感器，具有非常高的分辨率，能够在较短的时间内对显示屏的色度和亮度参数分别进行测量。成像光度计/色度计的测量精度受滤光片性能的限制，一般比不上分光光度计，可测量范围也更小。

3）视觉检测法

视觉检测法检测屏幕时，通过相机对显示屏图像进行拍摄和采集，通过对图像的分析和处理得到显示屏不同像素点的亮度信息，一般用于对显示屏的亮度和坏点进行检测。视觉检测法检测速度快，还能对动态图像进行检测，缺点是只能检测亮度，无法检测与色度、光谱相关的显示屏缺陷。

综上可以看出，对显示屏的检测又可以分为单点检测与整体检测。对于单点检测，其检测速度和检测精度取决于显示屏像素的尺寸大小和仪器成像的范围、距离等因素，并且得到的是检测区域的平均值。对于全屏检测，一般来说检测速度更快，但也有使用视觉检测法时无法检测亮度以外参数这种缺陷。

3. 显示器光色度测量分析

对于使用 CCD 相机进行成像的系统，由于透镜等光学元件本身存在像差以及成像系统中存在光的衍射，点状光源所成的像实际上是一个模糊的弥散斑，这里定义其亮度分布函数为点扩散函数 $PSF(x,y)$，而弥散斑的亮度分布函数 $g(x,y)$ 可以看成理想像点亮度分布 $f(x,y)$ 与点扩散函数的卷积，表示为

$$g(x,y) = f(x,y) * PSF(x,y) \tag{3-57}$$

对于弥散斑，点扩散函数 $PSF(x,y)$ 越窄，代表其半径越小，相对的光斑光强分布越集中。

使用成像系统对 LCD 与 OLED 进行检测时，屏幕上所有的像素点都会在成像显示屏上表现为弥散斑。所成弥散斑的大小与对应像素的亮度、成像物距等因素有关，光强分布近似表现为高斯分布。通过对弥散斑的光强分布进行分析，就能得到对应像素的亮度和色度参数。在检

测时，为了得到每个像素的信息，需要保证各像素所成弥散斑不会相交从而相互影响。此外，弥散斑的面积不能太小，否则其所承载的亮度和色度信息可能不全面。

3.3.6　色度测量相关应用——近眼显示设备

近眼显示测量仪器由色度计与光学系统组成，光学系统镜头设计模拟人眼的大小、位置和视野。与光圈位于镜头内部的替代镜头选项不同，增强现实（augmented reality，AR）/虚拟现实（virtual reality，VR）镜头的光圈位于镜头前部，从而能够将成像系统的入瞳定位在近眼显示器（near-eye display，NED）耳机内。头戴式显示器（head mounted display，HMD）与人眼位于同一位置，其孔径特性可模拟人眼的大致尺寸、位置和视场。通过镜头前部的光圈，连接的成像系统可以捕获显示器的完整视场（水平最高120°，垂直80°，覆盖近似人类双目视场），而不会受到镜头硬件的阻碍。3.6 mm 的孔径尺寸也与人类入瞳的尺寸相匹配，允许在与人类观察者观看的条件相同的条件下测量显示器。可实现视场角、调制传递函数（modulation transfer function，MTF）、畸变量、眼盒、虚像距、颜色均一性、颜色覆盖率、亮度均一性、对比度、色差、漏光、杂散光、像素角密度等相关参数测量任务，能够实现高视角分辨率的连续测量。

参 考 文 献

金伟其，王霞，廖宁放，等，2016. 辐射度　光度与色度及其测量. 2 版. 北京：北京理工大学出版社.

毛新越，2021. 超高密度 LED 显示屏像素级精确采集及校正技术研究. 长春：中国科学院大学（中国科学院长春光学精密机械与物理研究所）.

徐海松，2015. 颜色信息工程. 2 版. 杭州：浙江大学出版社.

郁道银，谈恒英，2016. 工程光学. 4 版. 北京：机械工业出版社.

郑熠晟，2022. 多路光谱成像显示屏光学检测系统. 厦门：厦门大学.

第4章

光电成像测试方法与应用

4.1　光电成像测试技术原理

4.1.1　光电成像技术的产生及发展

　　光电成像技术作为光电子物理学的一部分，起源于人类对光电效应的探索和研究。1873 年，当时威勒毕·史密斯（Willoughby Smith）首先发现了光电导现象。量子理论的发展，为半导体理论的建立和各类光电器件的研发奠定了基础，使内光电效应相关领域不断发展和扩展。与此同时，外光电效应的相关研究也随着历史不断发展。赫兹（Hertz）于 1887 年发现紫外辐射对放电过程的影响，第二年哈尔瓦克（Hallwacks）实验证实了紫外辐射可使金属表面发射电荷。经过一系列研究，科学家明确了光电发射的基本定律。在此基础上，科勒（Kohler）于 1929 年研制了实用的光电发射体——银氧铯光阴极，为红外变像管等技术紫外变像管和 X 射线变像管后来的诞生奠定了基础。这些技术的发展进一步扩展了可观测光谱范围。随后，格利胥（Gorlich）与萨默（Sommer）分别于 1936 年和 1955 年研发了锑铯光阴极和铯多碱光阴极。在 1963 年，西蒙（Simon）提出了负电子亲和势光阴极理论，这一理论的提出为伊万思（Evans）等研发出负电子亲和势砷光阴极打下了理论基础。以上这些光阴极具有非常高的量子发射效率，推动了微光图像增强技术的发展和实际应用。

　　电视技术的相关研究起步于 20 世纪 20 年代。第一台实用型摄像机由美国安培（Ampex）公司研发，但只能在弱光环境下工作，且价格昂贵。随后，贝尔德（Baird）于 1952 年发明了世界上最早的电视摄影机和接收机。1929 年，伊夫斯（Yves）发明了彩色电视机。1931 年，美国科学家兹沃雷金（Zworykin）制造出比较成熟的光电摄像管，即电视摄像机，兹沃雷金在其中一次实验中将一个由 240 条扫描线组成的图像传送给 4 mile（英里，1 mile = 1.61 km）以外的一台电视机，标志着现代电视系统的基本成型。此后，电视摄像技术不断发展，相继出现了超正析像管、分流摄像管以及二次电子导电摄像管、热释电摄像管等摄像器件。

　　1970 年，玻伊尔（Boyle）和史密斯（Smith）开发出一种具有自扫描功能的 CCD 器件，由此诞生了固体摄像器件，极大地促进了电视摄像技术的发展。近年来，光电成像技术随着 CMOS 成像器件的重新崛起与快速进步，正朝着更小、更经济、更高清晰度的方向飞速发展。在此期间，针对不同需求的成像器件不断被研发，如红外焦平面探测器件，其出现大幅度提高了人类的视觉能力。

　　归结起来，上述技术均建立在光电转换技术、光电子理论和半导体物理的基础之上，采用各种光电成像器件进行成像。将这些技术统一称为光电成像技术。

4.1.2　光电成像系统的构成与分类

　　将客观景物转变为图像的过程即成像。人眼直接观测受限于视觉性能，如光谱范围、灵敏度、时空限制等。而一般的相机成像则是光学系统和胶片记录的结合，即利用光化学作用，拓展人眼的视见性能，时效性差。光电成像则是将光学系统和成像器件结合，基于光电器件，利用光电效应，在光谱响应、探测灵敏度、分辨能力和实时性等方面有所突破，其中光电转换器件是系统的核心。光电成像技术已深入到人们日常生活、国民经济、国防建设的各个领域，是人类文明发展的基本需要。

一般来说，一个基本的光学成像系统应该由辐射源（光源）、传输介质、光学成像系统、光电转换器件、信号处理和显示器件（图像重现）几个部分构成，如图 4.1 所示。

图 4.1 光电成像系统的基本组成

辐射源：一般理解为光源，但实际上应该包括自然光源、人工光源以及目标所带的光源和背景的辐射特性。

传输介质：与所观测成像的目标的背景环境有关，通常主要由大气的光学特性、海洋的光学特性等体现。

光学成像系统：主要是通过光学成像的方式收集辐射，并形成光学图像。

光电转换器件：是将光学系统形成的辐射图像转换为电子图像。

信号处理：通过光电器件驱动对电信号进行处理，如滤波、放大等。

图像重现：将电子图像在显示器、荧光屏等显示器件上重新还原为可视图像。

光学成像系统根据基本组成，按照每个构成的特性有不同的分类依据，目前主要的分类依据和分类有以下几种。

根据其辐射源的特性，按照波谱范围可以分为紫外光、可见光、红外光、微波等成像系统；按照光源类型则有全色、光谱、激光等成像系统。

根据其工作模式，可以分为主动和被动两种光电成像系统。

根据其成像特点，可以分为凝视和扫描两种成像系统，其中扫描又有挥扫和推扫两种；根据其成像系统的形式，可以分为折射、反射和折反射三种成像系统。

根据其光电成像器件，可以分为直视型和电视型两种。直视型光电成像器件原理基于光电发射效应，具有图像转换、图像处理和图像显示的功能，适用于人眼直接观察的光电成像系统，典型直视型光电成像器件有变像管（红外、紫外、X 射线）和像增强器（电子倍增等）。电视型光电成像器件原理一般基于内光电效应或光热效应，能够将二维光信号转换为一维电信号，并在对电信号进行处理后，再通过显像装置转换回二维光信号，适用于电视摄像和热成像系统，典型的电视型光电成像器件有真空器件（光电摄像管、热释电摄像管等）和固体器件（CCD、CMOS、红外焦平面阵列（infrared focal plane array，IRFPA）等）。

4.2 光源类型和照明方法

4.2.1 常见光源类型

什么是光源呢？光源指的是"能发出可见光的物体"，如太阳、灯、火等。物理学上指"能发出电磁波的物体"。这些简单理解即可，更令人感兴趣的是在光电成像系统中的应用。在工业应用中，最常用的光源是放电光源（如卤素灯）和电致发光光源（如 LED 和激光器）。接下来介绍一些较为常用的光源。

白炽灯：最普通的人造光源是白炽灯，其原理是电流通过灯丝时产生大量热量，使得灯丝的温度达 2000℃ 以上并处于白炽状态，故称为白炽灯，其色温在 3000～3400 K。白炽灯有亮度高、产生连续光谱以及工作电压低、价格便宜等优点，但也有使用寿命短且寿命后期亮度下降、转换效率低、只能连续发光无法作为闪光灯等缺点。对于机器视觉系统，使用白炽灯对需要数字化的物体或图像进行照射非常方便。

卤素灯（俗称灯杯、杯灯、射灯）：相比于普通的白炽灯，卤素灯灯泡内的卤素气体（如碘）能与钨蒸气发生作用，使其冷却后回到钨丝，因此拥有了更长的寿命，可提高到 2000～4000 h。比较接近于日光的连续光谱，显色性很好，显色指数 95 以上，价格也比较便宜，体积小、控光性好，所以适合投射性的照明场合。卤素灯的缺点则是不改变白炽灯的本质，通过发热来发光，将电能转化为光能的效率比较低。

激光器：激光器通过工作物质的受激辐射产生的光束具有极高的相干性。激光功率密度高度集中，具有极高的方向性，易于进行光束的偏转或聚焦。

荧光灯：将电子束打到某些荧光物质上，能使其原子的部分电子向高能级跃迁，随后在返回基态时放出光子，从而发出荧光，荧光的亮度与电子束流密度基本成正比，也受到荧光物质颗粒度和荧光物质颗粒带来的散射的影响。荧光物质的持续时间和辐射谱都能在制造时进行控制，能获得 1 ms～1 s 的持续时间和非常宽的辐射谱。荧光物质覆盖在带正电的透明铝镀层上，电子束以铝镀层为阳极轰击荧光物质，使其发光，CRT 的分辨率极限是 30～70 线对/mm。荧光灯便由此产生，其原理是电流激发 Hg 蒸汽产生紫外辐射，紫外辐射使得管壁磷盐涂层发荧光，色温一般在 3000～6000 K。荧光灯具有制造成本低、转换效率高等优点，也有光谱不均匀、无法用作闪光灯、易老化等缺点。

激光二极管：应用广泛，如条形码扫描器、准直器、投影系统和线发生器等。激光二极管有非常小的照明面积，易于对光束进行控制，使用时要注意激光相干性问题，否则可能会由于干涉、衍射或散斑而导致出现不需要的伪影。

发光二极管：原理是半导体通电后受激发光，由镓砷化合物等材料制成，有多种发光颜色，具有转换效率高、使用寿命长、体积小等优点，缺点是温度会影响其工作性能。

视觉系统使用的光源主要有高频荧光灯、卤素灯和 LED 光源等，其性能对比如表 4.1 所示。目前，LED 灯的综合性能最佳，广泛应用于机器视觉领域。LED 灯具有以下优势：形状自由度高，可以组合成各种形状、尺寸，能够自由调整照射角度，可以根据客户需要定制；可以根据需要制成各种颜色，并可以随时调整亮度；光源散热性好，光亮度稳定，使用寿命长，可连续使用数万小时；反应快捷，可在极短的时间内达到最大亮度；运行成本低，性价比较高。

表 4.1　常见光源性能对比

光源类型	对比度	均匀性	亮度	稳定性	成本	寿命/h
荧光灯	低	较差	低	差	低	50 000
卤素灯	一般	一般	高	一般	低	250
激光灯	低	差	极高	中	高	100 000
LED 灯	高	较好	中	高	低	100 000

市场上有非常多的生产厂家生产 LED 光源，种类很多。其中，环光主要用于字符识别、外观检测、损伤与污垢检测、二维代码读取、金属表面的刻印、损伤与污垢检测、异物混入检测等；条光用于包装品的破裂检测、带发纹金属的损伤检测、污垢检测、异物有无检测、污垢检测、液面检测等；面光则主要用于金属毛刺检测、液面检测、外观检测、针孔检测等；穹顶光源一般用于包括非平面的各种表面外观检测、印字、颜色识别检测、刻印、损伤与污垢检测等；点光源是尺寸测量用光源、点照射用光源等；同轴光源主要用于光泽表面、镜面的缺陷、损伤、刻印、凹陷检测；线光源则适用于异物检测、污垢检测。

4.2.2　照明方法与打光方式

为了突出被照射物体需要关注的部位，需要对光源的照明方式与打光方式（如散射情况）进行选择。

1. 照明技术

1）直接照明

直接照明是指光源直接照射物体，这样获取的图像会有更高的对比度，但也容易受到物体对光的反射的影响。面对漫射物体，可以选择环状照明使照明充足，这种照明方法还易于与镜头结合。

2）暗场照明

暗场照明是相对物体表面的低角度照明，与亮场照明的区别在于暗场照明光源无法在视界内被看到，而亮场照明则相反。当需要对纹路改变或凸起部分提供照明时，暗场照明是一个好的选择。

3）背光照明

将均匀视场的光从物体背面照射过来后，能使用相机观察到侧面的轮廓信息。背光照明具有高对比度的优点，缺点是可能会丢失表面特征（如表面图案），因此一般用于得到物体的方向或尺寸信息（如物体直径）。背光源常用于平板液晶显示器中，它本身并不发光，显示图形是对光线调制的结果。其广泛应用于下至手机、智能电话，上至电视、大屏幕的大大小小的显示系统中。背光源的基本组成是导光板、散射镜和增亮膜（brightness enhancement film，BEF）等。背光源系统使用 LED 成为主流，传统边缘照明系统使用 LED 作为光源，光沿着导光板传播。优秀的光学设计可以提高光分布的均匀性，如图 4.2 所示。

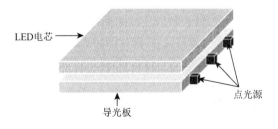

图 4.2　一种背光源系统

4）漫射照明

漫射照明采用半球形的均匀照明光源，其照明立体角范围能达到 170°，能够抑制阴影和反射光的产生，适用于凹凸表面或高反射率的表面。

5）同轴照明

垂直墙壁射出发散光后，通过分光镜使光的方向向下照射到物体上，而相机从分光镜上方拍摄物体，这种照明方式称为同轴照明，适用于由环境暗影导致检测面积不明显，以及高反射率的物体。

6）偏振片

偏振片只允许振荡方向平行于其偏振方向的光分量经过。

2. 打光方式

打光方式主要分为如下几种：背部打光、高角度打光、低角度打光和透射打光。

1）背部打光

背部打光时，待检测物体在光源和相机之间。在最终的图像中，会清晰地显示物体的外轮廓。可以用来检测物体的尺寸、物体的放置方向、是否存在孔和间隙。

2）高角度打光

光线方向和待检测表面所成夹角比较大。高角度打光时，表面平滑的部分在图像中显示偏亮，表面结构复杂的地方，如划伤、凹痕，在图像中显示偏暗。高角度打光时，表面平滑的部分会发生镜面反射，反射的光线会进入相机镜头中，所以看起来比较明亮。表面结构复杂的部分会发生漫射，只有部分光线会反射到相机镜头中，所以在图像中显示偏暗。高角度打光这种打光方式可以解释初中物理中提到的一个现象：迎着月亮和背着月亮，如何分辨水坑和正常道路，背后的原理是类似的。

3）低角度打光

低角度打光是指光线方向和待检测表面所成夹角比较小。低角度打光时，表面平滑的部分在图像中显示偏暗，表面结构复杂的地方，如划伤、凹痕，在图像中显示偏亮。

4）透射打光

透射打光时，待检测物体在光源和相机之间，待检测物体是半透明或者透明的。

4.3 成像光学系统

光学系统通常用于进行成像或做光学信息处理。在研究时，可以将光学系统区分为理想光学系统和实际光学系统。理想光学系统是能产生清晰的、与物完全相似的像的成像系统。实际光学系统是相对于理想光学系统，会产生不共轴、渐晕、像差、杂散光等问题影响成像质量的光学系统。

4.3.1 光学系统类型与光学性能

在实际生产生活中，通常遇见的所有光学成像系统都可以归为望远系统、显微系统、照相系统以及人眼视觉系统。

望远系统是一种能将远处物体进行视角放大的光学系统，可以用放大倍率来描述其放大能力。望远系统接收从远处射入的平行光，送入人眼的同样为平行光。

显微系统是用来观察微小物体的一种成像系统，分为光学显微镜和电子显微镜。

照相系统是通过将远处物体的光通过透镜在底片上形成倒立缩小的实像的系统，通常用于照相机等摄影工具。

4.3.2　光电成像系统的对准与调焦

1. 目视系统的对准与调焦

对准与调焦分别又称横向对准与纵向对准，都是使目标与比较标志重合，区别是前者是在垂直瞄准轴方向重合，而后者是在瞄准轴方向重合（瞄准轴是光学仪器的某个对准用标志与物镜后节点的连线。眼睛的瞄准轴则是黄斑中心与眼睛后节点的连线）。调焦是为了使成像系统能对物体成足够清晰的像，也可以以此确定像面和物面的位置（也可以称为定焦）。

对准和定焦的不确定度以眼瞳中心与对准残余量之间夹角和眼瞳分别与标志、目标间距离的倒数的差值来表示。

对准和定焦一般要借助光学系统来辅助进行，利用光学系统的比较标志和光放大等作用能够得到更高的准确度。对准和调焦的不确定度应以观察系统的物方对应值表示，如图 4.3 中的 Δy 、γ 和 Δx 、φ 所示。

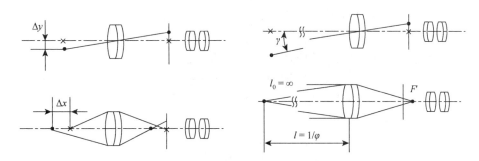

图 4.3　观察系统物方的对准不确定度和调焦不确定度的表示

1）人眼的对准不确定度和调焦不确定度

要使目标位于标志所在的垂直瞄准轴的平面上，即二者位于同一深度上，用人眼进行调焦的方法有多种，如清晰度法与消视差法，也是最常用的方法。

表 4.2 中展示了不同的对准方式的示意图和相应的标准不确定度。

表 4.2　人眼五种对准方式的不确定度

对准方式	示意图	标准不确定度/(″)	注
压线对准		60～120	实线与虚线重合时 $\delta = 1'$
游标对准	a⊞a	15	线宽不宜大于 1′ 分界线 aa 应细而整齐

续表

对准方式	示意图	标准不确定度/(″)	注
夹线对准	⦀	10	三线平行，两平行线中心间距最好等于粗直线宽度 1.6 倍
叉线对准	⊗	10	直线应与叉线的一条角等分线重合
狭缝对准	⊗	10	直线与狭缝严格平行

采用清晰度法时，需要使比较标志与目标的清晰程度相同。清晰度法受到焦深的影响，包括几何焦深和物理焦深。

（1）几何焦深。

假设标志点在视网膜上成清晰像点。若人眼分辨极限大于目标点在视网膜上的弥散圆直径，那么即使标志点与目标点不在一个平面，人眼仍将目标点的弥散圆视为清晰像点。若人眼分辨极限等于目标点在视网膜上的弥散圆直径，目标至标志的距离为 δ_x，则取 $2\delta_x$ 为几何焦深（目标远于或近于标志 δ_x 距离时效果相同），可见几何焦深受人眼极限分辨角 α_e 的影响。一般而言，人眼的极限分辨角为 $1'$。物体与眼瞳距离较大时，使用眼瞳与标志和目标的距离的倒数值的差值来表示标准不确定度。由几何焦深造成的人眼调焦不确定度为

$$\varphi_1' = \frac{1}{l_1} - \frac{1}{l_2} = \frac{\alpha_e}{D_e}(\text{m}^{-1}) \tag{4-1}$$

式中，l_1 为目标距离，m；l_2 为标志距离，m；D_e 为眼瞳直径，m；α_e 为极限分辨角，rad。

（2）物理焦深。

光的衍射决定了视网膜上的像点即使在完美成像时也不会是一个理想的点，而是一个艾里斑。若当物点沿轴向移动距离 $\text{d}l$ 后，在眼面上产生的波差等于 λ/k（常取 $k=6$）时，人眼正好仍将距离小于 $\text{d}l$ 的两个点的清晰度视为相同，则物理焦深的取值为 $2\text{d}l$。由物理焦深造成的人眼调焦不确定度 φ_2' 的计算公式为

$$\varphi_2' = \frac{1}{l_2} - \frac{1}{l_1} = \frac{8\lambda}{kD_e^2}(\text{m}^{-1}) \tag{4-2}$$

式中，$l_2 = l_1 \pm \text{d}l$；λ 为波长；D_e 为眼瞳直径；参数的单位都是 m。

由清晰度法产生的人眼调焦合成不确定度 φ' 为

$$\varphi' = \sqrt{\varphi_1'^2 + \varphi_2'^2} = \left[\left(\frac{\alpha_e}{D_e} \right)^2 + \left(\frac{8\lambda}{kD_e^2} \right)^2 \right]^{1/2}(\text{m}^{-1}) \tag{4-3}$$

式中，$\varphi_1'^2$ 为几何焦深造成的调焦不确定度；$\varphi_2'^2$ 为物理焦深造成的调焦不确定度。式（4-3）中的两项不确定度皆具有随机性，并且都服从均匀分布规律，故其单次测量的标准不确定度表示为

$$u_{\text{ED}} = \frac{1}{\sqrt{3}} \left[\left(\frac{\alpha_e}{D_e} \right)^2 + \left(\frac{8\lambda}{kD_e^2} \right)^2 \right]^{1/2}(\text{m}^{-1}) \tag{4-4}$$

相比于清晰度法采用纵向调焦，消视差法采用横向对准，即先使目标与标志横向对准，再

左右移动眼睛，如果看到二者始终对准，则认为调焦已进行完毕，此时目标与标志的轴向距离即消视差法的调焦误差。另外，对于消视差法，目标与标志无相对横移时不要求两者同样清晰，因此焦深对结果没有影响。

调焦不确定度的计算公式为

$$\varphi' = \frac{1}{l_2} - \frac{1}{l_1} = \frac{\delta}{b} (\text{m}^{-1}) \tag{4-5}$$

式中，b 为眼睛移动距离，m；δ 为对准不确定度，rad；l_1 和 l_2 为标志和目标定焦时与人眼的轴向距离。

单次测量的标准不确定度的计算公式为

$$u_{\text{EP}} = \frac{\delta}{\sqrt{3}b} (\text{m}^{-1}) \tag{4-6}$$

2）望远镜的对准不确定度和调焦不确定度

使用望远镜进行对准和调焦能够利用望远镜对光的放大作用提高相应的准确度。

（1）望远镜的对准不确定度。

设人眼直接对准的对准不确定度为 δ，望远镜的放大率为 Γ，通过望远镜观察时物方的对准不确定度设为 γ，其公式为

$$\gamma = \frac{\delta}{\Gamma} \tag{4-7}$$

（2）望远镜的调焦不确定度。

将人眼的两部分调焦不确定度，如式（4-1）和式（4-2）所示，分别换算到望远镜物方，即可求出望远镜用清晰度法调焦的不确定度。

设在望远镜像方的调焦不确定度为 $\varphi'(\text{m}^{-1})$ 时，对应于物方为 $\varphi(\text{m}^{-1})$。应用牛顿公式 $xx' = ff'$，可得

$$\varphi = \frac{\varphi'}{\Gamma^2} (\text{m}^{-1}) \tag{4-8}$$

由此可得望远镜物方的调焦不确定度为

$$\varphi_1 = \frac{\varphi_1'}{\Gamma^2} = \frac{\alpha_e}{\Gamma^2 D_e} (\text{m}^{-1})$$
$$\varphi_2 = \frac{\varphi_2'}{\Gamma^2} = \frac{8\lambda}{k\Gamma^2 D_e^2} (\text{m}^{-1}) \tag{4-9}$$

当眼瞳直径 D_e 大于望远镜的出瞳直径 D' 时，以实际有效的像方通光孔径 $D' = D/\Gamma$ 代替公式中的 D_e，则以上两式可写为

$$\varphi_1 = \frac{\alpha_e}{\Gamma D} (\text{m}^{-1})$$
$$\varphi_2 = \frac{8\lambda}{kD^2} (\text{m}^{-1}) \tag{4-10}$$

式中，D 为望远镜的入瞳直径。若 $D' > D_e$，则 ΓD_e 为实际有效的入瞳直径，即应以 ΓD_e 代替式（4-10）中的 D。

望远镜调焦的合成不确定度表示为

$$\varphi = \sqrt{\left(\frac{\alpha_e}{\Gamma D}\right)^2 + \left(\frac{8\lambda}{kD^2}\right)^2} \,(\mathrm{m^{-1}}) \tag{4-11}$$

单次调焦的不确定度表示为

$$u_{\Gamma D} = \frac{1}{\sqrt{3}} \sqrt{\left(\frac{\alpha_e}{\Gamma D}\right)^2 + \left(\frac{8\lambda}{kD^2}\right)^2} \,(\mathrm{m^{-1}}) \tag{4-12}$$

3）显微镜的对准不确定度和调焦不确定度

显微镜提高对准和调焦准确度的原理与望远镜相同。

（1）显微镜的对准不确定度。

设显微镜物镜的垂轴放大率为 β，总放大率为 Γ，那么通过显微镜观察时物方的对准不确定度设为 Δy，其计算公式为

$$\Delta y = \frac{250\delta}{\Gamma} \,(\mathrm{mm}) \tag{4-13}$$

（2）显微镜的调焦不确定度。

将人眼的调焦不确定度换算到显微镜物方的简单方法，是将显微镜看成一个放大率较大的放大镜，其等效焦距表示为

$$f'_{\mathrm{eq}} = \frac{250}{\Gamma} \,(\mathrm{mm}) \tag{4-14}$$

式中，Γ 为显微镜总放大率；250 mm 为人眼的明视距离。

若人眼进行调焦的标准不确定度为 φ'，物空间的折射率为 n，则由式（4-1），显微镜物方对应的调焦标准不确定度表示为

$$\Delta x_1 = \varphi'_1 n f'^2_{\mathrm{eq}} = \frac{\alpha_e n}{D_e} f'^2_{\mathrm{eq}} \tag{4-15}$$

若 D_e 大于出瞳直径 D'，则式（4-15）变为

$$\Delta x_1 = \frac{\alpha_e n}{D'} f'^2_{\mathrm{eq}} \tag{4-16}$$

显微镜的出瞳直径 D' 与数值孔径 NA 的关系表示为

$$D' = 2f'_{\mathrm{eq}} \sin u' = 2f'_{\mathrm{eq}} \mathrm{NA} \tag{4-17}$$

将式（4-17）代入式（4-16）可得

$$\Delta x_1 = \frac{n\alpha_e}{2\mathrm{NA}} f'_{\mathrm{eq}} \tag{4-18}$$

由物理焦深产生的调焦不确定度，也可通过较简单的方法求得。

如果 $D_e > D'$，只要目标像和标志像发出的光束在显微镜出瞳范围内所截波面之间的波差小于 λ/k，那么对于人眼而言目标像和标志像都一样清晰。在像质良好的情况下，波像差在目标到标志的深度范围内数值不会有大的变化。那么，标志和目标在显微镜入瞳范围内所截波面之间的波差同样应该小于 λ/k。

设入瞳直径为 D，入瞳和标志到目标的距离分别为 l_1 和 l_2（若调焦标志是显微镜的分划板，则 l_2 为分划刻线在显微镜物方的像到入瞳的距离）。在 NA ≤ 0.50 的情况下，则二者之间在入瞳处的波差近似计算公式为

$$\frac{D^2}{8l_2} - \frac{D^2}{8l_1} = \frac{\lambda}{k} \tag{4-19}$$

设物空间介质的折射率为 n，物方最大孔径角为 U，而且差值 $l_2 - l_1 = \Delta x_2$ 是个很小的数，则可得

$$\frac{l_2}{2}\sin^2 U - \frac{l_1}{2}\sin^2 U = \frac{\lambda}{kn}$$

$$\frac{\sin^2 U}{2}(l_2 - l_1) = \frac{\lambda}{kn} \tag{4-20}$$

$$\Delta x_2 = \frac{2\lambda}{kn\sin^2 U} = \frac{2n\lambda}{k(\mathrm{NA})^2}$$

显微镜清晰度法调焦的合成不确定度表示为

$$\Delta x = \sqrt{\left(\frac{n\alpha_e f'_{\mathrm{eq}}}{2\mathrm{NA}}\right)^2 + \left[\frac{2n\lambda}{k(\mathrm{NA})^2}\right]^2} \tag{4-21}$$

单次调焦的不确定度表示为

$$u_{\mathrm{MD}} = \frac{1}{\sqrt{3}}\sqrt{\left(\frac{n\alpha_e f'_{\mathrm{eq}}}{2\mathrm{NA}}\right)^2 + \left[\frac{2n\lambda}{k(\mathrm{NA})^2}\right]^2} \tag{4-22}$$

2. 光电对准

光电探测技术是计算机实时控制与处理得以实现的关键基础，其关键优点在于能够显著提升定焦和对准的精确度，使得自动化测量成为可能。目前，光电对准装置主要划分为两大类别，即光电望远镜和光电显微镜，两者都具有非常高的对准精度。具体来说，前者的对准不确定度可以达到 $0.05''\sim 0.1''$，而后者则能实现 $0.01\sim 0.02\ \mu m$ 的不确定度水平。

按照工作原理，光电对准又可细分为光度式光电对准和相位式光电对准。

其中，光度式光电对准技术的原理为：刻线像相对于狭缝的位置会影响通过狭缝的光通量，而若光通量发生变化，则会导致光电流也发生变化。在寻找刻线像的中心与狭缝的中心重合的对准位置时，只需要找到光电流（或电压）输出最小时的点。此外，差动光度式光电对准可以进一步提高对准的准确度，具体做法是在刻线像面上设置两个狭缝，当从两个狭缝通过的光通量相等（由两个探测器的读数判断）时，就认为实现了对准。

在光度式的基础上加入一调制器即成相位式。调制器有两种：一种是在成像光路中加入一个以一定频率振动的反光镜，使刻线像在狭缝处做同频率振动；另一种是刻线像不动，狭缝以一定频率在像平面内振动。

由于相位式光电对准具有对光电接收器的稳定性（在直流下工作难以确保零点读数的稳定性）和刻线质量要求低，而对准准确度高等优点，所以下面仅以光电自准直望远镜为例介绍相位式光电自准直望远镜的工作原理。如图 4.4 所示，光源通过磨砂玻璃照亮十字线分划板，从分划板发出的光线经分束棱镜 I 反射，射向物镜，从物镜射出的平行光经平面镜反射回来，再经物镜，透过两个分束棱镜会聚在分划板上，生成十字线像。

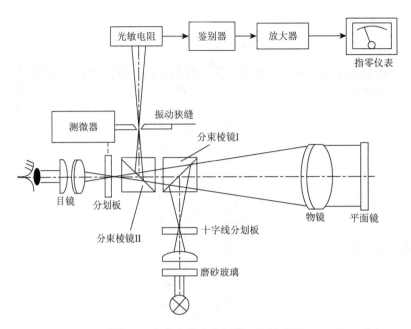

图 4.4　光电自准直望远镜工作原理图

人眼通过目镜观察，进行初步瞄准经分束棱镜 II 反射的光束会聚在振动狭缝上，透过狭缝的光束投射在光敏电阻上。振动狭缝与一个测微器相连接，可用测微器螺杆调节狭缝的振动中心位置。当狭缝对称于像振动时，光敏电阻接收的光通量是按正弦规律变化的，因此光敏电阻输出电流的波形是规则的正弦波形，频率为狭缝振动频率的 2 倍，如图 4.5（a）所示，此时指零仪表指示为零值。如果狭缝中心未与十字线像对准，那么输出波形不是正弦波，在上述正弦波形上重叠有频率等于狭缝振动频率的分量，如图 4.5（b）所示。当这种波形的电流输入鉴别器中时，将产生直流电压输出，通过放大器，使指零仪表偏离零位。转动测微器推动狭缝，当指针又复指零时，从测微器上读出十字线像偏离系统瞄准轴的横向距离 l，由式 $l = f' \tan(2\alpha)$ 即可求出平面镜相对于垂轴位置的倾角 α，其中 f' 为望远镜物镜的焦距。

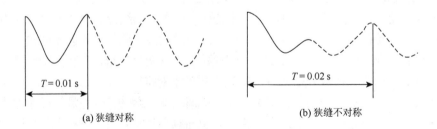

图 4.5　刻线像振动时输出电流波形

这类仪器的测微器一般都能在推动狭缝的同时还带动分划板同步垂轴移动。当指零仪表指零时，十字线像也正好成像于分划板的双刻线中间。这种结构能方便地用目视法实现初步瞄准，并可随时检查光电对准装置的工作情况。

国内研制的一种较先进的应用微机进行细分测量和数据处理的光栅数字式光电自准直仪，其重复性达 $0.01''$，测量不确定度为 $0.3''$。

3. 光电定焦

定焦实质上是确定物镜的最佳像面的位置，有许多不同的标准，如最高对比度像面（人眼感觉清晰度最高的像面）、最小波像差像面、最大调制传递函数像面、最高分辨率像面等。由于实际使用的物镜在制造上并不完美，上述像面的位置往往并不重合。此外，接收器灵敏度和光源频谱的构成也会影响上述像面的位置。

用光电法定焦时，比较简单的判定最佳像面的标准是点像光斑中心照度达到最大值。测定此像面时所用光源及光电接收器组合的光谱灵敏度曲线，应与被测物镜实际使用时的光源和接收器的光谱灵敏度曲线相一致。

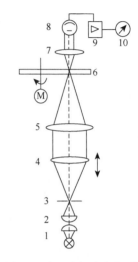

光电定焦的方法有扇形光栅法、刀口检验法、小孔光阑法、调制传递函数法等多种，这里介绍扇形光栅法，其可以用于测量照相物镜的工作距离（从最佳像面到物镜框端的距离）、焦距、弥散斑直径等光学特性。

该方法的光学系统示意图如图 4.6 所示。光源 1 经聚光镜 2 聚焦在小孔 3 上，小孔 3 位于被测物镜 4 的焦点处，小孔 3 经被测物镜 4 和平行管物镜 5 成像在后者的焦面上，此处准确安置可旋转扇形光栅盘 6，通过光栅的光通量经辅助透镜 7 投射在光电管 8 上，产生的光电流经放大器 9 放大使检流计 10 的指针偏转。

图 4.6　扇形光栅法定焦系统

设小孔 3 的直径为 d，在已知被测物镜焦距 f_0' 和平行光管物镜焦距 f_c' 时，小孔像的直径 d' 的计算公式为

$$d' = d\frac{f_c'}{f_0'} \qquad (4\text{-}23)$$

小孔像应位于扇形光栅的这样一个圆周上，在此处扇形条的宽度正好等于小孔像的直径。设每个扇形的张角为 φ，则由图 4.7（a）可得

$$\begin{cases} d' = 2R\sin\dfrac{\varphi}{2} = d\dfrac{f_c'}{f_0'} \\[2mm] R = \dfrac{df_c'}{2f_0'\sin\dfrac{\varphi}{2}} \end{cases} \qquad (4\text{-}24)$$

垂轴移动光栅盘使小孔像位于由式（4-24）决定的半径为 R 的圆周上。如果小孔准确成像在光栅盘上，那么光电管给出的电信号变化曲线如图 4.7（b）中的实线部分所示，即调制信号有最大的幅值。若成像不在光栅盘上，则其轮廓尺寸必大于 d'，如图 4.7（a）中的虚线部分所示，相应调制信号曲线如图 4.7（b）中虚线部分所示。轴向移动被测物镜至调制信号幅值最大（检流计指针偏转最大）为止。最佳像面是由调制信号最大时小孔光阑所在的位置决定的。

调制信号的振幅与离焦量的关系曲线如图 4.7（c）所示。在最佳像面附近，振幅变化缓慢，定焦不灵敏。为了提高灵敏度和测量准确度，最好在曲线陡度最大的两个不清晰平面上进行测量。由于像质优良时，曲线在极值点两边的对称性很好，故上述两个不清晰平面的中点即最佳像面位置。

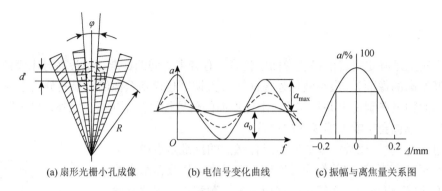

(a) 扇形光栅小孔成像　　　(b) 电信号变化曲线　　　(c) 振幅与离焦量关系图

图 4.7　用扇形光栅确定像面

4.3.3　光电成像系统性能测试方法

一个完整的光电成像系统（简称光学系统），系统自身的缺陷以及探测器件的性能等问题，会对其成像质量产生影响。为了衡量光学系统成像质量或者对其进行性能检测，需要一套科学可行的方法。目前，较为普遍的检测方法有星点法、分辨率法、刀口阴影法、光学传递函数法、朗奇检验法、哈特曼检验法等。

本节主要介绍星点检验技术、分辨率测试技术、光学传递函数测试技术三种检测方法。

1. 星点检验技术

由于像差和其他缺陷的存在，光学系统生成的像必然是不完美的。那么当然也可以通过分析这个不完美的像，来反向评定光学系统的成像质量。光学系统满足线性和空间不变性条件，因此具有线性叠加的特性，即将组成物方图样的众多基元图样对应的像方图样进行线性叠加，就可以得到物方图样对应的像方图样。从这一理论出发，同样可以将物方的自发光物体或者非相干照明物体分成无数个基元，即独立的、光强不同的点光源（称为星点）。

星点检验技术就利用了以上原理，即分析星点发出的光在光学系统像面附近不同截面的衍射光强分布，以此对光学系统成像质量进行定性评价。

如果光学系统的光瞳是圆孔，那么在像平面上所形成的星点像是夫琅禾费圆孔衍射的结果，其光强分布公式为

$$I = I_0 \left(\frac{2 \mathrm{J}_1(\varphi)}{\varphi} \right)^2$$

$$\varphi = \frac{2\pi}{\lambda} a\theta$$

（4-25）

式中，I_0 为光学系统所成星点衍射像的中央 P_0 处的光强度；a 为光学系统出射光瞳的半径；θ 为像平面上任意一点 P 和出射光瞳中心的连线与光轴的夹角；I 为在任意点 P 处的光强；$\mathrm{J}_1(\varphi)$ 为一阶贝塞尔函数。

因为光学系统以光轴为旋转对称轴，所以在像平面上距离 P_0 点等距离的圆周上，光强的分布是相同的。因此，考察像面上光能量分布时，可以以 θ 作为像面坐标，同样也可以用 φ 作为像面坐标。因为一阶贝塞尔函数是以 φ 为变量的振荡式变化的函数，所以像平面上光强变化也

是亮暗起伏的。此时星点经光学系统后在像面上形成的衍射像为艾里斑,具体来说是一个中心亮斑和一组将其围绕的明暗交替的圆环,且大部分光强集中于中心亮斑,越往外光强越弱,如图 4.8 所示。

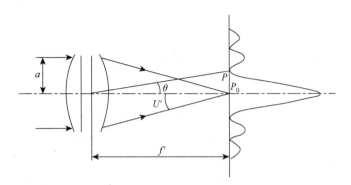

图 4.8　夫琅禾费圆孔衍射图

　　上面叙述的是发光物点经过理想光学系统时在像面上形成的衍射图像的形状。这种衍射效应可以较容易地观察到。对于检验光学系统成像质量,更为重要的是光学系统或者光学零件存在的像差和缺陷,即使这些像差和缺陷不大,也会在这种衍射图案中通过变形和光强分布的变化反映出来。光学系统成像质量的星点检验法就是建立在这个原理基础上的。

　　必须指出,对于星点经过理想光学系统所形成的衍射像,像在像平面前后应有对称的光强分布。在实际情况下,由于光学系统并不理想,星点像的光强分布往往不是对称的。所以在星点检验中常常要通过观察实际像平面前后的衍射图案的情况,作为进一步发现缺陷存在的补充。

　　对于理想光学系统,球面光波经过后仍为球面光波,可以得到理想的衍射图案。但在实际光学系统中,透镜像差和其他各种光学系统缺陷对光波的影响无法避免,使得像面得到的衍射图案出现相应的形变。当熟悉了包含各种像差和缺陷的衍射图案的特征后,就能十分方便地通过分析实际光学系统所形成的星点衍射像,定性地判断它的成像质量和所存在缺陷的原因。当积累了丰富的经验后,还有可能通过星点衍射像粗略定量地分析各种像差和缺陷的情况。

　　另外,也存在圆环形或者矩形的光瞳,这时理想的星点衍射像形状与上述圆孔衍射像形状是不一样的。应用衍射理论对光瞳形状为矩形或者圆环形这样一些特殊的光学系统不难计算出它的理想的衍射像形状,检验时应根据对应的理想点衍射像来评定光学系统的成像质量。

　　实现星点检验的装置很简单,一般可在光具座上进行,如图 4.9 所示。光源通过聚光镜将星点板上作为星点(尺寸小的发光物点)的小孔照亮,通过平行光管物镜平行射出,由被检物镜直接成像,并在像面上得到这个星点像的衍射图案。由于这个衍射图案很小,为了能看清楚衍射图案中的亮环,检验者必须通过观察镜来观察。由于星点的衍射亮环比较暗,只有当光源有足够的亮度时,它们才能明显地被看见。因此,星点检验装置中所用的光源是有足够亮度的白炽灯泡,如汽车灯泡、放映灯泡以及卤素灯泡等。利用聚光镜将灯光直接成像在星点孔上。为了分析各种单色像差或者色差的情况,在光源和聚光镜之间可以加滤光片。

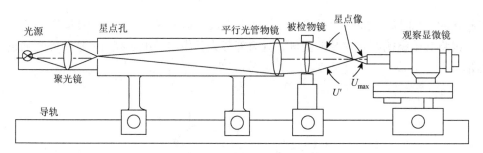

图 4.9　星点检验装置示意图

星点的位置应该是在被测光学系统实际工作的物平面上。检验显微物镜时，可以将星点板直接放置在显微镜载物台上，将装有被测物镜的显微镜直接调焦在星点上进行观察。检验望远物镜或者照相物镜时，将星点板放在平行光管物镜的焦点上。这时平行光管物镜显然应该是高质量的，而且它应该有比被测物镜更大的通光孔径。若检验望远系统，则应采用前置镜代替观察显微镜。

2. 分辨率测试技术

相比于星点检验技术，分辨率测试技术灵敏度较低，能获取的信息量也较少，但能够将质量评价指标以确定的分辨率数值表示出来，更加直观和方便。并且分辨率随光学系统像差的变化非常明显，相比于星点检验技术更适合对像差较大的光学系统进行评价。

1）衍射受限系统的分辨率

使相隔一定间距 d 的两个发光点分别经过光学成像，d 越小，所成的两个衍射光斑就越难被分辨。那么，可以通过两个像刚好能被分辨时 d 的值来评价光学系统的成像质量。衍射受限系统在理想条件下（无像差）对应的 d 值便是理论分辨率，可以为实际测量得到的数值提供参照。

若两光波非相干，则两光斑重叠区域内某点的光强为两光斑各自在这个点的光强的和。如图 4.10（a）所示，当两光斑尚未发生重叠时，光强对比度 $k \approx 1$；如图 4.10（b）所示，随着两个衍射斑的中心距缩小，光斑产生重叠，两衍射斑之间的合光强仍小于每个衍射斑中心的最大光强，此时光强对比度 $0 < k < 1$；如图 4.10（c）所示，随着两个衍射斑的中心距缩小到一定程度，当两物点靠近到某一限度时，重叠部分中心合光强超过两侧光斑的最大光强，两光斑合并为一个光斑，此时光强对比度 $k = 0$。

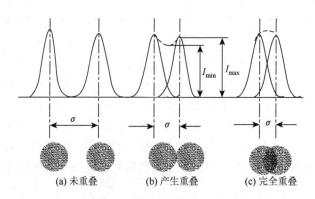

(a) 未重叠　　(b) 产生重叠　　(c) 完全重叠

图 4.10　中心距不同时两衍射斑的光强分布曲线和光强对比度图

2）分辨率的具体表示形式

（1）对于望远系统，分辨率以物镜后焦面上两衍射斑恰好能被分辨时，两衍射斑的中心点关于物镜后表面中心点的张角来表示，计算公式为

$$\alpha = \frac{\sigma_0}{f'} \qquad (4\text{-}26)$$

式中，f' 为望远镜物镜的焦距。

（2）对于照相系统，分辨率以在像面上两衍射斑恰好能被分辨时，两衍射斑的中心距的倒数来表示，计算公式为

$$N = \frac{1}{\sigma_0} \qquad (4\text{-}27)$$

（3）对于显微系统，分辨率以两个物点恰好能被分辨时，两物点的中心距与显微物镜的垂轴放大率的比值来表示，计算公式为

$$\varepsilon = \frac{\sigma_0}{\beta} \qquad (4\text{-}28)$$

式中，β 为显微物镜的垂轴放大率。

表 4.3 为按不同判据对不同的光学系统得出的理论分辨率，表中 D 为入瞳直径（mm），NA 为数值孔径，选择白光作为光源时，取光的等效波长 $\lambda = 0.55 \times 10^{-3}$ mm。

表 4.3　三类光学系统的理论分辨率

系统类型	瑞利判据	道斯判据	斯派罗判据
望远/rad	$\dfrac{1.22\lambda}{D}$	$\dfrac{1.02\lambda}{D}$	$\dfrac{0.947\lambda}{D}$
照相/mm^{-1}	$\dfrac{1}{1.22\lambda F}$	$\dfrac{1}{1.02\lambda F}$	$\dfrac{1}{0.947\lambda F}$
显微/mm	$\dfrac{0.61\lambda}{NA}$	$\dfrac{0.51\lambda}{NA}$	$\dfrac{0.47\lambda}{NA}$

以上对光学系统的分辨率的讨论都以视场中心为前提，对于照相系统，具体的分辨率计算要同时考虑视场中心和其他区域的分辨率。对于望远系统和显微系统，仪器本身的视场角就很小，所以不需要考虑视场较大时分辨率的情况。

3）不同系统分辨率测试方法

（1）望远系统。

对望远系统分辨率的测量采用与星点检验相似的光路结构和对前置镜的要求，不同的是望远系统分辨率测量装置中要用磨砂玻璃和分辨率板替换星孔板，如图 4.11 所示。

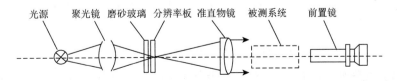

图 4.11　测量望远系统分辨率光路图

具体测量时，要按顺序从线条宽度更大的单元开始进行观察，直到剩下的最大单元号的单元恰好能分辨开四个方向的线条单元。找到这个单元后，根据其单元号查出对应的线条宽度 P（mm），就能计算出望远系统的分辨率，计算公式为

$$\alpha = \frac{2P}{f_c'}206\,265(″) \tag{4-29}$$

式中，f_c' 为平行光管的焦距，mm。

望远系统一般只对视场中心处的分辨率进行测试，因此在测量之前要使分辨率图案成像位置为视场中心。

（2）照相物镜。

对照相物镜分辨率的测量采用如图 4.12 所示的装置。当采用栅状标准分辨率板测量轴上点的分辨率时，根据刚能分辨的单元号和板号，直接查出线条宽度 P 或算出每毫米的线对数 $N_0(N_0 = 1/2P)$，则被测物镜像面上轴上点的目视分辨率计算公式为

$$N = N_0 f_c' / f'(\text{mm}^{-1}) \tag{4-30}$$

式中，f_c' 和 f' 分别为平行光管和物镜的焦距。

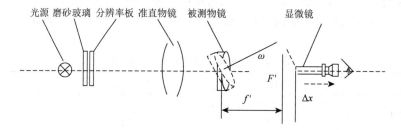

图 4.12　测量照相物镜分辨率的装置简图

随着光学仪器的不断发展，其光学系统不论是对成像质量要求，还是对使用性能的要求都越来越高，对不同光学系统（如摄影镜头、缩微摄影系统、空间侦察系统等）各专业部门和国家技术监督局均颁布了不同的分辨率标准，而且随着对外科学技术交流的深入，这些标准也在不断地修订和完善。因此，掌握分辨率测量的基本要领和方法也只是对分辨率测量有了初步的了解，在实践中要针对具体被测量光学系统的要求严格按有关标准进行检测。

3. 光学传递函数测试技术

光学传递函数同样是常用的光学系统评价方法，这里简要介绍光学传递函数原理公式、测试方法以及对成像质量的评价。

1）光学传递函数定义

光学传递函数的定义方式有多种，但定义结果都是一致的，在这里就不再一一推导，直接给出其定义，表示为

$$\text{OTF}(\gamma) = \text{MTF}(\gamma)\exp(-j\text{PTF}(\gamma)) \tag{4-31}$$

式中，$\text{OTF}(\gamma)$ 为光学传递函数；$\text{MTF}(\gamma)$ 为调制传递函数为 $\text{OTF}(\gamma)$ 的模量；$\text{PTF}(\gamma)$ 为相位传递函数为 $\text{OTF}(\gamma)$ 的幅角。

2）光学传递函数测试方法

光学传递函数的测试方法主要有扫描法和干涉法两种。

（1）扫描法。

光学傅里叶分析法使用正弦光栅对狭缝经测光学系统所成的像进行扫描，以此对狭缝所成像的光强分布（线扩散函数）进行模拟傅里叶变换，得到光学传递函数的方法。此外，采用矩形光栅（制作更简单）为扫描屏进行高次谐波滤波的方法称为光电傅里叶分析法；直接对电信号进行频谱分析的方法称为电学傅里叶分析法；利用狭缝或刀口屏直接抽样线扩散函数，通过电子计算机进行数学运算得到光学传递函数的方法称为数字傅里叶分析法。这些方法统称为扫描法。

（2）干涉法。

干涉法的原理是：光瞳函数可以直接通过转换求得光学传递函数。利用与标准参考波面与出射光瞳处波面的干涉图可以得到光学传递函数。使干涉图经过透镜（相当于对干涉光场做傅里叶变换），就能在全息图上得到光瞳函数的频谱，随后再次经过透镜，就可以在频谱面上得到所求的光学传递函数。

3）光学传递函数用于成像质量评价

光学传递函数为幅角 $\mathrm{PTF}(\gamma)$ 和模量 $\mathrm{MTF}(\gamma)$ 组成的复函数。由于低频响应时 $\mathrm{PTF}(\gamma)$ 较小且 $\mathrm{MTF}(\gamma)$ 反映成像不对称性比 $\mathrm{PTF}(\gamma)$ 更灵敏，所以成像质量评价中一般使用幅角 $\mathrm{PTF}(\gamma)$。除了作为空间频率的函数，$\mathrm{MTF}(\gamma)$ 同样受到波长、像面位置、视场等参数的影响，需全面评价与各种参数相关的成像状态，这意味着需要对大量 $\mathrm{MTF}(\gamma)$ 函数进行分析。因此，需整理原始曲线图并压缩数据，采用特征值来对成像质量进行表征。

4.4　光电成像器件

4.4.1　光电成像器件特性描述

1. 光电成像器件的转换特性

1）转换系数（增益）

转换系数表征的是输入量和输出量的比值。直视型光电成像器件转换系数为

$$G = \frac{L}{E} = \frac{\dfrac{\partial}{\partial \omega}\left(K_m M_m \int_0^\infty K(\lambda)M(\lambda)\mathrm{d}\lambda\right)_{\theta=0}}{E_m \int_0^\infty E(\lambda)\mathrm{d}\lambda} \tag{4-32}$$

式中，L 为输出亮度；E 为输入辐照度；ω 为输出面的球面度；θ 为输出与输出面法线方向的夹角；λ 为电磁波的波长；K_m 为人眼的最大光谱光视效能；$K(\lambda)$ 为波长 λ 下的相对光谱光视效能；M_m 为输出的最大单色辐射出射度；$M(\lambda)$ 为波长 λ 下的相对光谱辐射出射度；E_m 为标准辐射输入的最大单色辐照度；$E(\lambda)$ 为波长 λ 下的相对光谱辐照度。

2）光电灵敏度（响应率）

输入是辐射通量，输出是电信号的器件，一般用电流响应率 R_I 或者电压响应率 R_V 来表征器件的光电灵敏度，分别表示为

$$R_1 = \frac{I}{AE_m \int_0^\infty E(\lambda)\mathrm{d}\lambda} \tag{4-33}$$

$$R_V = \frac{V}{AE_m \int_0^\infty E(\lambda)\mathrm{d}\lambda} \tag{4-34}$$

式中，I 为短路电流；V 为开路电压；A 为光敏面接收光辐射的有效面积。

2. 光电成像器件的时间响应特性

1）惰性

惰性表现为瞬间停止输入后，输出在时间上的响应存在滞后。当输出的滞后衰减函数为 $B(t)$ 时，一般用时间常数（弛豫时间）τ 来表征这种滞后性：

$$\tau = \frac{1}{B(0)}\int_0^\infty B(t)\mathrm{d}t \tag{4-35}$$

特别地，当 $B(t)$ 满足负指数函数形式时，有

$$B(t) = b\exp(-bt), \quad t > 0 \tag{4-36}$$

此时公式可化简为

$$\tau = b^{-1}\int_0^\infty b\exp(-bt)\mathrm{d}t = \frac{1}{b} \tag{4-37}$$

2）脉冲响应函数与瞬时调制传递函数

光电成像过程的惰性主要来源于荧光屏和光电导的滞后，且以光电转换下降过程的滞后为主，上升过程的滞后则可以近似为没有。不同的光电转换具有不同的脉冲响应函数，主要有以下几种。

（1）比例函数衰减型。

当入射光为光脉冲（如采用纳秒或皮秒的窄激光脉冲作为输入光源）时，探测器得到的输出信号是关于时间的函数，脉冲响应函数为将输出信号进行归一化得到的函数 $B(t)$。

（2）负指数函数衰减型。

入射光为光脉冲，且将输出信号进行归一化得到的函数 $B(t)$ 表现为负指数函数形式时，脉冲响应函数称为负指数衰减型。

（3）双曲函数衰减型。

入射光为光脉冲，且将输出信号进行归一化得到的函数 $B(t)$ 呈双曲函数形式时，脉冲响应函数称为双曲函数衰减型。

3. 光电成像器件的噪声特性

光电成像的噪声来源有很多，主要有以下几种。

1）散粒噪声

散粒噪声是有源器件中，由于电子发射不均匀性所引起的噪声。这种噪声是由形成电流的载流子的分散性造成的，在大多数半导体器件中，它是主要的噪声来源。在低频和中频下，散粒噪声与频率无关，但在高频时，变得与频率有关。

2）产生-复合噪声

产生-复合噪声是由半导体材料中载流子的产生与复合过程的随机性所引起的噪声。这种噪声是由载流子数目的随机变化导致的平均载流子浓度的起伏以及在被陷过程中的无规律起伏所产生的。

3）温度噪声

温度噪声是在热电效应器件中，因温度的随机涨落而形成的。对于以热电转换为机理的光电成像器件，这种温度噪声会成为限制其灵敏阈的主要噪声。

4）热噪声

热噪声是由导体内部自由电子的热运动引起的电噪声，具有白噪声的特性，受温度、电阻、带宽等因素的影响。在通信、电子系统和温度测量等领域，热噪声是主要的噪声之一。

5）低频噪声（$1/f$ 噪声）

低频噪声是指在一定频率范围内，噪声功率谱密度与频率成反比的噪声。这种噪声通常出现在低频段，其幅度随频率的降低而增加。由于其功率谱密度与频率的倒数成正比，故称为 $1/f$ 噪声。

6）介质损耗噪声

介质损耗噪声是介质在电场或电磁场作用下产生的能量损失所引起的噪声，是热电体中存在的主要噪声之一。

7）CCD 转移噪声

CCD 转移噪声是电荷包在转移通道传输时由于转移损失和界面态俘获损失产生的一种噪声。

4.4.2　工业相机的分类与选型

工业相机大多基于 CCD 或 CMOS 芯片，具有高图像稳定性、高传输能力和高抗干扰能力。

CCD 图像传感器通过光电转换将光转换为电荷包，通过存储、转移、处理之后形成可被读取的电信号。CCD 相机由光学镜头、时序及同步信号发生器、垂直驱动器、模拟/数字信号处理电路组成，具有高图像质量、高灵敏度、抗强光、畸变小等优点。

CMOS 图像传感器将光敏元阵列、图像信号放大器、信号读取电路、模数转换电路、图像信号处理器及控制器集成在一个芯片上，且能够进行局部寻址，具有易于制造、集成度高、功耗低、抗干扰能力强的优点。

1. 工业相机的分类

任何东西一定有它自己的分类标准，工业相机也不例外。工业相机按照不同的分类标准分类情况不同，主要有如图 4.13 所示的五种类型。

工业相机与手机上的相机或者单反相机不同，它能够使用在各种恶劣的工作环境，如高温、高压、高尘等。一般来说，市面上工业相机应用主要为面阵相机和线阵相机，线阵相机主要用于检测精度要求很高、运动速度很快的场景，而面阵相机应用更为广泛。

1）线阵相机

这种相机呈现出线状，一般只在两种情况下使用这种相机：一是被检测视野为细长的带状，

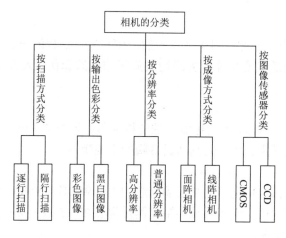

图 4.13　工业相机类型

多用在滚筒上检测；二是需要很大的视野和很高的精准度。线阵相机的物体二维图像是通过多次线阵扫描组合形成的。

线阵相机具有高分辨率、高测量精度、高采集速度的优点，适合测量高速的一维物体。

2）面阵相机

面阵相机机器视觉应用更加广泛，能对二维物体进行测量，可以短时曝光，适合抢拍动态景物，也可以拍静态景物。

2. 工业相机的选型

对于现在主流的线阵相机和面阵相机，需要关注的主要是芯片类型、数据接口、分辨率、传感器尺寸、像元尺寸、精度、图像分辨率以及黑白/彩色这些参数，用以对工业相机进行选型。

1）芯片类型

按芯片图像传感器类型，相机主要分为 CCD 和 CMOS。如果拍摄目标是静态不动的，为了节约成本，可考虑使用 CMOS 相机，而如果目标是运动的，则优先考虑 CCD 相机。如果需要高速采集，这里的高速指的是很高的采集速度，而非指很高的运动速度，可以考虑 CMOS 相机，因为 CMOS 的采集速度会优于 CCD。如果需要高质量的图像，如进行尺寸测量，可以考虑 CCD，在小尺寸的传感器中，CCD 的成像质量还是要优于 CMOS 的。CCD 工业相机主要应用在运动物体的图像提取，在视觉自动检查的方案或行业中一般用 CCD 工业相机比较多。随着 CMOS 技术的发展，CMOS 工业相机由于成本低、功耗低应用也越来越广泛。

2）数据接口

工业相机的前面用来接镜头，都有专业的标准接口。它的后面一般有两个接口，一个是电源接口，另一个是数据接口。工业相机的接口分为 USB 2.0/3.0、Gige、CameraLink、1394a/1394b、CoaXPress 等类型。这里只介绍几种常用的接口类型。

（1）USB 接口。

USB 接口的优点是设备带电时可直接拔插、使用便捷、制造标准统一、可通过集线器连接多个设备等，缺点是本身有标准但连接的设备遵循的标准不统一（如 USB 2.0、USB 3.0 等）、采用主从结构导致连接设备灵活性受限等。USB 3.0 的接口一般都可以自供电，但是也可以再接一个电源，假如 USB 接口供电不稳定，那么就可以选择外接电源来进行供电。

（2）Gige 千兆以太网接口。

Gige 千兆以太网接口是一种高速数据传输接口，通常使用以太网电缆进行连接，支持千兆以太网，带宽可达 1 Gbit，传输数据距离可达 100 m 以上，具有高速率、便于集成、强抗干扰等优点，在机器视觉和工业相机等领域得到了广泛应用。

（3）CameraLink 接口。

CameraLink 接口是一种以 Channel Link 技术为基础的串行通信协议。协议采用 LVDS 接口标准和 MDR-26 针连接器，带宽可达 6400 Mbit/s，有更低的功耗和更高的抗干扰能力。

Gige 接口进行多相机设置简单方便，支持 100 m 线材输出。CameraLink 接口是专门针对高速图像数据需求的标准接口。USB 3.0 接口具有简单易用、实时性好的特点。目前在机器视觉中，应用最广泛的接口是 Gige（以太网）接口，以太网接口在传输速度、距离、成本等方面较其他接口具有很大的优势。

3）分辨率

相机分辨率指相机感光晶片的数量或者每幅图像的像素点的数目，例如，百万像素相机的像素矩阵为 $W \times H = 1000 \times 1000$。不同设备的单个像素方块的大小不同。每一个像素方块都有一个明确的位置和被分配的色彩数值，而这些小方块的颜色和位置决定了该图像所呈现出来的样子。

4）传感器尺寸

传感器（CCD/CMOS）尺寸的表示方法不够形象，因为像 1/1.8 in、2/3 in（1 in = 2.54 cm）之类的尺寸，既不是任何一条边的尺寸，也不是其对角线尺寸，看着这样的尺寸，往往难以形成具体尺寸大小的概念，如常见的传感器类型及其参数如表 4.4 所示。

表 4.4　常见传感器类型及其参数　　　　　　　　　　（单位：mm）

传感器类型	对角线	宽度	高度
1/3″	6.000	4.800	3.600
1/2.5″	7.182	5.760	4.290
1/2″	8.000	6.400	4.800
1/1.8″	8.933	7.176	5.319
2/3″	11.000	8.800	6.600
1″	16.000	12.800	9.600
4/3″	22.500	18.800	13.500

实际上，可以理解为靶面尺寸 = 对角线尺寸，靶面面积 = 传感器宽度×传感器高度，如图 4.14 所示。

在像素数量不变的情况下，传感器尺寸越大意味着单个像元单元的感光面积也越大，那么相对的传感器得到的图像的质量也越好。另外，传感器的尺寸越大，在其他条件相同时，相机的拍摄视野越大，最小工作距离越大。

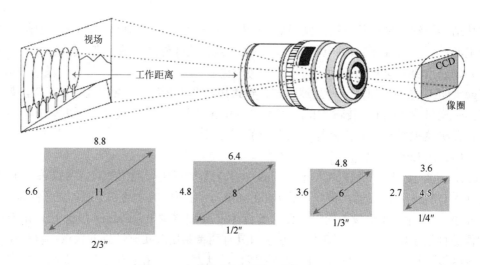

图 4.14　相机靶面示意图（单位：mm）

5）像元尺寸

根据相机分辨率和传感器尺寸，就能够计算像元尺寸。从而得到宽度及高度上的像元尺寸，即芯片像元阵列上每个像元的实际物理尺寸，从某种程度上反映了芯片对光的响应能力。像元尺寸越大，其感光面积越大，其他条件相同时光电转换得到产生的电荷越多。当入射光光强非常弱时，像元尺寸对芯片的灵敏度的影响更明显。与相机分辨率不同的是，相机分辨率越小，分辨率高；而像元尺寸越大，灵敏度越高。

6）精度

精度是指一个像素表示实际物体的大小，用（μm×μm）/像素表示。这里需要注意的是：像元尺寸并不等于精度，像元尺寸是相机机械构造时固定的，而精度与相机视野有关，是变化的。精度越小，精度越高。此外，考虑到相机边缘视野的畸变以及系统的稳定性要求，一般不会只用一个像素单位对应一个测量精度值，有时候根据光源的不同会提高计算的值，使用背光源的精度为 1～3 个像素，使用正光源的精度为 3～5 个像素。

7）图像分辨率

图像分辨率比较好理解，就是单位距离内的像用多少个像素来显示，与精度意义相同，只是表示方法不同。

8）黑白/彩色

顾名思义，就是相机所成图像的颜色为黑白还是彩色。选型基本原则是：当视野大小即检测目标大小一定时（选相机时一般将目标大小视为视野大小），相机分辨率越大，精度越高，图像分辨率也越高；当视野大小不确定时，不同分辨率相机也能达到同样的精度，这时选择大像素相机可以扩大视野范围，减少拍摄次数，提高测试速度。当清晰度相同时，像素数量与相机的视野范围大小成正比，与拍摄次数成反比。

4.5　图 像 处 理

在利用机器视觉进行光学成像检测时，图像处理是其中非常重要的一环。机器视觉是采集机器所直接接收到的图像，而图像处理则是将图像转化为人能理解或者感兴趣的样貌。图像处理作为数学算法的实现，它展示了摄像机捕捉图像的过程，便于对目标对象进行判断和检查，如确定目标尺寸是否正确、表面缺陷是否可接受、是否缺少某些元件。这在光电成像检测中至关重要。一般来说，图像处理主要包括灰度和彩色图的生成、阈值分割、灰度量化、边缘检测、感兴趣区域选择、查找与分析、形态学处理、图像分析与识别等。

4.5.1　灰度和彩色图像生成

灰度图像的每个像素都有一个单独的灰度值，一个灰度级对应于入射的一个光强值。产生灰度图像的相机是黑白相机，而产生三种不同强度的红、绿、蓝颜色的相机称为彩色相机。在彩色相机中，通常在相机芯片前放置滤光片，将像素分成红色 R、绿色 G 和蓝色 B 的组合（称为 Bayer 滤光片），但相机的可用分辨力就会降低。通过插值能得到每个颜色通道数据之间的灰度值，但并不能真正增加分辨力（图 4.15）。

图 4.15　用于相机的 Beyer 滤光片

唯一的例外是三片式相机，其具有独立的红、绿、蓝芯片，并且精确地排列起来。片式彩色相机的设计需要更多的光线，因为光线必须分成三组，而且制作成本更高。由于处理时间、光强级别、分辨力和成本的原因，目前大部分机器视觉操作都利用灰度图像。特别是在测量应用中，通常更关注物理特性，如边缘或孔，而不是零件颜色。但某些情况下，利用颜色检测边缘。在制造过程中，通常在相机前放置彩色滤光片以便在灰度图像中突出特征，而非采用彩色相机。

4.5.2　阈值分割

机器视觉处理中最常用的方法之一是阈值分割。阈值分割是将连续或离散的灰度映射到两个或多个灰度级的过程。最常见的阈值分割称为灰度阈值分割。将阈值分割应用到灰度图像中，产生两个灰度级的二值图像，通常区分前景（如目标或局部缺陷）和背景，如图 4.16 所示，可手动或自动选择阈值。原始图像中目标与背景具有较高的对比度，可实现自动阈值分割。该算法可利用图像像素灰度直方图，确定最佳分割阈值。当照亮零件的光强不均匀时，通常可自动更改阈值，以分割图像的每一区域。

(a) 简单灰度阈值分割　　　　　　　　　(b) 灰度多阈值分割

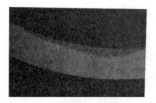

(c) 位置相关阈值分割　　　　　　　(d) 另一位置相关阈值分割

图 4.16　灰度阈值分割

4.5.3　灰度量化

灰度量化是一个多阈值分割过程，即将图像原始灰度级映射到较少的灰度级，利用图像分割灰度量化在计算过程中减少了计算量，从而加速了处理过程。普通的机器视觉数码相机产生图像的灰度级为 256～65 536（分别对应 8～16 位相机）。当算法需要灰度级较少的图像时，通常调整相机参数，以产生较低的比特率，因此会产生较小数据量的图像文件，有利于传输和存储。然而，当需要利用非线性映射算法时，就会采集高比特率图像，并采用量化算法完成映射。

4.5.4　边缘和边缘检测

为了减少所需处理的数据量，一旦利用阈值或类似的方法分割后，测量应用的下一步通常就是确定特征的边界，以作为测量的参考点。图像中的边缘如目标的外边界代表相邻像素之间存在灰度变化。边缘检测是提取图像中边缘的过程、突出边缘。一组边缘可能代表某些纹理、深度、几何特征（如孔）或物质属性。边缘图像不包括灰度或彩色信息。边缘图像通常是利用阈值提取原始图像的梯度或强度变化。根据图 4.17：首先，通过原始图像计算梯度图像，梯度图像描绘了灰度级发生变化的区域，而变化量由程序给出；然后，利用阈值将梯度图像映射到边缘图像。

(a) 256个灰度级　　　　　　(b) 16个灰度级　　　　　　(c) 2个灰度级

图 4.17　不同灰度级的原始图像和阈值图像

Sobel、Robert 和 Prewitt 都是简单的梯度边缘检测算子，如今比较常用的是 Marr 边缘检测算子，即高斯-拉普拉斯（Laplacian of Gaussion，LoG）算子。LoG 算子将高斯滤波和拉普拉斯检测算子结合（图 4.18 展示了该过程），通过将原始图像与高斯函数做卷积，去除图像的高频变化，如图像噪声。高斯函数起到低通滤波器的作用，卷积后的图像如图 4.18（c）所示，而图 4.18（b）所示图像是简单平均化后的图像。高斯滤波模板的像素数越大，去噪效果越好，但是会牺牲提取边缘位置的精度。另一种常见的算法是 Canny 边缘检测算子（简称 Canny 算子）。

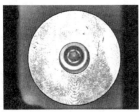
(a) 原始图像

(b) 简单平均化后的图像

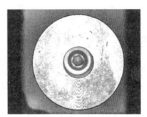
(c) 滤波后的图像

图 4.18　不同阶段的线条图像

Canny 算子的第一个步骤是使用高斯滤波器平滑图像，第二个步骤是利用两个值分割梯度图像，以检测梯度较高的边缘区域（所有边缘检测算子的标准），同时提取与梯度较高的边缘相连的任意梯度边缘。在许多工业场景中，某些区域的边缘对比度不够高，但人眼可将弱边缘与强边缘连接起来，Canny 算子试图模拟该过程。首先，利用高阈值检测边缘，然后利用低阈值进行检测。结果提供了包含完整边缘的图像。

需要权衡选择边缘检测算子，当处理大批量图像时，简单的梯度算法更适合实时检测应用。低复杂度的算法通常利用较少的内存空间，处理时间较短（能够在几毫秒内处理完整图像），并且可与嵌入式硬件兼容。然而，一些算法，如 Canny 算子等，通常运算量较大，可嵌入硬件中实现加速，以满足生产线的速度要求。

边缘检测与其他方法均可实现图像分割任务。阈值分割通常效果不好，因为零件或背景在亮度或颜色上的变化较大。边缘检测通常是图像处理算法中的第一步，即利用不同区域之间纹理相关的对比度算法，如边缘定位、纹理曲率和类似特征、检测边缘。

总而言之，当零件或背景不具有纹理（零件和背景在外观上是平滑的）时，边缘检测对于检测零件特性或缺陷检测非常有用。另外，当每个区域的特征是近似一致的纹理时，边缘检测也可用于基于纹理的区域分割，如图 4.19 所示。

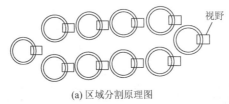
视野

(a) 区域分割原理图

(b) 直线纹理

(c) 重叠加工痕迹

(d) 曲面加工痕迹

图 4.19　利用不同的表面纹理变化分割具有接近均匀纹理的区域

4.5.5　感兴趣区域选择

通常，图像分析之前需在相机视场中选择感兴趣区域。在可能的情况下人们更倾向于关注感兴趣区域，并在感兴趣区域执行更多计算密集的处理以解决制造过程中典型的关键瓶颈问题，节省内存空间和分析时间。感兴趣区域的选择可利用前面提到的分割过程进行处理。例如，感兴趣区域是定位零件上的孔。通过边缘检测，找到弯曲的边缘进而确定孔的位置。一旦孔被定位，后续只对孔周围的局部区域进行处理，该区域可能是整幅图像的一部分。选择感兴趣区域的例子如图 4.20 所示。

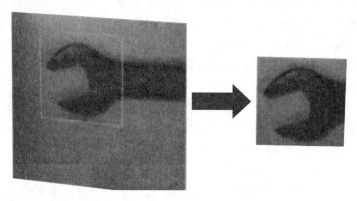

图 4.20　选择感兴趣区域后，只处理感兴趣区域信息

4.5.6　Blob 查找与分析

另一种用于分割的常见算法是 Blob 查找和分析。Blob 查找假设特定目标与周围图像不同，

图 4.21　Blob 查找分割特定形状滤除背景

最简单的情况是目标是亮的，而图像的周围背景是黑色的，反之亦然，在机器视觉应用中，利用合适的照明，以及背景涂漆和材料控制等方法，突出目标与背景的区别。更复杂的算法依赖于每个像素与邻域像素的相对强度，而其他算法则依赖于灰度相近像素的连接形成一个 Blob（图 4.21）。对于 Blob 查找的后处理是利用先前的知识只选择"有意义的"Blob。滤波器与几何形状（面积伸长率纵横比、圆度、凸度等）、颜色、强度及对比度等因素有关。

4.5.7　形态学处理

另一组用于分割选择感兴趣区域和去除图像噪声的方法是形态学处理，即以不可逆转的方式处理图像中的几何形状。利用上述方法，突出目标的某些特性，并且为测量做好准备，可去除噪声，并选择边缘（如外边缘或内边缘）。

然而，现代形态学操作可用于灰度图像，下面将展示用于二值图像的常用操作符。形态学操作的概念是将一个形态结构元素作用于图像中的每个像素上，根据形态结构元素与每一个像素邻域像素的相互作用改变像素的值。该形态结构元素简称为"结构元素"，它与图像的交互方式由每个操作符的基本数学公式决定，如结构元素可以是圆形、正方形或十字形。

最简单的形态学操作符是膨胀、腐蚀和骨架。膨胀使形状"变胖"，腐蚀使形状"变瘦"，而骨架用于确定中心线。在图 4.22 中，先膨胀再腐蚀，可将特征缩小到特定尺寸或去噪，另外，与预处理或后处理图像相比，可突出所要探测的细小特征。

(a) 原始图像　　　　　　(b) 膨胀　　　　　(c) 腐蚀（去除图像中的噪声特征）

图 4.22　形态学操作

4.5.8　图像分析与识别

许多算法都是基于机器学习的方法，需进行训练以识别目标，例如，识别什么是目标（或选中多个目标中的特定目标）和什么是背景。通常上述方法都需要离线的训练过程，即通过软件读取已知类型的图像。该方法需提取数学特征，如每幅图像的特定尺寸和比例、平均形状的向量以及该特定类的形状分布。代表图像特征的集合称为特征子空间。在线操作过程中，对被测图像重复相同的特征提取过程，并在被测图像和训练图像的特征子空间中进行比较（分类），以确定被测图像与训练图像是否类似，如图 4.22 所示。

在机器学习方法中，基于外观的方法用于识别目标、区域、缺陷或场景，该方法基于高阶相似度或视角的方向、阴影、整体形状或大小的差异。简单的机器学习方法是利用主成分分析（principal component analysis，PCA）提取特征，将图像的平均值或平均形状定义为主要向量。为了便于解释，假设每幅图像只包含两个像素。

4.6　光电成像测试的应用

4.6.1　传统检测方式

如今，对疵病的检测方法主要分为两类：一类是能量法，如频谱分析法、散射能量分析法；另一类是成像法，如目视法、滤波成像法。检测疵病也可以使用扫描隧道显微镜触针式表面轮廓仪等仪器进行直接检测。这里主要介绍滤波成像法。

滤波成像法将目视法中的人眼观察改为使用光学传感器成像，拥有更快的检测速度，可以细分为低通滤波成像法、高通滤波成像法和自适应滤波成像法三种。低通滤波成像法与高通滤波成像法分别在成像前对光束进行低通和高通滤波，最后分别得到亮背景下呈现暗缺陷的像和暗背景下呈现亮缺陷的像。自适应滤波成像法在成像前对光束进行高通滤波，得到暗背景下呈现亮缺陷的像，但与高通滤波成像法不同的是，滤去的频谱由反射或透射光的频谱特征值决定，其原理如图 4.23 所示。

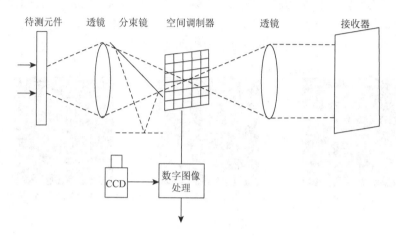

图 4.23　自适应滤波成像法原理

4.6.2　自动光学检测技术

自动光学检测（automatically optical inspection，AOI），顾名思义是通过光学系统成像实现自动检测的一种手段，是众多自动图像传感检测技术中的一种检测技术，核心技术是如何获得准确且高质量的光学图像并加工处理。

AOI 技术应运而生的背景是电子元件集成度、精细化程度、检测速度与效率越来越高，以及检测零缺陷的发展需求。AOI 具有成本低、准确度高、效率高的特点，能及时发现不良产品，确保出货质量。在人工智能技术与大数据发展进步的今天，AOI 不仅仅是一项检测技术，对大量不良结果进行分类和统计，可以发现不良发生的原因，在工艺改善和生产良率提升中也正逐步发挥着更重要的作用，因此可以预期未来 AOI 技术将在半导体与电子电路检测中发挥越来越重要的作用。

AOI 通过比较被检物体反射光图像与标准图像的灰阶值来检测和分类物体。以人工检查做一个形象的比喻，AOI 采用的普通 LED 或特殊光源相当于人工检查时的自然光，AOI 采用的光学传感器和光学透镜相当于人眼，AOI 的图像处理与分析系统就相当于人脑，即"看"与"判"两个环节。AOI 的主要检测步骤可以分为图像采集阶段（光学扫描和数据收集）、数据处理阶段（数据分类与转换）、图像分析阶段（特征提取与模板比对）三个阶段，最后得到缺陷的大小和种类等方面的信息，并将其上报。其硬件系统分为工作平台、成像系统、图像处理系统和电气系统四个部分。

1）图像采集阶段（光学扫描和数据收集）

AOI 的图像采集系统主要包括光电转换摄影系统、照明系统和控制系统三个部分。因为摄影得到的图像被用于与模板做对比，所以获取的图像信息准确性对检测结果非常重要，可以想象一下，如果图像采集器看不清楚或看不到被检测物体的特征点，那么也就无法谈到准确地检出。下面对光电转换摄影系统、照明系统和控制系统三个部分逐一分析介绍。

（1）光电转换摄影系统。

首先，光电转换摄影系统指的是光电二极管器件和与之搭配的成像系统，是获得图像的"眼睛"。光电二极管将被检物体反射光按光的强弱转换为 0～255 灰阶值的电压模拟信号，进而实现识别不同被检测物体的目的。

光电转换器可以分为 CCD 和 CMOS 两种。因为制作工艺与设计不同，CCD 与 CMOS 传感器工作原理主要表现为数字电荷传送的方式不同，工作原理如图 4.24 所示，CCD 采用硅基半导体加工工艺，并设置了垂直和水平移位寄存器，电极所产生的电场推动电荷链接方式传输到中央模数转换器。这样的结构与设计很难集成很多的感光单元，制造成本高且功耗大；而 CMOS 采用无机半导体加工工艺，每个像素都可以进行单独寻址，因此相比于 CCD 有更高的读取速度，价格和功耗比 CCD 光电转换器也低，但其缺点是半导体工艺制作的像素单元缺陷多，灵敏度会有一些问题。并且 CMOS 相比 CCD 光敏区域面积更小，这意味着能接收的光子数也更少，所以 CMOS 光电转换元件一般需要搭配高亮度光源，噪声也比较大。

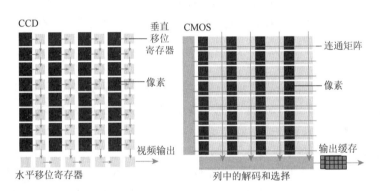

图 4.24　CCD 与 CMOS 传感器工作原理图

不论是 CCD 还是 CMOS，一个光电转换器单元即一个像素点，若干个光电转换器以行列的方式进行排列形成矩阵就构成了图像传感器。衡量图像传感器性能主要有解析度、尺寸或面积、灵敏度、信噪比等，其中解析度与尺寸是最重要的指标。图像传感器拍摄被检测物体画面时，光电转换器的尺寸越小，像素密度越小，就可以将物体"看"得越细致。因此，理论上光电转换器件的像素数量应该越多越好。但像素数量的增加会提高制造成本和导致成品率下降。因此，将光学透镜与光电转换器件结合在一起，可以将微小的被检测物体放大成像在光电转换器件上，也可以实现高解析度检测效果。所以，实际 AOI 设备会根据客户的需求进行配置。在工业级 AOI 应用中，传感器根据技术原理分为线扫描 CCD 图像传感器和 CMOS 面扫描图像传感器两种。两种传感器工作原理如图 4.25 所示。

线扫描 CCD 图像传感器的扫描宽度方向只有一个像素，通过移动来获得图像，没有自身放大电路且噪声小，所以一般解析度比较好。被检测物体的同一位置信号在扫描过程中会被多次收集，光电转换后的信号累加输出，所以即使其中一个光电传感器出现问题也不影响检查结果，但缺点是要求平台的运动精度非常高，采集区域要准确。

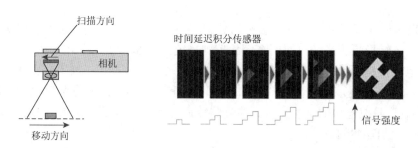

图 4.25　线扫描 CCD 图像传感器和 CMOS 面扫描图像传感器原理图

CMOS 面扫描图像传感器的每一个光电二极管都可以独立输出电压信号，因此输出速度非常快，节省了工作时间，对运动平台的移动精度要求没有线扫描那么严格，但缺点是信号没有了积分过程，要求被检测物体反射光要足够强，感光二极管出现问题后会造成假点和误判，信号的噪声也会相应增强。

近年来，自动光学检测设备对检测速度的要求越来越高。以色列奥宝科技公司开发了数据传输与帧频速度更高的面阵相机，并系统解决了面阵 CMOS 传感器的光源以及同步性等系统问题，成功开发了基于面阵 CMOS 图像传感器的 AOI 系统，在保证产业要求工艺节拍的同时，克服了 CMOS 图像传感器填充因子小和信噪比偏高的先天劣势，检测能力及各项指标都得到了行业内的认可。

（2）照明系统。

选择最佳光源的目的是保证被检测物体的特征区别于其他背景，涉及光源的光谱特性、光源颜色、色温特性。高效率长寿命，高亮度且均匀的光源是必须考虑的参数，高亮度均匀性好的光源可以提高信噪比，而长寿命高效率则可以提高设备的稳定性，降低工作负荷。

照明光源按照波长分类可以分为可见波长光源、特殊波长光源。可见波长光源也就是一般现代工业 AOI 设备中最常用的红绿蓝 LED 光源。特殊波长光源一般是指红外或紫外波长光源，一些特殊材料在可见光范围内吸收差别不大，灰阶变化不明显时可以考虑采用特殊波长光源，例如，利用紫外光能量高可以激发荧光材料的原理，检测具有荧光发光特性物质微残留时紫外光源就是一种比较有效的手段，因材料成分与红外光谱有对应关系，红外光源对不具有发光性质的有机化合物残留缺陷检出就有很大的作用，甚至可以实现成分分析。特殊光源中，利用偏振光与物体相互作用后偏振态的变化，白光干涉（white light interference）能实现极高的分辨率，被应用于特定缺陷检测。测量三维物体形貌与高度也正成为 AOI 检测的新需求。

除波长参数外，光源的入射角度也是提高检出的重要参数。根据光源入射角度的不同分为同轴光源、侧光源和背光源三种，如图 4.26 所示。选择某种角度的光源是由光在被检测物体表面散射特性的差异最大化来决定的。同轴光源的灯源排列密度高，亮度高且均匀，能够凸显物体表面不平整，克服表面反光造成的干扰，主要用于检测物体平整光滑表面的碰伤、划伤、裂纹和异物。同轴光源基本是红、绿、蓝三色光源，也可以是不同波长光源的任意组合。侧光源与同轴光源的平行照射理念正好相反，低角度光源从很小的角度将光线直接照射到被检测物体上。由于光的方向几乎与物体表面平行，物体表面高度的任何变化都会改变反射光到光电传感器的光路，从而突出变化，适合有一定高度的缺陷物检出。侧光源的角度与高度变化时，有一定高度的被检出物体的强反射面（阳面）和弱反射面（阴面）的角度和反射光强度都会有所变化，为检出结果的判定提供了丰富的信息。背光源的原理则是利用被检测物体中不同部分光透过率差异实现检出，硬件上与其他光源的摆放位置不同，光源不与光电传感器同侧，而是置于光电传感器的对面，接收被检测物体透过光的强弱，适合被检测物体中有缺失部分情况下的检出。

图 4.26　同轴光源与侧光源实例图

基于对平板显示工艺的深入理解，以色列奥宝科技公司利用 CMOS 扫描帧频快的特点，将上述不同光源类型、强度与待检测面板的材料进行有针对性考察，在不增加工作节拍的同时进行多种扫描条件的交叉确认，实现了极低的误检率、极高的检测精度和准确率。

（3）控制系统。

光电传感器的视窗（field of view，FOV）有限，物体高速运动中准确地抓拍到清晰的图像，软硬件协调动作非常重要，如图 4.27 所示，当图像传感器与机台移动速度不匹配时会造成图像的拉伸、收缩等变形，所以载物移动平台 xy 方向移动与图像采集光电传感器的同步移动影响到数据的准确性，要在固定光照、等间距下拍摄一幅清晰的图像，高精度的导轨、电机和运动控制程序是非常必要的。

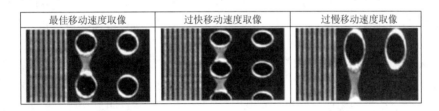

图 4.27　控制系统在不同物体高速运动中抓拍图

2）数据处理阶段（数据分类与转换）

数据处理阶段是对图像进行预处理，包括减小背景噪声、图像增强、图像锐化等过程。减小背景噪声能获得更清晰的信号，图像增强和图像锐化则能够检测特征的对比度从而凸显出需要关注的信号的轮廓。

（1）减小背景噪声。

在 AOI 中，噪声会造成图像发生退化，为了获得真实的图像信息，除去噪声的滤波处理必不可少。一般采用滤波的方法来降低噪声。

滤波的过程简单说就是图像平滑技术，空域滤波与频域滤波是滤波经常采用的方法。具体而言，空域滤波指的是在图像空间中对邻域内像素进行处理来增强图像的某些特征或者减弱图像的某些特征。频域滤波指的是允许或者限制一定的频率成分通过。在数字图像处理中，线性滤波通常是利用滤波模板与图像的空域进行卷积来实现。滤波的方法有很多，要达到好的使用效果和目的，必须对图像中的噪声类型有所了解，才能做到有的放矢。

空域滤波中邻域处理平滑的具体方法有均值滤波、中值滤波和 K 邻域均值滤波三种，合理性各有利弊。均值滤波是采用邻域平均法，基本思想是对一个像素及其邻近区域的全体像素取平均值，然后将这个计算出来的均值赋予输出的图像的相应像素，实现图像的平滑处理，属于线性滤波；中值滤波是将一个像素点邻域窗口内的所有像素点灰阶值的中间值作为该像素点的灰阶值，是基于排序统计理论的信号处理技术，对随机噪声处理能力好，属于典型的非线性滤波技术；K 邻域均值滤波技术结合了中值滤波和均值滤波的特点，主要思想是在待处理像素点邻域内，找到一像素灰阶值最接近的 K 个像素点，计算这 K 个像素点灰阶均值来代替原像素点的灰阶值，对于孤立不规则的像素点能起到很好的滤波作用。

图像的平滑除了在空域中进行，也可以在频域中进行。频域滤波简单来说就是在频域中，采用简单平均法求频谱的直流分量。可以构造一个低通滤波器，使低频分量顺利通过而有效地阻止高频分量，再经过逆变换来取得平滑的图像。频域滤波可以分为高斯滤波、巴特沃思滤波、梯形滤波等。由于噪声主要集中在高频部分，阻挡高频噪声处理后就可达到平滑图像的目的。

（2）图像增强。

图像增强分为频域增强和空域增强两种。频域增强是在图像的变换域上对图像进行运算，然后将计算后的图像进行逆向变换转到空域。空域增强则是直接在空域对图像的像素进行运算处理，主要方法是直方图法，还有差影处理法和灰度变化法。

图像直方图指图像中任意一个像素分布在某灰阶等级上的概率密度，反映出各个灰阶的分布概率，是一种经典的统计性质的图像增强处理法，用于增强动态范围偏小的图像反差，图像整体对比度得到明显增强。当选取合适的阈值做削波处理后，将由图像传感器产生的灰阶图像中低于该灰阶的部分与高于该灰阶的部分做绝对黑白灰阶处理，对比度得到很大增强，有利于缺陷的观察与判定。

合适的阈值消波是指根据不同应用场合有不同的阈值取值方法。二值化是最简单的处理方法，就是将像素点的灰阶值定义为 0 和 255 两种极端值，这样就可以让整个图像有突出的黑白效果，给图像设定适当的阈值，经过二值化处理后的图像数据量明显变少。此外，还有全局阈值法、最小偏态法和自适应阈值分割法等。全局阈值法是根据整个图像的灰阶值范围来决定，即取灰阶平均阈值作为唯一的阈值进行二值化处理，有时取整个图像的灰阶值的直方图，进而确定合适的阈值，一般情况下选择两个波峰之间的波谷最低位置作为图像二值化处理的阈值。最小偏态法是通过选取合适的阈值，使得被阈值划分后的图像背景与物体的灰阶值分布最接近正态分布，即偏态指标最小。自适应阈值分割法是加入了学习的方法，能够根据图像的不同，选择最优化的阈值。

直方图法细分为直方图拉伸法和直方图均衡法。直方图拉伸法是通过对比度拉伸来调整直方图，进而增强前后景物的灰阶差实现增强效果。直方图均衡法是利用累积函数来修正灰阶值从而达到对比度增强的目的。直方图某种意义上也是图像分割的手段。直方图增强属于间接对比度增强方法。

差影处理法是将图像的背景去除来强化图像中新增加元素的差影处理手段。将标准图像部分与检测图像部分做差影处理，通过设定临界阈值也可以将图像中的缺陷部分寻找出来，是直方图二值化的另外一种表现形式，属于直接对比增强方法。

灰度变换法可以解决过度曝光或曝光不足而导致图像的灰阶值分布不均匀的问题，通过灰度变换使图像的灰度再一次均匀化来达到图像增强对比的效果，扩大了动态灰阶范围，突出图像的特征。

关于频域增强的方法，则是通过改变图像中不同频率分量来实现的。不同的滤波器滤除的频率和保留的频率不同，可获得不同的增强效果，其方法步骤为先将图像从图像空间转换到频域空间，如傅里叶变化，然后在频域空间对图像增强，如与频率滤波器相乘，最后增强后的图像再从频域空间转换到图像空间，做傅里叶逆变换。

（3）图像锐化。

图像锐化处理是指补偿不清楚图像的轮廓，增强灰阶跳变的部分和图像的边缘。图像平滑的过程是一个积分或平均值的计算，因此锐化就是其反方向的微分运算，具体方法有拉普拉斯算子、微分算子和 Sobel 算子。拉普拉斯算子是欧几里得空间的一个二阶微分算子，表示为梯度的散度，在图像处理中被用于线性锐化滤波器使用；微分算子的物理意义是微分标志一个物理量的变化快慢，图像处理中微分预算的值越大说明区域灰阶值的变化越快，边缘就会越突出；Sobel 算子会产生一个相应的梯度矢量，包含了两组 3×3 横向与纵向的矩阵。边缘模糊是图像中的高频分量被衰减，所以采用高通滤波方法就可以让图像边缘清楚化。

3）图像分析阶段（特征提取与模板比对）

在图像分析阶段，首先需要提取图像中那些具有独有属性的特征，如边（灰阶相同点的集合）、角（在图像梯度中有高度曲率）、区域（灰阶值相同的区域）等，然后通过编程对这些特征进行量化表达。这些特征提取的方法包括方向梯度直方分布图（histogram of oriented gradient，HOG）、局部二值模式（local binary patterns，LBP）和 Haar 特征提取等。HOG 通过对图像内各个小块的亮度梯度进行直方统计，将这些统计结果串联起来形成图像的特征；LBP 则是通过比较像素与周围像素的值，值大取 1 值小取 0，将所有的取值连起来得到像素的二进制特征值，再将这个值转换为十进制的 LBP 值；而 Haar 特征提取则是通过组合边缘、中心和对角线特征形成特征模板，特征模板内黑白两色矩形的像素值之差就是 Haar 特征值。

图像分割的方法主要有灰度阈值分割法和空域区域增长分割法。前者基于图像灰度直方图对图像空域像素进行聚类，而后者则是对具有相似性质的像素连通集进行分割。前者容易受到噪声的影响，后者分割效果较好，但速度慢、复杂度高，需要根据实际情况选择合适的方法。另外，还有其他分割方法如边缘追踪法、标记松弛迭代法等。

这之后进行逻辑比较，也就是模板匹配和模式分析。模板匹配通过与已知模板（无缺陷的实物影像）进行比对，识别图像中的差异，从而判断是否存在缺陷。设定确定差异的阈值时需要考虑到精度与误差之间的平衡，以提高检测的准确性。此外，判断缺陷是否应该上报时，系统可以增加比对次数和范围。增加比对次数，也就是比对的维度从一维扩展到二维，甚至三维。以图 4.28 为例，当要判定黑框单元是否为缺陷时，通常的算法是纵向或横向的一维比较，随着算法逻辑关系的不断优化，先进行纵向重复模板对比，再增加横向、对角线，甚至更外围的模板比较，可以大大提高检测结果的准确度。

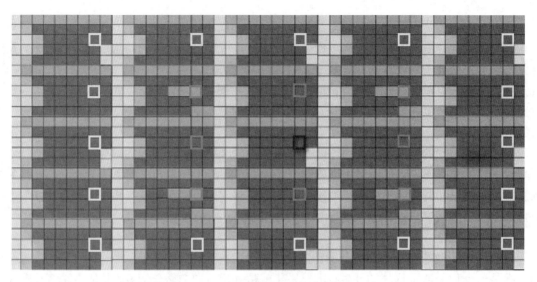

图 4.28　缺陷判断示意图

　　此外，模板比较时即便进行了多次数比较，仍有不容易判定的情况，这时可以追加多重判定算法，以图 4.29 为例，例如，一种光源检测时所得到的信息往往是有限的，将多种光源扫描的信息合并在一起综合判定，会进一步提高判定的准确性。其中，典型的多角度判定方法之一是多重阈值系统（multi thresholds system，MTS），针对不同缺陷物质的特性对不同波长光的敏感度不同分别设定阈值，一般采集不同光学波长下的灰阶值，并追加三者之间判定的逻辑关

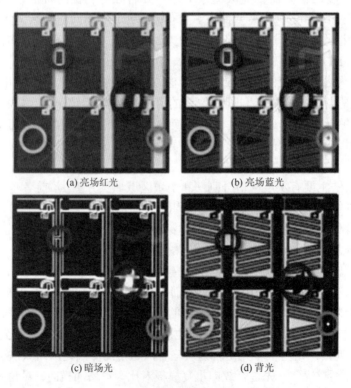

(a) 亮场红光　　　　　　　　　　　(b) 亮场蓝光

(c) 暗场光　　　　　　　　　　　(d) 背光

图 4.29　多种光源扫描综合判定示意图

系以提高检出正确率。在实际应用中，将以上方法相结合，通过对采集图像进行预处理去噪，对影响增强，进行多重逻辑关系判定可以达到很好的效果。

随着现代电子产品的高精细化发展，对微小缺陷的检出要求越来越高，提高图像传感器解析度是一种比较直接的选择，能对细微缺陷点、线宽有更强的识别能力。但检测能力提升的同时，也必须考虑到设备成本问题，图像处理器（image processor，IP）处理量大，数据处理能力要求高，甚至会导致出现影响产能等负面问题，因此不会单独增加此模块；而搭配合适的光源，提高后台算法逻辑对同一缺陷进行复判是各 AOI 公司重点研发的方向。

4.6.3　机器视觉检测技术

机器视觉技术能够实现设备的智能自动化和精密控制，其优势包括高可靠性、高精度、高成本效益等。在机器视觉检测中，关键在于采用合适的检测算法来提取图像特征并进一步进行缺陷检测。检测算法目前可分为两类：基于人工特征提取的方法和基于深度学习特征自提取方法。

1. 基于人工特征提取的方法

如图 4.30 所示，基于人工特征提取的方法通常包括图像处理、特征提取和判别模型等步骤。

图 4.30　基于人工特征提取的方法总体流程图

1）图像处理

图像处理是图像数据采集后的第一个步骤，常用方法包括图像增强和图像分割。

图像往往受到噪声的影响，可以通过滤波的方法去除噪声增强图像质量。另外，利用直方图均衡化等方式也可以对图像的颜色、对比度等特征进行增强。

图像分割是将图像根据不同特征属性分解为独立的区域，以便准确识别目标区域。在缺陷检测中，有效的图像分割可以突出缺陷特征，使不同区域之间的特征差异明显。图像分割可以基于阈值、形态学分水岭、区域等。

2）特征提取

特征提取需要高效地从数字图像数据中提取出图像缺陷的完整、精确的特征信息。需要提取的特征包括几何特征、形状特征、颜色特征、纹理特征和灰度特征等。

几何特征包括缺陷的区域周长、面积大小、位置和缺陷质心等。缺陷周长和面积大小分别为缺陷边界及内部的像素点数量，通过统计像素个数即可提取其几何特征。

形状特征指的是其矩形度、细长度、圆形度、致密度、不变矩、偏心率等描述信息，可以分为仅从轮廓中提取和仅从形状区域中提取两种类型。几何特征和形状特征的结合是区分缺陷类型的重要依据。

颜色特征与几何特征和形状特征不同，其具备一定的旋转、平移不变性，鲁棒性较强。颜色特征可以通过颜色直方图、颜色聚合向量、颜色矩等方法来提取和匹配。

纹理特征反映了物体表面的结构排列方式的缓慢或周期性变化，其常用表征方法有频谱法和统计法，分别利用图像的直方图和傅里叶频谱特性对纹理特征进行描述。

灰度特征是一种在图像的灰度量化级内，对各像素点灰度值的分布来进行统计的表征量，可利用图像的灰度直方图信息（如方差、均值、熵）获得图像的特征。

这些特征提取的目的是将缺陷的图像特征转化为数字特征，得到综合的缺陷描述特征向量，以帮助机器识别不同类型的缺陷。加工组合多种基本特征后，得到综合的缺陷描述特征向量。在实际项目中，需要根据不同的应用场景，综合考量特征的选择和处理方法，以提高缺陷检测的准确性和效率。

3）判别模型

判别模型的作用是对缺陷特征是否表示存在缺陷进行判别分类，常用的判别算法有 BP 神经网络、支持向量机、k-means 聚类算法等。

（1）BP 神经网络。

BP 神经网络是一种模仿生物神经网络的结构和功能的数学模型或计算模型，其实质是建立输入与输出间的映射关系。BP 神经网络模型的输出与模型本身之间没有反馈连接，图 4.31 为 BP 神经网络的拓扑结构。

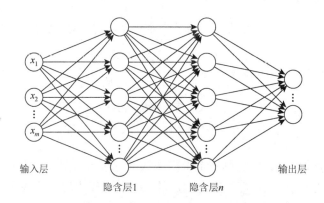

图 4.31　BP 神经网络拓扑结构

由图 4.31 可以看出，神经网络的每一层包含若干彼此不相连的神经元，每个神经元连接至下一层的全部神经元。信息由输入层通过一个或多个隐含层流向输出层，上一层神经元的输出被用作下一层神经元的输入。BP 神经网络通过一个基于误差反向传播的学习方法来优化，使得网络的预测与真实情况越来越接近，形成对映射函数的估计或近似。BP 神经网络具有非线性、自学习和自适应优势，能够通过已知缺陷数据的统计学习产生一个可以自动识别的系统，被广泛应用于缺陷检测、手写字体识别等。

（2）支持向量机。

支持向量机是建立在统计学习理论基础上的一种数据挖掘方法，通过建立满足分类要求的最优分类超平面，能够有效地处理多分类问题。超平面是分割输入变量空间的线，在二维中可以将其视为一条线。如图 4.32 所示，圆形和三

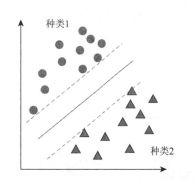

图 4.32　二维平面中的一维超平面图

角形符号分别代表两种类别，支持向量机建立的分类边界的特性为最大间隔原则，即分类器边界与训练类别数据保持着最远距离。这种特性使得支持向量机具备较好的泛化能力。

（3）k-means 聚类算法。

聚类问题是指在一个集合内的元素共同具备若干种属性，根据属性的不同将每一个元素划分至具备相近属性的子集中，每个子集内部的元素之间属性差异尽可能小，而不同子集的元素属性差异尽可能大。与 BP 神经网络和支持向量机的分类算法不同，k-means 聚类算法虽然也能实现类别的区分，但与前两者有着本质上的不同。BP 神经网络和支持向量机属于有监督学习，在分类前需明确每个训练样本的所属类别；而 k-means 聚类算法则是无监督学习，在聚类前并不清楚类别甚至不给定类别数量。

k-means 聚类算法的实施过程如图 4.33 所示。图 4.33（a）表达了初始数据的分布情况，图 4.33（b）表示随机生成红色和蓝色两个聚类中心。在图 4.33（c）～（f）中，首先将与红色或蓝色聚类中心相近的点标注成与它相同的颜色，然后取所有红色/蓝色的数据的均值位置作为新的聚类中心，如此反复，直至收敛至最优解停止。k-meas 聚类算法简单，容易实现，算法处理速度快，具备较好的聚类能力。

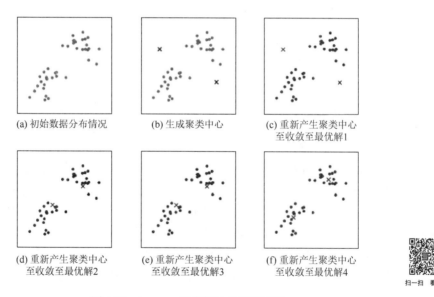

(a) 初始数据分布情况　　　(b) 生成聚类中心　　　(c) 重新产生聚类中心
　　　　　　　　　　　　　　　　　　　　　　　　至收敛至最优解1

(d) 重新产生聚类中心　　　(e) 重新产生聚类中心　　　(f) 重新产生聚类中心
　　至收敛至最优解2　　　　　至收敛至最优解3　　　　　至收敛至最优解4

扫一扫 看彩图

图 4.33　k-means 聚类算法的实施过程

通过以上对图像处理、特征提取和判别模型策略的描述可以看出，基于人工特征提取的方法在表面缺陷识别上存在显著的局限性，例如：工作量大，且在面对难以量化的特征时，基于人工特征提取的方法的准确性会受到严重影响；系统稳定性差，图像采集结果容易受到光照条件等外部因素的影响，系统检测规则和算法又需要随着特征的变化而改变；处理过程中涉及多个环节，缺陷特征的建模不通用，导致开发工作量大，且依赖工程师个人经验，增加了开发难度。

综上所述，人工特征提取的方法只适用于简单检测任务，难以满足复杂表面缺陷情况下的检测要求。

2. 基于深度学习特征自提取的方法

相关技术的不断发展，对深度学习技术与机器视觉进行融合为高质量表面缺陷检测开辟了新的道路，其采用机器视觉作为数据输入来源，深度学习模型作为数据处理分析系统，具有高精准度、低成本的优点。深度学习的"深度"体现在其使用多层神经网络进行模型构建，有更好的数据拟合和特征表示的能力。但随着深度的增加，对于非凹函数，算法可能会陷入局部最优解，需要对此进一步进行算法的优化和学习技术的改良。此外，深度学习也非常依赖大量用于训练的数据，在数据量较少的领域难以发挥作用，此外训练效率也不高，这些都是深度学习需要解决的问题。

Hinton 于 2006 年提出多层神经网络具有卓越的特征学习能力，以及通过逐层预训练的方法可以有效解决深度神经网络容易陷入局部最优解的问题。这一研究推动了深度学习在图像分类、工业质检、音频处理、内容过滤等领域的迅速发展。

基于深度学习的表面缺陷检测方法有卷积神经网络自动提取和学习缺陷的特征，通过网络不同的层理解缺陷目标不同层次的信息，以此得到更高精确度的整体检测结果。

4.6.4　三维视觉测量技术与点云技术

随着工业 4.0 的提出，如何准确、快速地获取物体的三维形貌信息进行获取成为众多领域（如智能化制造）需要解决的问题，三维视觉测量技术应运而生。

三维视觉测量技术是一种基于计算机视觉技术的三维信息精密测量技术，能够对目标物体的三维形貌信息进行获取和重建，是智能化制造的重要发展基础。目前，三维视觉测量已经具备了一定的实用性，被广泛应用于航空航天精密部件检测、医学三维图像重建、汽车工艺质量检测等领域。

三维测量技术按测量原理可以分为接触式和非接触式两大类。前者的典型应用有三坐标测量机，使用可移动探头直接接触物体表面来确定表面上各点的位置坐标，再利用这些位置坐标对物体表面进行曲面拟合。接触式三维测量的优点是测量精准度较高，缺点是测量速度慢、直接接触表面容易损伤物体等。三维视觉测量则属于非接触式三维测量技术，利用相机图像拍摄和计算机视觉技术来获取物体三维信息，避免了与物体的接触带来的各种问题。

三维视觉测量技术按是否向物体发射光线又可大致分为被动视觉测量和主动视觉测量两类。

1. 被动视觉测量

被动视觉测量使用相机对目标物体进行图像拍摄，通过对图像的比较和分析来得到相机与物体表面各点的位置信息，以此对物体的三维信息进行获取。这种方法不需要配备额外的照明设备，相对来说测量系统的装置比较简单。按照测量装置中使用相机的台数，被动视觉测量可分为单目视觉测量、双目视觉测量和多目视觉测量等。

1）单目视觉测量

单目视觉测量采用一台相机进行图像获取。传统的单目视觉测量一般采集运动物体的图像序列，然后通过分析图像序列聚焦程度、利用序列图像帧间的运动估计出相机姿态信息等方法来获取和重建目标物体的三维形貌。此外近年来，单目视觉测量开始与深度学习相结合，采用大数据卷积神经网络训练的方式，利用网络模型来获取目标物体的三维形貌信息。

单目视觉测量具有结构简单、成本较低的优点，但测量精确度不高。

2）双目视觉测量

双目视觉测量采用两个相机对目标物体进行图像拍摄。如图 4.34 所示，双目视觉测量的原理与人眼成像类似，通过分析同一个点在不同拍摄角度的图像中的立体视差，利用三角测距原理来获取目标物体的三维形貌信息。

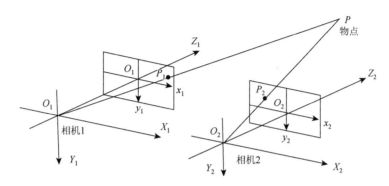

图 4.34　双目立体视觉模型

双目视觉测量比单目视觉测量的精准度更高，获取的信息也更全面和直观，缺点是容易受到光照条件的影响，且在表面纹理特征不明显时对同名像点的匹配会更加困难。

3）多目视觉测量

如图 4.35 所示，相比于双目视觉测量系统，多目视觉测量系统有三台以上的测量相机，能更准确地匹配同名像点，还能提高测量的精度，其缺点是相机的增加使得测量的计算量更大，相对来说测量时间比双目视觉测量系统更长。

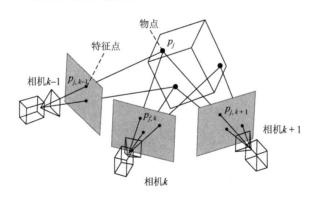

图 4.35　多目视觉测量模型

2. 主动视觉测量

相比于被动视觉测量，主动视觉测量需要放置投射光源，通过拍摄物体表面的反射光或物体的透射光形成的图像，根据成像几何原理来分析和计算物体的三维形貌信息。

被动视觉测量依赖于被测物体表面本身的纹理特征和灰度特征等，而主动视觉测量由于有投射光源，能够更好地对特征不明显的物体进行三维信息提取，测量精度更高。按照投射光源的不同，主动视觉测量可以分为点扫描式、线扫描式、面结构光式等。

1）点扫描式

点扫描方式下，光源（一般是激光器）以光斑的形式照射在物体表面，随后使用 CCD 接收物体表面的漫射光，并使用图像检测技术识别和确定光点的位置，再通过计算机模型来得到光点此时的位置坐标。随后，使光点完整扫描被测物体表面，得到表面各点的位置坐标，以此获取被测物体的三维形貌信息。

光点的扫描方式主要有平面镜同步扫描（图4.36）、二维移动扫描、旋转扫描、无机械运动部件扫描等。

2）线扫描式

线扫描方式下，光源以光条的形式照射到被测物体表面，其余部分与点扫描方式相同，通过图像采集技术结合图像检测技术得到光条的位置信息，以此获得待测物体的三维形貌信息。相比于点扫描式，用光条进行扫描能够提高检测速度，并且不需要考虑对不同图像中的同一个点进行匹配的问题。

图4.37 为多线结构光扫描，也就是采用多条光条进行扫描，相比于单根光条能够获得更高的测量速度。多线结构光扫描容易出现误匹配的问题，可以采用双相机约束等方法来解决这个问题。

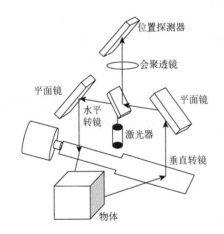

图4.36 平面镜偏转式三维形貌测量原理图

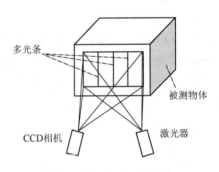

图4.37 多线结构光扫描

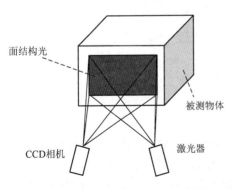

图4.38 面结构光扫描

3）面结构光式

如图 4.38 所示，面结构光扫描方式是将结构光编码图案投射到物体表面，图案与相机的相对位置不变。投射的图案会发生变形，通过拍摄和分析变形图案，就能获得待测物结构三维形貌信息。这种方式能一次性获得大范围内的图像三维信息，能获得相比其他方式更快的测量速度。

按照编码方式的不同，面结构式三维测量可以分为时间编码（如二进制编码）和空间编码（如彩色条纹）。前者按时间顺序投射多组编码图案，后者则只投射单组编码图案。

3. 主被动结合的视觉测量法

主被动结合视觉测量结合了主动视觉测量和被动视觉测量的优势，是在被动视觉测量系统中将特定光源模式投射到被测物体表面，给相机得到的图像提供便于分析的特征，有助于同名像点的正确匹配，提高测量的精度。

4.6.5　光学成像检测技术的典型场景

1. LCD 模组屏颜色测量

随着 LCD 显示设备的不断发展，市场和工业界对 LCD 显示屏的要求也不断提高。就目前 LCD 显示屏的现状来看，颜色准确性以及色域覆盖与价格直接相关，不同等级的 LCD 模组在价格上有很大差异，因此 LCD 模组需要且有必要进行基于色彩上的等级区分。目前对于 LCD 显示设备的颜色测量方案主要是两大类：第一是目视法，第二则是仪器测量。

目视法，是通过眼睛对屏体颜色与标准颜色进行比较得到色度值。如图 4.39 所示，这种方法会产生无法得到准确的测量值、结论会"因人而异"的局限性。

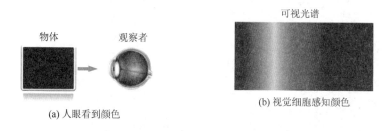

图 4.39　目视法颜色测量原理图

对于 LCD 显示设备的颜色的检测，需要进行亮度均一性、老化以及画质测试，产品本身需要做到更轻、更薄、更便宜。传统的仪器测量包括移动测量多点，其存在测量时间长、效率低的局限，以及多探头同时测量，但存在成本高、机构稳定性导致数据差异性的局限。因此，运用光学成像测试的方式可以弥补这些局限。

例如，成像式亮色度均一性测量，相对于传统测量方式更灵活，测试效率更高，使生产线上的均一性检测从抽检到全检成为可能。其亮色度测试流程：固定测试屏体→仪器自动对焦→配置测试参数→一键测试并输出测试数据这几个步骤，其方案如图 4.40 所示。

对于多点测量，设置不同的测定点数值，如 3×3、10×10、$\cdots$、$m\times n$；设置测定形状，如圆形、矩形、多边形等；软件操作，自动匹配均匀场标定，输出 x、y、z、Lv 数值。

2. 车载显示测量

现代显示装备中，车载显示的测量也是非常重要的一种。目前，车载显示测量主要有两大难点：一是车载屏的显示测量；二是屏显前窗玻璃（head-up display windscreen，HUD）的显示测量。对于车载屏，需要考虑环境光影响、人眼的视角影响以及人眼感官量化等方面因素。

(a) 室内测试实景图

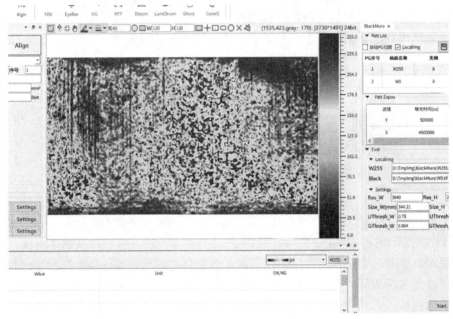

(b) 软件测试页面

图 4.40　成像式亮色度均一性测量方案示意图

而 HUD 是通过显示在车辆前挡风玻璃上方，使驾驶员无须低头即可查看仪表盘，从而提高驾驶安全性和舒适性的显示设备，因此要考虑投光技术、光学透明性、投影亮度、投影角度等问题。视觉对焦：HUD 信息需要在视线焦点附近展示，使驾驶员能够快速获取信息而不需调整焦点。日夜模式适应：白天需要更高的亮度和对比度，以应对明亮的外部光线，而晚上需要较低的亮度，以避免刺眼并减少对夜间视觉的干扰等。

针对以上问题，设计有效的光电成像系统可以满足需求，如图 4.41 所示系统组成。首先需要匹配人眼的滤光片来仿真人眼，如采用高精度匹配 XYZ 三刺激值函数的滤光片，能够准确模拟出人眼对色彩的感知能力。

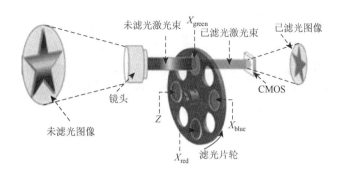

图 4.41　仿真人眼图

　　并且需要采用科学校准与标定，完成对光学、传感器等敏感与影响因素的校准与标定，实现高精度色度和亮度测定。

　　模块化软硬件系统也是重要的一部分，采用模块化设计能够兼容多种应用，系统如图 4.42所示，搭载不同软件可实现不同的检测功能，如色度、亮度、残影、Black Mura 等的测量。

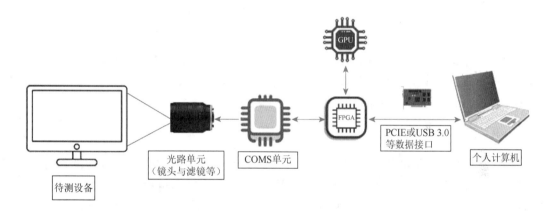

图 4.42　模块化软硬件系统图

　　采用 FPGA＋GPU（GPU 指图形处理器）的智能架构，可独立于个人计算机工作，实现智能取图与处理的一体化。同时搭配软件可加快测量设置并简化操作，自动匹配合适的均匀场标定，确保精准的测量结果。

3. Micro LED/OLED 测试

　　在过去的五年多里，Micro LED 显示器一直被视为"新兴"技术。最近几年以来，Micro LED显示器产品已开始加速进入市场，该细分市场有望继续增长。作为单独的发光元件，Micro LED通常在像素级别显示亮度和颜色变化。这些变化要求分别测量和调整每个 Micro LED，以确保整个显示器的视觉均匀性。因此，用于 Micro LED 制造的测量和校正系统必须能够以非常短的节拍时间精确量化每个发光元件（单个 LED 或子像素）的输出，以校正单个显示器中的大量发光源并减少浪费，提高生产效率。

　　一般来说，Micro LED 制备所界定的缺陷包括：

（1）坏点，指三个子像素点都损坏的点。这种点显示模式为黑色时表现为白点，显示模式为白色时表现为黑点，显示模式切换其他颜色时也始终为白点或黑点。

（2）亮点，这种点在显示模式为黑色时表现为红点、蓝点、绿点中的一种。

（3）暗点，这种点在显示模式为白色时表现为非单纯的红点、蓝点、绿点。

一般来说，缺陷的测试可以采用 PL 和 EL 的方式，即光致发光和电致发光。但外观的完整性则是通过成像测试的方式进行的，如三维结构光检测（图 4.43）。

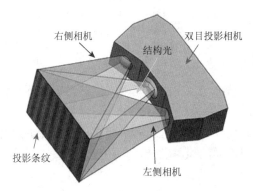

图 4.43　三维结构光检测图

目前，结构光检测目标小到 5 μm 的凸块，量测单片最大 5000 万点的凸块，量测凸块尺寸和间距，重布线后的线宽线距/硅过孔填孔后的尺寸，精度＞1 μm，三维检测高度精度 5 μm（量测范围 2～100 μm），产率＞60，快速生产工艺配方建立。

4. VR/AR 的 NED 测量

随着虚拟现实技术的发展，VR/AR 器件产量也不断增多，这就要求对其设备的检测需求不断提高。而其中最重要的一点便是与人眼视觉匹配。超广角镜头，控制镜头入瞳位置 125°超大视场角，能更好地模拟人眼对近眼显示设备的实际感知，进而分析评价符合人眼感知设计的 AR/VR/MR 产品；此外，CIE 匹配滤色片和中性密度滤光片及光谱测量，严格匹配人类视觉感知，能确保精准的测量结果。为了提供无缝的沉浸式或身临其境的体验，AR、VR 和 MR（mixed reality，混合现实）设备高度依赖近眼显示器（NED）的质量。AR/VR/MR 显示器将视觉信息投射到非常靠近人眼的位置，涵盖用户的全角度视野，然而，与人眼之间的这种接近度也放大了用户在远距离下观看时通常无法察觉的显示器缺陷。近眼显示器缺陷对用户的体验有重大影响，可能会妨碍可视化效果和设备可操作性。其他影响因素还包括图像失真和双眼之间效果不一致（色彩、角度和视差），这可能会进一步影响用户体验，并导致眼睛疲劳甚至晕动病。要达到用户对产品质量的要求，必须使用先进的光学检测设备，对显示器进行出厂前的检测。近眼显示是成像测量的一种应用。图 4.44 和图 4.45 分别是 NED 工作的测量结构和基本原理。显示器可以在使用者的眼睛中直接成像，人眼离 NED 光学组件的最后一个光学表面非常近。从 NED 的最后一个光学表面到人眼的距离称为镜目距（eye relief），其光学原理符合经典的光学仪器原理，如显微镜或双筒望远镜。NED 系统仅在规定的公差范围内工作。它的工具距离较小，设计有特定的眼点位置，即人体生理学给出的最佳观测位置。

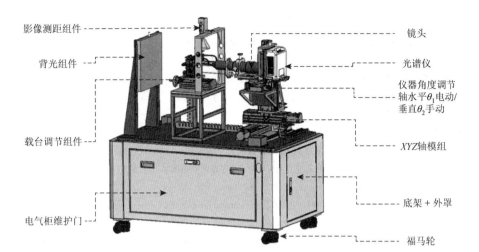

图 4.44　NED 成像测量结构图

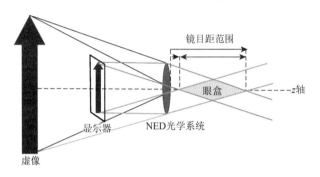

图 4.45　NED 系统工作原理

只有当人眼虹膜处于 NED 系统的最佳设计位置时，才能获得最佳的用户视觉体验，此时无论是亮度、对比度、视场，还是畸变等属性都处于最佳的性能。

这一位置位于 NED 的出瞳（exit pupil，XP）位置，因为只有当人眼虹膜位于出瞳内时，人眼才能观察到整个成像面。以该最佳位置为基准，沿着横向和轴向移动眼位，图像质量会下降，但仍然在允许的公差范围内，这种轴向/横向移动空间称为眼盒（eye box）。如果要用成像亮度色度计测试 NED 相对于观察者的光学性能，那么该设备的入瞳（entrance pupil，NP），必须可以模拟人眼观察 NED 时的情形。因此，成像亮度计的入瞳必须位于 NED 的出瞳内，因为人眼在观看 NED 时，也位于 NED 的出瞳内。

成像亮度色度计测试 NED 的要求：成像亮度色度计的入瞳必须位于 NED 的出瞳内；成像亮度色度计的入瞳要小于 NED 的出瞳；成像亮度色度计的光阑要覆盖不同的人眼状态；成像亮度色度计的入瞳要处于镜头机构的前面。

参 考 文 献

艾克聪，周立伟，曾桂林，等，2003. 光电成像系统性能模型的研究分析. 应用光学，24（B08）：55-60.

白廷柱，2016. 光电成像技术与系统. 北京：电子工业出版社.

范志刚，张旺，陈守谦，等，2015. 光电测试技术. 3 版. 北京：电子工业出版社.

郭平，2010. 基于机器视觉的钢板表面缺陷检测技术研究. 南昌：南昌大学.

胡鹏程，陆振刚，邹丽敏，等，2015. 精密激光测量技术与系统. 北京：科学出版社.

胡仁伟，2018. 光滑零件表面缺陷检测系统设计与实现. 成都：电子科技大学.

李俊，2007. 机器视觉照明光源关键技术研究. 天津：天津理工大学.

马颂德，张正友，1998. 计算机视觉：计算理论与算法基础. 北京：科学出版社.

孙长库，叶声华，2001. 激光测量技术. 天津：天津大学出版社.

杨高科，2018. 图像处理、分析与机器视觉：基于 LabVIEW. 北京：清华大学出版社.

张志伟，曾光宇，张存林，2014. 光电检测技术. 3 版. 北京：清华大学出版社.

张宗华，刘巍，刘国栋，等，2021. 三维视觉测量技术及应用进展. 中国图象图形学报，26（6）：1483-1502.

CASTLEMAN K R，1996. Image Processing. London：Prentice Hall Press.

DRAPER R S，PENCZEK J，VARSHNEYA R，et al.，2018. Standardizing fundamental criteria for near eye display optical measurements：Determining eye point position. SID Symposium Digest of Technical Papers，49（1）：961-964.

JEON H G，LEE J Y，IM S，et al.，2016. Stereo matching with color and monochrome cameras in low-light conditions. Proceedings of the IEEE Conference on Computer Vision and Pattern Recognition：4086-4094.

SCHUSTER N，KRÜGER U，PORSCH T，2018. Requests to lenses in measuring units evaluating near-eye displays. SID Symposium Digest of Technical Papers，49（1）：957-960.

第 5 章

光电干涉测试方法与应用

5.1 干涉测试技术基础

光的干涉现象体现了光的波动性，用光的波动理论能很好地解释干涉现象。本节将介绍与光波干涉相关的基础理论。

5.1.1 光波干涉的条件

光波服从波的叠加原理。光的干涉是指满足特定条件的不同光波发生叠加时，叠加区域光强形成稳定强弱分布的现象。接下来讨论光波相干需要满足的特定条件。

讨论两个振动方向夹角为 α 的两个矢量波 $\vec{E}_1$ 和 $\vec{E}_2$ 的叠加，其表达式为

$$\begin{cases} \vec{E}_1(\vec{r},t) = \vec{A}_1 \exp\left(i\left(\vec{k}_1 \cdot \vec{r}\right) - \omega_1 t + \delta_1\right) \\ \vec{E}_2(\vec{r},t) = \vec{A}_2 \exp\left(i\left(\vec{k}_2 \cdot \vec{r}\right) - \omega_2 t + \delta_2\right) \end{cases} \tag{5-1}$$

那么按照光波的叠加原理，其合成矢量可表示为

$$\vec{E}(\vec{r},t) = \vec{E}_1(\vec{r},t) + \vec{E}_2(\vec{r},t) \tag{5-2}$$

该矢量共轭点积的时间平均值满足：

$$\begin{cases} I = \left\langle \vec{E} \cdot \vec{E}^* \right\rangle \\ I = \left\langle \left[\vec{E}_1(\vec{r},t) + \vec{E}_2(\vec{r},t)\right] \cdot \left[\vec{E}_1^*(\vec{r},t) + \vec{E}_2^*(\vec{r},t)\right] \right\rangle \end{cases} \tag{5-3}$$

表示该矢量场的强度。平面波可以直接用其实振幅的平方表示光强，即 $I = A^2$。但是在求解光场的光强分布时，通常不预知相应的实振幅，而是要通过光波的叠加来求光强。式（5-3）给出了光波的复数矢量场强度的求法，它等效于用列阵表示矢量时，矢量场强度用其转置共轭乘积的时间平均值表示；它还等效于用复数表示的标量场，其共轭乘积的时间平均值表示该场的强度。数学上，一个周期为 T 的时间函数 $f(t)$ 的时间平均可以表示为

$$f(t) = \lim_{T \to \infty} \frac{1}{T} \int_0^T f(t) \mathrm{d}t \tag{5-4}$$

物理上意味着接收该物理量的探测器在一个远比周期 T 大得多的时间内测量的（平均）结果。具体到式（5-3），就是光电探测器（人眼也可以理解为一种特殊的光电探测器）测量到的光强大小。将式（5-3）进一步写为

$$\begin{aligned} I &= \vec{E}_1 \cdot \vec{E}_1^* + \vec{E}_2 \cdot \vec{E}_2^* + \left\langle \mathrm{Re}\left\{2\vec{E}_1 \cdot \vec{E}_2^*\right\}\right\rangle \\ &= \left|\vec{A}_1\right|^2 + \left|\vec{A}_2\right|^2 + 2\left|\vec{A}_1\right|\left|\vec{A}_2\right|\cos\alpha \left\langle \cos\left[\left(\vec{k}_1 - \vec{k}_2\right)\cdot\vec{r} + (\delta_1 - \delta_2) - (\omega_1 - \omega_2)t\right]\right\rangle \\ &= I_1 + I_2 + I_{12} \end{aligned} \tag{5-5}$$

式（5-5）中 $\mathrm{Re}\{\}$ 表示对复数取实部，其中 $I_1 = \left|\vec{A}_1\right|^2$，$I_2 = \left|\vec{A}_2\right|^2$，而 I_{12} 则称为相干项，表示为

$$I_{12} = 2\left|\vec{A_1}\right|\left|\vec{A_2}\right|\cos\alpha \left\langle \cos\left[\left(\vec{k_1}-\vec{k_2}\right)\cdot\vec{r}+\left(\delta_1-\delta_2\right)-\left(\omega_1-\omega_2\right)t\right] \right\rangle \tag{5-6}$$

结合

$$\psi = \left(\vec{k_1}-\vec{k_2}\right)\cdot\vec{r}+\left(\delta_1-\delta_2\right)-\left(\omega_1-\omega_2\right)t \tag{5-7}$$

可得

$$I_{12} = 2\left|\vec{A_1}\right|\left|\vec{A_2}\right|\cos\alpha\left\langle\cos\psi\right\rangle = 2\sqrt{I_1 I_2}\cos\alpha\left\langle\cos\psi\right\rangle \tag{5-8}$$

由此可知，合光强 I 并不是直接等于 I_1 与 I_2 相加，两列波叠加能否产生干涉取决于相干项 I_{12} 是否为零。当两列波的振动方向相互垂直时，$\alpha = 90°$，相干项 I_{12} 为零，叠加的强度效果表现为各自光强的和，此时两列波叠加但不产生干涉；当两列光波的振动方向相同，即 $\alpha = 0$ 时，I_{12} 取到最大值 $2\left|\vec{A_1}\right|\left|\vec{A_2}\right|\left\langle\cos\psi\right\rangle$。

当 $\alpha \neq 90°$ 时，则要对 $\langle\cdot\rangle$ 表示的时间平均值做讨论，由式（5-7）和式（5-8）不难分析，该平均值取决于 $\left(\vec{k_1}-\vec{k_2}\right)\cdot\vec{r}$、$\delta_1-\delta_2$、$\left(\omega_1-\omega_2\right)t$ 三个因素。对于空间中确定的一个考察点，第一项是一个常数，后两者则不然。先对第三项进行讨论，假设 $\vec{E_1}$ 和 $\vec{E_2}$ 是理想的单色光波，"理想"意味着谐波在时间和空间上都是无限延伸的。那么两光波在空间确定的某处相位 δ_1 和 δ_2 以及 $\delta_1-\delta_2$ 都是恒定的，相干式是对 $\omega_1-\omega_2$ 这个差频谐波求时间平均。只要差频不为零，即 $\omega_1 \neq \omega_2$，整个的时间平均 $I_{12} = 2\left|\vec{A_1}\right|\left|\vec{A_2}\right|\cos\alpha\cos\delta$、$I_{12} = 2\sqrt{I_1 I_2}\cos\alpha\cos\left(\left(\vec{k_1}-\vec{k_2}\right)\cdot\vec{r}+\left(\delta_1-\delta_2\right)\right)$ 均为零，使得总的光场强度为常数而呈现均匀分布，从而不产生干涉现象。只有当 $\omega_1 = \omega_2$ 时，式（5-7）中有关时间的相位差为零，将剩余的相位记为 δ，可得

$$\delta = \left(\vec{k_1}-\vec{k_2}\right)\cdot\vec{r}+\left(\delta_1-\delta_2\right) \tag{5-9}$$

当 $\alpha \neq 90°$ 时，式（5-8）表示的相干项表示为

$$\begin{aligned} I_{12} &= 2\left|\vec{A_1}\right|\left|\vec{A_2}\right|\cos\alpha\cos\delta \\ &= 2I_1 I_2 \cos\alpha\cos\left(\left(\vec{k_1}-\vec{k_2}\right)\vec{r}+\left(\delta_1-\delta_2\right)\right) \end{aligned} \tag{5-10}$$

当 $\alpha = 0°$ 时，由式（5-10）可得

$$I = I_1 + I_2 + 2\sqrt{I_1 I_2}\cos\delta = \left(I_1+I_2\right)\left(1+\frac{2\sqrt{I_1 I_2}}{I_1+I_2}\cos\delta\right) \tag{5-11}$$

当两束光的振幅相等，即 $\left|\vec{A_1}\right| = \left|\vec{A_2}\right| = A_0$ 时，记 $I_1 = I_2 = I_0$，得到式（5-12），式（5-12）更加通用。

$$I = I_1 + I_2 + I_{12} = 2I_0 + 2I_0\cos\delta = 2I_0(1+\cos\delta) \tag{5-12}$$

根据以上讨论，可以得到光波发生干涉的条件为：

（1）频率相同。若频率不相同，则 I_{12} 关于时间的平均值将为零。

（2）振动方向相同或有相同的振动方向分量。若振动方向完全相互垂直，$\vec{A_1}$、$\vec{A_2}$ 的标量积为 0，将使得 $I_{12}=0$。

（3）相位差恒定。相位差 δ 需要只随坐标发生变化，即在观察时间内，不同的点相位差 δ 不同从而形成光强的强弱分布，而同一个点 δ 保持不变，光强稳定。

以上三条为干涉的必要条件。此外，发生相干的两光波的光程差还要小于光波的波列长度。激光器产生的光束一般有较长的波列长度，如氦氖激光器可以达到 10^7 km 的波列长度。

对于实际光源，由于不同时刻、不同时间发出的光波的初始相位和振动方向具有随机性，所以无法简单地从两个普通独立光源获得满足相干条件的光波。要获得满足干涉条件的相干光波，一般采用分波前或分振幅装置从同一个光波分出多束次级光波，这些次级光波具有相同的振动频率和振动方向，以及确定的初相位差，从而是相干的。典型的例子如杨氏干涉和平板干涉。

5.1.2 干涉条纹的对比度

本节将对干涉条纹对比度的参数做定量介绍，随后讨论一些影响干涉条纹对比度的因素。

1. 干涉条纹的强弱分布规律

由前面的分析可知，两列具有相同的振幅和振动方向的相干光波，发生干涉后的强度值主要取决于相位差 δ。若它们的初相位也相同，则可得

$$\delta = \left(\vec{k}_1 - \vec{k}_2 \right) \cdot \vec{r} = \frac{2\pi}{\lambda} \Delta \tag{5-13}$$

式中，Δ 为光程差，满足 $\Delta = m\lambda (m \in \mathbf{Z})$ 的所有点相连和满足 $\Delta = (m + 1/2)\lambda (m \in \mathbf{Z})$ 的所有点相连分别形成亮纹和暗纹。

2. 干涉条纹对比度的定义

干涉条纹的对比度表征了亮暗反差的程度，其公式为

$$K = (I_M - I_m)/(I_M + I_m) \tag{5-14}$$

式中，I_M 和 I_m 分别为所考察位置附近的最大光强和最小光强，由式（5-11）可得

$$I_M = I_1 + I_2 + 2\sqrt{I_1 I_2}$$
$$I_m = I_1 + I_2 - 2\sqrt{I_1 I_2} \tag{5-15}$$

故对比度可以表示为

$$K = \frac{2\sqrt{I_1 I_2}}{I_1 + I_2} \tag{5-16}$$

那么可得

$$I = (I_1 + I_2)\left(1 + \frac{2\sqrt{I_1 I_2}}{I_1 + I_2} \cos\delta \right) = (I_1 + I_2)(K\cos\delta) \tag{5-17}$$

3. 影响条纹对比度的因素

1）相干光束光强不相等和杂散光

对于光强关系为 $I_2 = nI_1$ 的两相干光束，代入式（5-16），可得

$$K = \frac{2\sqrt{n}}{n + 1} \tag{5-18}$$

K 和 n 的函数关系可以参考图 5.1，当 $n = 2.5$ 时，对比度仅降低 10%。经验表明，当 $n = 5$ 时，对比度仍然很好（$K = 0.75$）。可见，相干光束光强不相等对对比度的影响比较小。

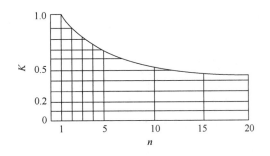

图 5.1　对比度 K 和两支干涉光光强之比 n 的关系

此外，杂散光对条纹的对比度也会有影响。若杂散光的光强 $I' = mI_1$，则根据式（5-15）可得

$$\begin{cases} I_M = \left(1 + n + m + 2\sqrt{n}\right)I_1 \\ I_m = \left(1 + n + m - 2\sqrt{n}\right)I_1 \end{cases} \tag{5-19}$$

因此，对比度可写为

$$K = \frac{2\sqrt{n}}{1 + n + m} \tag{5-20}$$

当 n 较小，即两相干光束的光强相当时，杂散光对条纹对比度的影响远大于光强不相等的影响。如允许 K 值降低 10%，则杂散光的强度不得超过干涉光束其中一支强度的 20%。若 m 为某一确定值，则当 $n = 1 + m$ 时，K 有最大值。因此，可增大其中一束光的强度来增大 n 值，提高干涉图样的总照度，达到减小杂散光作用的目的。

杂散光对干涉对比度的影响在激光干涉测量中尤为严重，可以通过设置针孔光阑、镀增透膜、正确选择分束器等方式来减少这种影响。

2）光源的大小与空间相干性

两列波的相干性描述了两列波的相似程度。同一点光源在同一时间发出的单色光具有最好的相干性。但在实际情况中，一般难以获得理想的点光源。实际中的光源一般具有有限尺寸，称为扩展光源。可以将扩展光源看成多个点光源的叠加，每个点光源通过干涉系统各自组成一组干涉条纹，屏幕上所接收到的干涉条纹即各组条纹的强度叠加。如图 5.2 所示，由于不同点光源所在位置的不同，各个点光源形成的干涉条纹存在位移，因此原本暗条纹对应的零光强不再为零，叠加后的干涉条纹的对比度会下降。光源宽度不断增大，最终干涉条纹会消失。

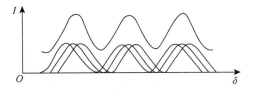

图 5.2　多组条纹的叠加

光源的尺寸同时影响着干涉场的亮度和干涉条纹的对比度，为了提高对比度减小光源尺寸会导致干涉条纹照度的下降。相比分波前干涉，光源尺寸对分振幅干涉条纹对比度的影响更小。

另外，光源的尺寸对激光光源产生的干涉条纹的对比度没有影响，这是因为对于激光，光源不同位置发出的光相位关系是固定的。

3）光源的单色性和时间相干性

实际中的光源并非理想的单色光，而是具有一定的光谱宽度 $\Delta\lambda$，因此产生的干涉条纹实际上是 $\Delta\lambda$ 范围内每条谱线形成的各组干涉条纹的叠加。又由于不同波长的光源所产生的干涉条纹间隔不同，叠加后的条纹会产生不同的级次，并且除了零级条纹，叠加后的每个级次的条纹都会存在相对位移。如图 5.3 所示，在零级时，各个波长对应的极大值重合。随着级次的增加，各波长极大值的位置会偏离得越来越远，在此基础上的叠加会导致干涉条纹的对比度下降。当 $\lambda+\Delta\lambda$ 的第 m 级亮纹与 λ 的第 $m+1$ 级亮纹重合后，原本分开的各级条纹重合，也就是说干涉条纹能被分辨的界限为 $m(\lambda+\Delta\lambda)=(m+1)\lambda$。那么，干涉级最大值 $m=\lambda/\Delta\lambda$，能发生干涉条纹的光程差最大值为 $L_M=\lambda^2/\Delta\lambda$。将这个最大值称为相干长度，而光通过相干长度所需的时间称为相干时间。

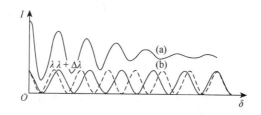

图 5.3 光源的非单色性对干涉条纹强度分布的影响

由于激光光源具有很好的单色性，采用激光光源时不必调整两支光路的相干光程相等。在激光干涉仪的设计和使用时，一般也不考虑时间相干性。

5.1.3 共程干涉仪和非共程干涉仪

共程干涉仪与非共程干涉仪的区别在于前者参考光束光路和测试光束光路相同，而后者则不同。

对于非共程干涉仪，由于两束光光路不同，两条光路环境因素的不同（如温度、振动）会影响干涉结果的精确和温度，需要对环境因素进行严格控制。

对于一般的共程干涉仪（如剪切干涉仪），两束光都会受系统像差的影响，从而导致干涉信息需要进行后续的计算处理。而有的干涉仪（如散射板干涉仪）会使参考光束只通过被检光学系统的小部分区域，从而避免这种影响，获得更直观的信息。共程干涉仪具有抗环境干扰、可使用白色光源、光学标准件尺寸无需大于被测光学系统通光口径等优点。

5.2 常见干涉系统及干涉测量方法

干涉测量术（interferometry）是通过由波的叠加（通常为电磁波）引起的干涉现象来获取信息的技术。这项技术对于天文学、光纤、工程计量、光学计量、海洋学、地震学、光谱学及其在化学中的应用、量子力学、核物理学、粒子物理学、等离子体物理学、遥感、生物分子间的相互作用、表面轮廓分析、微流控、应力与应变的测量、测速以及验光等领域的研究都非常重要。

干涉仪产生的干涉条纹能够反映两束光的光程差，在科学分析中，干涉仪用于测量长度以及光学元件的形状，精度能到纳米级。它们是现有精度最高的长度测量仪器。在傅里叶变换光谱学中，干涉仪用于分析包含与物质相互作用发生吸收或散射信息的光。天文学干涉仪由两个及以上的望远镜组成，它们的信号汇合在一起，多个望远镜组合系统的分辨率，相当于直径为望远镜间最大间距的望远镜系统的分辨率。

5.2.1　常见干涉仪的分类方式

1. 零差检测与外差检测

零差检测使用的是波长相同的两束波。它们的相位差会导致检测仪上光强的变化。这种检测涉及两束光汇合后光强的测量以及干涉纹样式的记录。

外差检测用于改变输入信号的频率范围或增强输入信号（通常会用到主动混流器）。频率为 f_1 的较弱的输入信号会和频率为 f_2 的产生自本地振荡器的较强的参考信号混合在一起。这种非线性的混合会产生两个新信号，一束的频率为两束输入信号频率之和 f_1+f_2，另一束的频率则为两束输入信号的频率之差 f_1-f_2，这些新频率称为外差。通常检测只会用到其中一种频率，另一束则会自混流器输出时被过滤掉。输出信号的强度与输入信号的振幅之积成比例。

外差技术最为重要的应用是超外差收音机。外差技术能将本地振荡器信号与射频信号的混流信号转换为较低的中频信号。之后这个中频信号会经放大及滤波，由检波器从中提取出音频信号输送到扬声器。光学外差检测是外差技术向可见光频段的延伸。

2. 双光路与共光路

在双光路干涉仪中，参考光束与待检光束沿各自的光路传播。迈克耳孙干涉仪（Michelson interferometer）、特外曼-格林干涉仪（Twyman-Green interferometer）、马赫-曾德尔干涉仪（Mach-Zehnder interferometer）皆属此类。待检光束与样品相互作用后，再和参考光束重新汇合产生用以分析的干涉条纹。

共光路干涉仪中则是参考光束与样本光束在共同的光路传播。图 5.4 从左至右依次展示了萨尼亚克干涉仪（Sagnac interferometer）、光纤陀螺仪（fiber optic gyroscope）、点衍射干涉仪

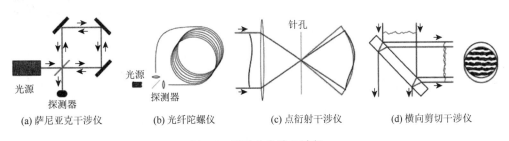

(a) 萨尼亚克干涉仪　　(b) 光纤陀螺仪　　(c) 点衍射干涉仪　　(d) 横向剪切干涉仪

图 5.4　四种共光路干涉仪

（point diffraction interferometer）以及横向剪切干涉仪（lateral shearing interferometer）四种共光路干涉仪。这类干涉仪还有泽尼克相衬显微镜、菲涅耳双棱镜、零面积萨尼亚克干涉仪及散射板干涉仪几种。

3. 波前分割与波幅分割

波前分割干涉仪会在一个点或一条狭缝分割波前，可以理解为将一束光分割为两束空间相干光，之后让波前的这两个部分分别经不同光路传播之后再汇合。图 5.5 展示了杨氏干涉和劳埃德镜这两种波前分割机制。波前分割还有菲涅耳双棱镜、比耶（Billet）双透镜以及瑞利干涉仪（Rayleigh interferometer）这几种机制。

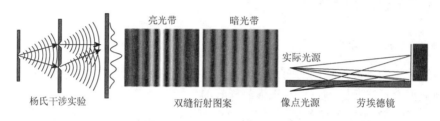

图 5.5　两种不同的分波前方式

1803 年进行的杨氏干涉实验在光的波动理论为公众接受的过程中举足轻重。如果实验中使用的是白光，那么干涉结果中心会是由相长干涉（由于两束干涉光的光路相同）造成的白色光带，两侧则是亮度逐渐降低的对称彩色光带。除了连续的电磁辐射，单光子以及电子间也会发生杨氏干涉。电子显微镜能够观测到的巴基球同样也能杨氏干涉。

劳埃德镜中则是由光源与光源的掠射像发出的光发生干涉，所产生的干涉纹并不对称。离反射镜最近的由同光路产生的光带却并不是亮的而是暗光带。劳埃德在 1834 年通过这个效应证明了前表面反射光束的相位发生反转的现象。

波幅分割干涉仪则利用部分反射镜通过分割待测光波波幅将其分为几束，再重新汇聚。图 5.6 展示了菲佐干涉仪（Fizeau interferometer）、马赫-曾德尔干涉仪以及法布里-珀罗干涉仪（Fabry-Perot interferometer）。波幅分割干涉仪还有迈克耳孙干涉仪、特外曼-格林干涉仪、激光不等光程干涉仪以及林尼克干涉仪（Linnik interferometer）几种。

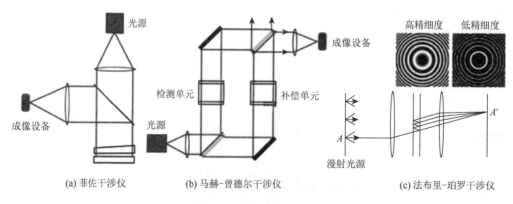

(a) 菲佐干涉仪　　　　(b) 马赫-曾德尔干涉仪　　　　(c) 法布里-珀罗干涉仪

图 5.6　波幅分割干涉仪

　　菲佐干涉仪可以用于检测光学平面。一个参考平面放在待检平面之上，两个平面之间有狭小的空隙。参考平面上表面稍稍倾斜（倾斜角在 1°之内）避免后表面的干扰。待检平面与参考平面间的空隙使得两个平面可以成一定的倾角。这个倾角可以增添一个可控的相位梯度以形成干涉纹。人们可以以此来控制干涉纹的排布与方向，得到近乎平行的干涉纹序列而非复杂的轮廓线漩涡。不过平面的分离需要照明光准直。图 5.6 展示了一束准直单色光照明两个平面，分束器令干涉纹可以在轴向上观测到。

　　马赫-曾德尔干涉仪相对于迈克耳孙干涉仪来说则更为灵活。每个光路只需走一次即可，而干涉纹也可在随需要在任意平面上产生。通常来说，干涉纹会被放在与待测物体相同的平面内，以使两者可以同时被拍摄到。如果要使用白光来产生干涉纹，那么由于其相干长度有限（在微米量级），光路必须精细调整，否则不会产生可见的条纹。如图 5.6 所示，参考光束的光路中必须放置补偿单元以与待测单元匹配。同时分束器的朝向也需要精准调节。分束器的反射平面的朝向必须调整至能使待测光束与参考光束通过的玻璃的量相同。这种朝向可使两束光都经历两次前表面反射，以使相位反转数一致。最终两束光的光程相等，产生相长的白光干涉条纹。

　　法布里-珀罗干涉仪的核心是一对部分镀银的玻璃光学平面。两个平面相距几毫米或几厘米的距离，且镀银面相对放置。这个装置可以用具有两个平行反射面的透明的法布里-珀罗标准具代替。与菲佐干涉仪类似，法布里-珀罗干涉仪所测平面需要稍稍倾斜。典型配置中是由放置在凸透镜焦平面的散射光源提供照明。如果另一侧没有对应的平面，那么这样放置会使凸透镜产生光源的倒像，也就是说所有从点 A 发出的穿过光学系统的光会在点 A' 会聚。图 5.6 中只描绘了从 A 点发出的一束光的情况。随着光线穿过对应的平面，它会多次反射产生多条透射光，由凸透镜汇集，投射到屏幕上的 A' 点。整个干涉纹会是一组同心亮环。亮环的锐度取决于平面的反射率。如果反射率较高，那么所得到的结果 Q 因子也会比较高（也就是说精细度较高），人们将会看到单色光在暗背景上产生一组窄亮环。图 5.6 中，精细度较低的图像由反射率为 0.04（未镀银的表面）的平面产生，高精细度图像对应的反射率则为 0.95。

　　迈克耳孙和莫雷（1887）以及同时期其他科学家都是用干涉技术来测定以太的特性。他们在搭建系统时采用的是单色光，在实际测定中使用的则是白光。这是由于测定结果会做图像记录。单色光会产生均匀的干涉纹。尽管干涉仪常在地下室中搭建，然而由于缺乏控制环境温度的有效手段，实验者会时常经历干涉纹的漂移。而马车经过等产生的振动也会使干涉纹消失。而当干涉纹重新可见时，观察者常陷于迷茫之中。虽然白光较低的相干长度会给仪器的搭建带来麻烦，但瑕不掩瑜，白光能产生鲜明的彩色干涉条纹的特色还是令科学家对其更为青睐。这也是白光用于解决"2π 模糊"的早期应用实例。

5.2.2　常见干涉检测方法

　　可见光的干涉测量是干涉测量术中最先发展同时也得到最广泛应用的类别，早期的实际应用如迈克耳孙测星干涉仪对恒星角直径的测量，但如何获取稳定的相干光源始终是限制光学测量发展的重要原因之一。直至 20 世纪 60 年代，光学干涉测量技术得到了飞速的发展，这要归功于激光这一高强度相干光源的发明，计算机等数字集成电路获取并处理干涉仪所得数据的能力大大提升，以及单模光纤的应用增长了实验中的有效光程并仍能保持很低的噪声。电子技术的发展使人们不必再去观察干涉仪产生的干涉条纹，而可以对相干光的相位差直接进行测量。以下是一些常见的干涉测试方法。

1. 外差干涉法

在长度测量中，常用的有外差干涉法。外差干涉法是一种干涉测量技术，常用于精密测量和光学仪器中。其原理是通过将两束频率不同但相近的相干电磁波进行混合，产生差频信号，从而实现对待测电磁波的频率调制。与单频干涉仪的区别在于，外差干涉法中干涉项里多了一个周期性变化的相位，这是其与其他干涉方法的显著特点之一。

2. 相移干涉法

相移式激光干涉仪通过控制压电陶瓷驱动器（piezoelectric ceramic driver，PZT）移动参考镜位置或者改变激光器波长的方式，令参考光和测试光的光程差改变，从干涉图像中可看出干涉条纹进行了相应的位移。在相移过程中，通过光电探测器（CCD 或者 CMOS）采集不同相移量下的干涉图，计算机根据特定的数学算法和模型对干涉图组的像素数据进行系列运算，进而可以求得被测元件的面形信息，并根据计算好的相关参数进行质量评价。

3. 全息干涉法

全息干涉法是一种利用全息照相获得物体变形前后光波波阵面相互干涉产生的干涉条纹图，用于分析物体变形的干涉量度方法。这一技术通过记录物体的全息图，再经过显影、定影处理，准确复位于光路中的原来位置，以观察物体的形变。全息干涉法在应力分析等领域有广泛应用，可用于测量位移、应变和振动等参数。

4. 菲佐型干涉测试方法

利用等厚干涉来检测样品表面是否平整的最常见方法是菲佐干涉仪，它利用准直平行光在样品表面反射后与入射光发生干涉，从而得到等厚条纹。该方法常用于光学检测，光学检测包括对光学元件和光学系统的检查及测试，诸如利用等厚干涉条纹来测量玻璃板各处的厚度，以及测量照相机镜头的调制传递函数等都属于这类应用。

5. 剪切干涉法

另一类广泛应用于检测光学元件表面、光学系统像差以及测量光学传递函数的干涉仪是剪切干涉仪，它将待测样品出射的波前分成两个，并使其相互错开一定距离（这段距离称为剪切），两个波前重叠的部分即产生干涉图样。剪切干涉仪分为切向剪切、法向剪切和旋转剪切等类型：切向剪切干涉仪通常是一块平行平面板或略呈角度的劈尖，准直光源入射到平行平面板上就形成了两束错开的相干光。而法向剪切干涉仪则类似于菲佐干涉仪和特外曼-格林干涉仪。剪切干涉仪的优点是省去了作为参考的光学表面，结构简单且两束相干光的光程基本相等，而缺点则是对干涉图样的数值分析比较烦琐。

5.3　激光菲佐型干涉测试方法

一般测量技术根据是否与待测零件接触可分为接触测量（如牛顿型干涉测量法）和非接触测量（光学干涉测试技术）两大类。接触测量的测量准确度会受到接触产生的形变、手掌温度、接触表面清洁度等因素的影响，而非接触测量则能避免这些影响。在光学干涉测试技术中，菲佐型干涉测量法采用等厚型的干涉系统，被广泛应用于对光学零件曲率半径、平行度等参数的测量中，一般采用激光等单色光源（原因是被测表面和样板间距较大），其基本类型按测量对象分为平面干涉仪和球面干涉仪，下面将分别进行介绍。

5.3.1　激光菲佐型平面干涉仪

图 5.7 是激光菲佐型平面干涉仪的基本光路图。入射光通过准直元件 7 后作为平行光垂直入射到标准参考平板 P 及待测零件 Q 上。需要参与干涉的两束光分别是被测平面和参考平面反射的光，这两束反射光被分光板 5 反射，在光阑 6 处形成两个小孔像。改变被测平面的高度，当两个小孔像重叠时，代表两束光基本重合，就能在被测平面和标准平面之间得到干涉条纹。一般用成像设备记录下干涉条纹。

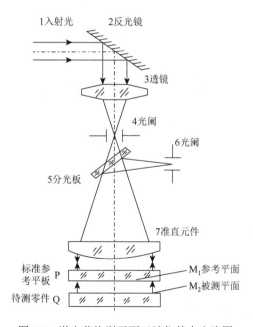

图 5.7　激光菲佐型平面干涉仪基本光路图

可以利用等厚条纹检查表面的平整度与缺陷，由此可检验平板的做工质量。如果移开标准参考平板 P，则可测量平板 Q 楔角或平行平板的平行度。此外，当样板和平面元件之间形成角度很小的楔形间隙时，可以用白光照明获得彩色条纹来判断被测表面的偏差。若被测表面没有缺陷，则可观察到均匀一片的视场或者直线彩带条纹，按照光程差公式 $\Delta = 2h = m\lambda$，可知直线彩带条纹的彩色色序是长波长的光远离楔顶，即从楔顶往外可见光谱分布从紫色依次到红色。

由于准直元件 7 需要提供一束垂直于空气隙的平行光，所以必须控制其角像差。一般干涉仪要求像差引起的测量不确定度不超过 0.01 光圈。此外，待测零件 Q 下表面和标准参考平板 P 的上表面的反射光会成为杂散光从而对干涉条纹产生影响，可以通过将这两个表面做成斜面的方式来减少这种影响。对参考平面 M_1 的选择也需要非常严格，需要严格控制参考平面的制造精度和形变、应力等问题对测量精度的影响。在要求较高的测量中，可以选择黏稠度高、均匀性高的静置液体的表面作为参考表面。

去掉标准参考平板，将被测平行平板玻璃放置在准直物镜下，光线经平板玻璃的上下表面反射，形成等厚干涉条纹。若待测玻璃材料均匀、面形质量好、上下表面严格平行，则得到亮度均匀的干涉场；若上下表面存在一定的倾角，则得到平行的等间距直条纹。参考图 5.8，假设干涉场的宽度为 D，干涉场两宽度边缘处对应的厚度为 h_1、h_2，干涉条纹数目为 m，则可得

$$2n(h_2 - h_1) = m\lambda \tag{5-21}$$

平行度的计算公式为

$$\theta = \frac{h_2 - h_1}{D} = \frac{m\lambda}{2nD} \tag{5-22}$$

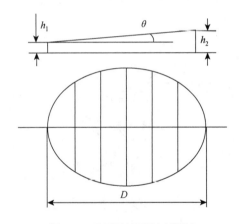

图 5.8　平行平板平行度测试

5.3.2　激光菲佐型球面干涉仪

将平面干涉仪中的平面样板换成球面样板，类似的测量可以用于球面零件，图 5.9 表示零件 Q 存在半径误差，两表面的曲率之差为 $\Delta k = 1/R_1 - 1/R_2$，其中 R_1 和 R_2 分别为零件和样板的曲率半径，其干涉图样为圆形的等厚条纹。

由几何关系可得

$$h = \frac{D^2}{8}\left(\frac{1}{R_1} - \frac{1}{R_2}\right) = \frac{D^2}{8}\Delta k \tag{5-23}$$

式中，D 为零件 Q 的直径；h 为两表面之间空气层的最大厚度。如果在 D 的直径范围内观察到 N 个圆条纹（光学零件中称 N 为光圈数），则由关系 $h = N\dfrac{\lambda}{2}$，可得

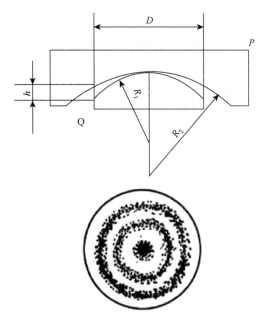

图 5.9　激光球面干涉仪示意图

$$N = \frac{D^2}{4\lambda}\Delta k \qquad (5\text{-}24)$$

式（5-24）提供了曲率误差值 Δk 与允许光圈数之间的关系。

同样也可以利用白光的彩色条纹来识别光学球面对样板的偏离。如图 5.9 所示，样板与待测表面在中心接触，这在光学加工中称为高光圈，如同楔顶在中心的楔形膜。按照之前的分析，可知白光条纹的色序从中间往外依次由紫色到红色。如果样板与被检平面在边缘接触，在光学加工中称为低光圈，这种情况等效于楔顶在边缘的楔形膜，此时白光条纹的色序从边缘往中间由紫蓝色到红色。

类似于平面干涉仪测量平面，球面干涉仪也可以测量球面半径，其具体装置如图 5.10 所示，光源和参考平面的光路系统都与平面干涉仪一致，图中的参考镜是经过很好的校正的透镜。经过准直的平行光用参考镜再次聚焦后照射到被测凹球面上，被测凹球面的曲率中心置于透镜参考镜的焦点上。假如待测面为理想球面，则反射回的光束经透镜后仍然是平面波，并与标准面上反射的平面波干涉产生两平面波的典型干涉条纹。如果待检平面有缺陷，其对应的检测波面将携带缺陷信息返回原光路与平面波相干，进而测出被测球面的误差。图 5.10（a）和（b）分别是检测凹球面、凸球面的示意图。

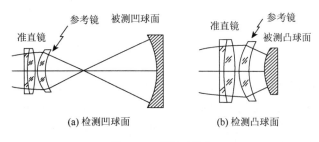

(a) 检测凹球面　　　　　　　(b) 检测凸球面

图 5.10　球面干涉仪

5.4　波面剪切干涉测试方法

剪切散斑干涉技术通过测量物体在载荷下由于内部缺陷产生的表面应力集中现象，从而能够实现对物体的无损检测，还具有光路简单、响应速度快、灵敏度高等优点，一般应用于对缺陷、应力、振动等进行测量和分析。

5.4.1　剪切干涉技术的原理介绍

传统的干涉仪通常使用分光镜将光源分为两束具有同调性的光，分别投向参考面和待测面，接着再利用参考波面与被测波面之间的干涉，获取待测面的信息。这类典型的干涉仪包括迈克耳孙干涉仪和菲佐干涉仪等，然而在实际的光学系统中，两光学臂容易受到外界振动或环境扰动的影响，不易获得稳定的干涉结果，且同时对参考面的精度也提出了很高的要求。为了解决以上问题，人们提出利用光学元件将物光横向分为两束，使物光本身作为参考光相干涉的方法，令待测物表面相邻两点所发出的物光相互干涉。最终表面形貌的梯度信息转换成光程差，此类干涉的方法称为剪切干涉（shearing interferometry）法。

如上所述，剪切干涉仪利用待测波面与自身波面错位剪切产生干涉，两干涉光在空间位置有细微差别，但波形基本一致，在重叠区域发生干涉，如图 5.11 所示。其测量结果不受标准参考面精度所限，且绝大部分剪切干涉仪采用共路检测系统，对大气、温度、振动等外界扰动不敏感，适用于现场勘测，常用于光学系统像差分析、材料应力形变分析、光刻系统中光学零件的面型检测、液晶电视的相位调制特性研究、气体和液体中流动扩散现象等研究领域。采用剪切干涉技术所面对的困难包括但不限于干涉条纹难以判读、不易进行定量分析、波前重建算法复杂等，需要经过较为烦琐的数学处理，一般采用计算机处理干涉图。

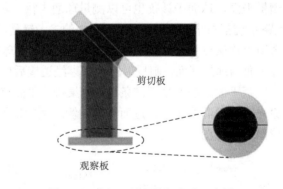

剪切板

观察板

图 5.11　剪切干涉仪剪切光路示意图

如今剪切干涉仪根据剪切的方式不同可以分为平行平板剪切干涉仪、双折射晶体剪切干涉仪、光栅剪切干涉仪等，根据剪切方向则可分为横向剪切干涉仪、径向剪切干涉仪、旋转剪切干涉仪、翻转剪切干涉仪等，如表 5.1 所示。在剪切干涉中，由于横向剪切的使用最为广泛，本节也将围绕其进行主要介绍。

表 5.1　不同剪切类型的比较与说明

剪切类型	原始波面示意图	说明	剪切后波面位置关系示意图 (灰色为干涉区域)	相位差 $\varphi_1-\varphi_2$
横向剪切		两个波面之间 发生平移		$\varphi(x,y)-\varphi(x+s,y)$
径向剪切		两个波面之间 相对缩放		$\varphi(r,\theta)-\varphi\left(\dfrac{r}{n},\theta\right)$
旋转剪切		两个波面之间 相对旋转		$\varphi(r,\theta)-\varphi(r,\theta+\Delta\theta)$
翻转剪切		两个波面成镜 像对称		$\varphi(x,y)-\varphi(x,-y)$

假设携带有待测面面型信息的光波在干涉场的相位分布为 $\phi_1(x,y)$，若以剪切量为 Δx 沿 x 轴正方向进行剪切，则经过剪切后光波的相位分布可以表示为 $\phi_2(x,y)=\phi_1(x-\Delta x,y)$。假设干涉场中亮纹上任意一点 $P(x,y)$ 所对应的干涉级次为 $m(x,y)$，则由于干涉图样是等相位差的轨迹，可得

$$\Delta\phi(x,y)=\phi_1(x,y)-\phi_2(x,y)=2\pi m(x,y) \tag{5-25}$$

干涉场上的图样 $2\pi m(x,y)$ 是可测的，测量出不同位置的条纹级次 m，也就求出了各个位置 $\Delta\phi$ 的值。当剪切量 Δx 足够小时，可得

$$\phi_x(x,y)=\frac{\partial\phi(x,y)}{\partial x}=\frac{\phi(x,y)-\phi(x-\Delta x,y)}{\Delta x}=\frac{2\pi m(x,y)}{\Delta x} \tag{5-26}$$

同样，如果两束光波在沿 y 方向发生横向剪切干涉，那么可得

$$\phi_y(x,y)=\frac{\partial\phi(x,y)}{\partial y}=\frac{\phi(x,y)-\phi(x,y-\Delta y)}{\Delta y}=\frac{2\pi m(x,y)}{\Delta y} \tag{5-27}$$

接着通过数值积分可以获得光波在干涉面的相位分布，继而反演出物体表面的形貌信息。

5.4.2 关于剪切量的分析

剪切量描述了物体上的一点与干涉场内两个图像上对应点之间的距离。剪切量必须根据测量系统的要求来确定，一般会考虑光源的大小及相干性、被测物理量的尺寸量级、被测物体的尺度等因素。

由于最终会通过干涉条纹的强度分布间接分析被测物表面的形貌，在决定剪切量时，必须考虑其对干涉条纹相位变化灵敏度和对比度的影响。剪切量并不是越小越好，过小的剪切量会降低系统的灵敏度，在一维条件下，设在某一时刻携带着被测物表面信息的波前函数的傅里叶级数展开为

$$W(x) = A_0 + \sum A_n \sin(kx + b) \tag{5-28}$$

为了便于探讨，取出其中的一项 $W_1(x)$，讨论该波前函数 $W_1(x)$ 和与其横向相距 Δx 的剪切波面函数 $W_2(x)$，其表达式为

$$\begin{cases} W_1(x) = A_1 \cos x \\ W_2(x) = W_1(x - \Delta x) = A_1 \cos(x - \Delta x) \end{cases} \tag{5-29}$$

当二者发生干涉时，沿 x 方向的波前差表示为

$$\Delta = W_1(x) - W_2(x) = -2A_1 \sin\left(\frac{\Delta x}{2}\right) \sin\left(x - \frac{\Delta x}{2}\right) \tag{5-30}$$

由于在横向剪切干涉过程中，各点的剪切量 Δx 均一致，不随空间位置而改变，故前一项 $\sin(\Delta x / 2)$ 的值会影响光程差的变化幅度。定义灵敏度 S 为光程差的变化量（条纹形变量）与光程变化量（波面形变量）的比值，对于上述横向剪切干涉仪，其计算公式为

$$S = \frac{2A_1 \sin\left(\dfrac{\Delta x}{2}\right)}{A_1} = 2\sin\left(\frac{\Delta x}{2}\right) \tag{5-31}$$

对于一般干涉仪，如迈克耳孙等厚干涉仪，参考波面不会改变，因此物体表面高度形貌的变化，即物光光程的变化量，会直接体现在物光与参考光的光程差之中，最终反映在干涉条纹的变化上，所以迈克耳孙等厚干涉仪的灵敏度 $S = 1$。但是在横向剪切干涉仪中，发生干涉的是两个基本一样，且错开一定距离的波前。如果剪切量 Δx 过小，那么根据式（5-30）不难分析，光程差在干涉面不同位置的变量会非常小，导致光强的变化幅度也很小，最终使得条纹的对比度低，不利于探测。但同时分析式（5-31）可知，Δx 取值合适能提高系统的灵敏度，使其达到一般干涉仪的 2 倍。

通过以上分析，可知剪切量不论是过大还是过小，都会降低干涉仪灵敏度，不利于系统检测。图 5.12 描述了不同剪切量对相位变化所带来的影响，图 5.12（a）的剪切量 $\Delta x = \pi / 2$，而图 5.12（b）的剪切量仅为 $\Delta x = \pi / 10$，二者的光程差变化幅度有明显不同。

研究表明，过大的剪切量也会减小干涉条纹的对比度，使得条纹判读困难，降低系统的灵敏度，因此选取合适的剪切量对测量精度的提高有着重要的意义，如图 5.13 的仿真结果所示。

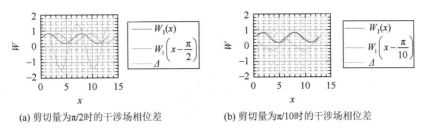

(a) 剪切量为π/2时的干涉场相位差　　　(b) 剪切量为π/10时的干涉场相位差

图 5.12　不同剪切量对光程差的影响对比

扫一扫看彩图

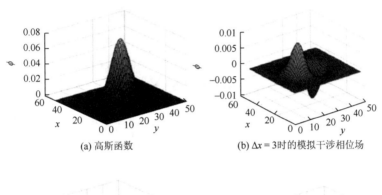

(a) 高斯函数　　　　　　　(b) Δx = 3时的模拟干涉相位场

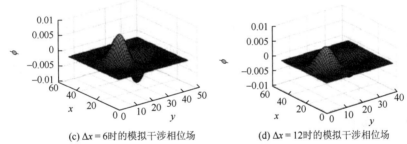

(c) Δx = 6时的模拟干涉相位场　　　(d) Δx = 12时的模拟干涉相位场

图 5.13　不同剪切量下的干涉相位场

5.4.3　剪切干涉装置

剪切干涉仪通过剪切装置对波面进行剪切，剪切装置本身的特性会影响剪切干涉仪的测试结果。典型的剪切干涉装置有平行平板、迈克耳孙干涉仪、沃拉斯顿棱镜与洛匈棱镜及衍射光栅等。

1. 平行平板

实现横向波面剪切有很多种方法，其中比较常见的横向剪切实现方式是利用平行平板产生横向位移。如图 5.14 所示，携带有物体表面形貌信息的待测波前经准直后入射到一块平行平板上后被分为两部分，一部分在前表面反射形成原始波面，另一部分进入平行平板，由后表面反射，再透过前表面，形成与原始波面有一定错位量的剪切波面。

剪切量的大小由平行平板的厚度 h、平板的介质折射率 n 及入射角 i 决定。对于一块特定的平行平板，仅能通过改变入射角 i 来改变剪切量，当空气折射率近似为 1 时，根据几何光学，剪切量 s 可以表示为

$$s = \frac{h\sin(2i)}{\sqrt{n^2 - \sin^2 i}} \tag{5-32}$$

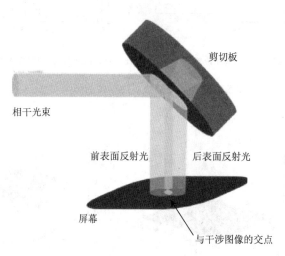

图 5.14 平行平板剪切干涉示意图

这类剪切方式一般依靠平行平板反射获得两束相同的光相互干涉，这两束光不具有规则的偏振态，且剪切距离通常较大，故比较适用于连续曲面形貌测量或透镜相差检测。这类剪切板受以上条件所限，一开始的应用仅为定性判断透镜表面相差，但后来衍生出了不同架构的形式，发展出可以机械调整剪切距离、扭转角度的光学系统架构（将在后面介绍），并随着相移法等算法的提出，可以获取精确的表面量测量值。

2. 迈克耳孙干涉仪

在常见的光学干涉系统中，迈克耳孙干涉仪具有测量臂和参考臂，入射光束通过分光镜分光，分别向待测表面和参考面照射。但对于剪切干涉，由入射波前携带被测物表面信息，无需对参考臂和测量臂进行区分。如图 5.15 所示，该装置通过两参考镜之间的角度倾斜，使两反射光波前在成像面发生错位，形成了干涉场。通过控制两反射镜之间的剪切角，能较为方便地调整两图像剪切后的相对位置，即剪切量。因此，该装置具有结构简单、易于调节的优势，此外在该结构的基础上可以进一步完成相移等操作。

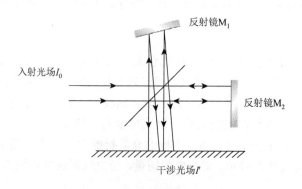

图 5.15 迈克耳孙式横向剪切装置

此外,结合迈克耳孙结构的横向剪切干涉仪近些年也有用于自由曲面光学元件表面的相关测量,图 5.16 展示了另一种剪切装置的光路图,图中 s-pol 为 s 偏振光,p-pol 为 p 偏振光,CL 为准直透镜,HWP 为半波片,PSB 为偏振分束器,QWP 为四分之一波片,BS 为分束器,RP 为直角棱镜,IL 为成像透镜。

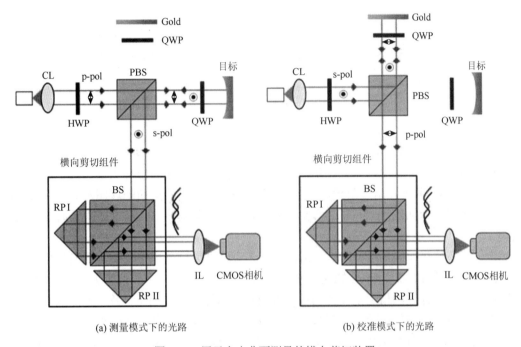

(a) 测量模式下的光路　　　　　　　　(b) 校准模式下的光路

图 5.16　用于自由曲面测量的横向剪切装置

激光器发出的光波长的调谐范围为 765~781 nm,光束经过准直后,通过半波片,可以调整为 p 偏振或 s 偏振模式的线偏振光。利用这两种偏振态实现了仪器的两种不同模式:测量模式和校准模式。

测量模式采用 p 偏振态,在这种情况下,光束通过偏振分束器,之后在待测表面被反射,其间两次经过四分之一波片被转换为 s 偏振态,随后在分束器处被分为两路光,分别在直角棱镜 RP I 和 RP II 上反射,两束光以一定的高度差通过成像透镜会聚,最终在 CMOS 相机中形成剪切干涉图像。将直角棱镜 I 沿 z 轴平移得到 x 方向的剪切波,将直角棱镜 I 绕 z 轴旋转得到 y 方向的剪切波,剪切量的具体控制方式可以参考图 5.17。经过成像光学器件的调整,使被测零件的表面或校准网格在摄像机的焦点,接着通过成像光学系统将其成像到二维探测器阵列上,这样就可以生成横向剪切干涉图。

测量模式:x方向剪切干涉图　标定模式:分波前(距离S)　测量模式:y方向剪切干涉图　标定模式:分波前(距离S)

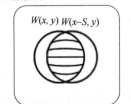
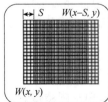
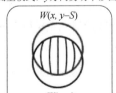
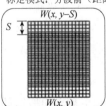

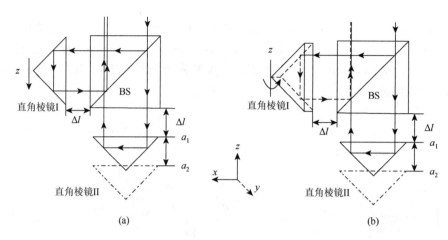

图 5.17　获得 x 和 y 方向剪切干涉的细节说明图

当直角棱镜 I 沿 z 轴平移时，x 方向的剪切干涉图及其对应的校准测量模式下的栅格平移图像如图 5.17（a）所示；当直角棱镜 I 绕 z 轴旋转时，y 方向的剪切干涉图及其对应校准测量模式下栅格平移图像如图 5.17（b）所示，此时 y 方向的剪切波前在离开分束器时会沿离面方向倾斜。

标定模式下采用 s 偏振态，在这种情况下，光束经过偏振分束器反射后照亮栅格，其间两次经过四分之一波片，变为 p 偏振光，接下来的过程与测量模式下类似。如图 5.17 所示，横向剪切量可以通过计算网格上沿 x 方向或 y 方向移动的像素数来测量。当一个像素移动并与相邻的像素重叠时，通过使用千分尺测量距离来校准网格间距。因此，在微观精度上，剪切量由千分尺精确控制，剪切间隔通过测量网格运动数量来标定。在这个装置中，1 个像素相当于 250 μm。控制光束的偏振态有两个原因：一是允许干涉仪在测量模式和校准模式之间进行方便的切换，从而能够在两个方向上方便快速地估计横向剪切量；二是为了增加剪切干涉图的信噪比，只收集目标反射的光束，并阻挡系统中其他光学元件反射的背景光束。在这类架构中，需要对棱镜空间位置、角度进行非常精确的控制才能获得理想的剪切干涉结果。

3. 剪切棱镜：沃拉斯顿棱镜与洛匈棱镜

剪切棱镜的原理是晶体的双折射效应：某些晶体在垂直的两个传播方向上折射率不相同，光在入射后产生两束不同传播方向的折射光。

沃拉斯顿棱镜在剪切干涉中较为常见，其结构可以参考图 5.18。该棱镜由两块底面相同的方解石或石英直角棱镜胶合而成，其光轴相互正交。当平行光单色垂直入射到棱镜端面时，在第一块棱镜内 o 光、e 光以不同的速度沿同一方向传播。当进入第二块棱镜后，由于光轴方向的改变，原先的 o 光和 e 光互换。因为在方解石中，有 $n_o > n_e$，所以对于原先的 o 光在变为 e 光后，相当于从光疏介质进入光密介质，因此传播方向靠近棱镜交界面的法线，而对于原先的 e 光恰好相反。最终的两束出射光传播方向不同，偏振方向正交，而频率等其他参数完全相同。两束光的夹角近似公式为

$$2\phi \approx 2\arcsin((n_o - n_e)\tan\theta) \tag{5-33}$$

图 5.19 是洛匈棱镜的一种，当平行光垂直入射到左侧棱镜时，光在其中沿光轴方向传播，

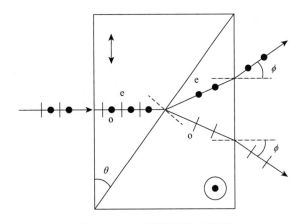

图 5.18　沃拉斯顿棱镜结构图

不发生双折射，o 光、e 光都以 o 光速度沿同一方向传播。到右侧棱镜后，光轴方向旋转 90°，左侧棱镜中平行于纸面振动的光，在第二棱镜中变为 o 光，折射率没有改变，故这路光在两块棱镜中的方向和速度都保持不变。左侧棱镜中垂直于纸面振动的光在右侧棱镜中变为 e 光，由于石英的 $n_o > n_e$，折射后的光线更偏向法线。由于晶体双折射，o 光和 e 光所传播的路径不同，最终在干涉面若要直接读取干涉条纹，对比平行平板剪切装置，需要额外考虑一个随位置线性变化的光程差。此外，洛匈棱镜只允许光从左方射入棱镜，并且能使 o 光无偏折地出射，可以用方解石或玻璃晶体制成。

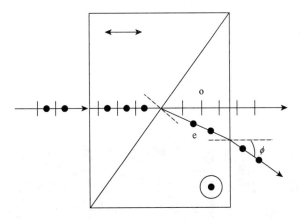

图 5.19　洛匈棱镜结构图

4. 衍射光栅

衍射光栅作为剪切元件，有一维的，也有二维的，其原理是基于多缝衍射，产生的多阶衍射光形成波前的复制。相较于只能靠光轴方向来回组合的双折射棱镜，光栅具有更为多变的结构，因此也有更高的自由度。

衍射光栅器件可以基于三镜 $4f$ 系统工作，如图 5.20 所示，以一维光栅为例，将一个一维正弦光栅置于频谱面 P_3 上，假设空间滤波函数可以写为

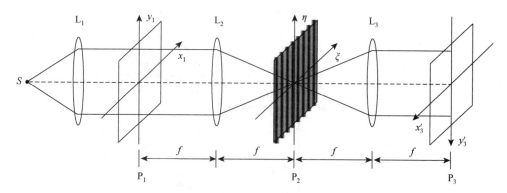

图 5.20　三镜 4f 系统结构图

$$H(\xi,\eta)=\frac{1}{2}+\frac{1}{2}\cos(2\pi s\xi+\varphi_0) \tag{5-34}$$

则系统的点扩散函可以写为

$$\begin{aligned}
h(x,y)&=\mathrm{FT}^{-1}\{H(\xi,\eta)\}\\
&=\frac{1}{2}\delta(x,y)+\frac{1}{4}\exp(\mathrm{j}\varphi_0)\delta(x+s,y)\\
&\quad+\frac{1}{4}\exp(-\mathrm{j}\varphi_0)\delta(x-s,y)
\end{aligned} \tag{5-35}$$

假设物平面 P_2 上的复振幅分布为 $U_1(x,y)$，则像平面的复振幅分布 $U_2(x,y)$ 为

$$\begin{aligned}
U_2(x,y)&=U_1(x,y)*h(x,y)\\
&=\frac{1}{2}U_1(x,y)+\frac{1}{4}\exp(\mathrm{j}\varphi_0)U_1(x+s,y)\\
&\quad+\frac{1}{4}\exp(-\mathrm{j}\varphi_0)U_1(x-s,y)
\end{aligned} \tag{5-36}$$

当正弦光栅的频率较低时，像面 P_3 的衍射图样如图 5.21 所示，可以用在频谱面增加低通滤波器屏蔽零阶衍射光。

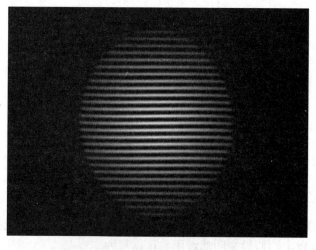

图 5.21　一阶正弦光栅的剪切干涉图样

此外，考虑到双光束的横向剪切干涉图样仅能获取沿错位方向的波前相位差分信息，如果要实现波前相位信息的测量，需要增加系统的复杂性，以获取两个方向的剪切干涉图。近年来也有许多与多光束横向剪切干涉有关的研究，这种技术能将待测光波同时复制成出射角不同的多束光波，形成多光束横向剪切干涉图，最终只需要一幅干涉图便能包含多个错位方向的波前差分信息，实现实时检测瞬态波前。以上方法中最为典型且广受研究的是以光栅作为分束器的四波前横向剪切干涉仪，其被广泛应用到相位显微成像、红外透镜的像差测量、光刻物镜的像差测量等。如图 5.22 所示，该技术的基本原理就是使待测波前通过分束器件（衍射光栅）后，被复制成波前畸变信息相同、出射角度不同的四个波前，在 CCD 成像面上形成互相错位的四波前横向剪切干涉图。然而，分束器的主要设计难题在于如何仅留下（+1，+1）、（+1，−1）、（−1，−1）、（−1，+1）级的衍射光，减小高阶衍射光在四波前横向剪切干涉图中引入的噪声及测量误差。为了解决这个问题，先后发展出了改进的哈曼特横向剪切干涉、交叉光栅横向剪切干涉、随机编码光栅四波前横向剪切干涉等技术。

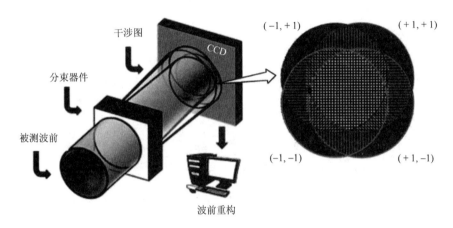

图 5.22　四波前横向剪切干涉仪工作原理示意图

5.4.4　剪切散斑干涉技术介绍

剪切散斑干涉技术结合了散斑计量技术和剪切干涉技术，下面介绍其原理。

假设两束相干光在空间中一点 P 相会时，两束干涉光的复振幅形式为

$$\begin{cases} \widetilde{U}_1(P) = A_1(P)e^{j\varphi_1(P)} \\ \widetilde{U}_2(P) = A_2(P)e^{j\varphi_2(P)} \end{cases} \tag{5-37}$$

式中，A_1 和 A_2 分别为两束光振幅的空间分布；φ_1 和 φ_2 为两个光场的幅角相位分布，它们相遇时，光强的表达式为

$$I = \left(\widetilde{U}_1 + \widetilde{U}_2\right)\left(\widetilde{U}_1 + \widetilde{U}_2\right)^* = I_1 + I_2 + 2\sqrt{I_1 I_2}\cos\delta \tag{5-38}$$

式中，I_1 和 I_2 分别为两列波单独在该点的光强；δ 为两列波的相位差，有 $\delta = \varphi_1 - \varphi_2$，所以光强的分布取决于相位差的分布。

原始波面 U_1 与通过剪切装置的剪切光场 U_2（δx 为剪切距离）可以表示为

$$\begin{cases} U_1(x,y) = U(x,y) = A(x,y)\mathrm{e}^{\mathrm{j}\varphi(x,y)} = a_1\mathrm{e}^{\mathrm{j}\varphi_1} \\ U_2(x,y) = U(x+\delta x, y) = A(x+\delta x, y)\mathrm{e}^{\mathrm{j}\varphi(x+\delta x, y)} = a_2\mathrm{e}^{\mathrm{j}\varphi_2} \end{cases} \tag{5-39}$$

式（5-39）中假设干涉场在同一个 z 平面上，并且只存在空间上的位移，而不考虑时间上的相移。因此，光强的分布表示为

$$I = a_1^2 + a_1^2 + 2a_1a_2\cos\delta = 2I_0(1+\gamma\cos\delta) \tag{5-40}$$

式中，$I_0 = \left(a_1^2 + a_1^2\right)/2$，$\gamma = 2a_1a_2/\left(a_1^2 + a_1^2\right)$ 分别为光场强度的平均值和调制系数。当被测物整体发生微小形变后，φ_1 和 φ_2 都会发生改变（图 5.23），使得剪切干涉场的光场强度分布发生变化，发生改变后，可得

$$I' = 2I_0(1+\gamma\cos\delta') = 2I_0(1+\gamma\cos(\delta+\Delta\delta)) \tag{5-41}$$

式中，δ' 为物体形变后，干涉场的相位差分布；而 $\Delta\delta$ 是相位差的变化量，表示为

$$\Delta\delta = \delta' - \delta = \left(\varphi_1' - \varphi_1\right) - \left(\varphi_2' - \varphi_2\right) \tag{5-42}$$

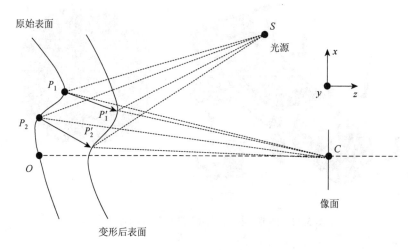

图 5.23 待测物体形变前后光程差的变化

若要判断物体的形变量，$\Delta\delta$ 是测量中需要计算读取的值。干涉条纹为等相位差线，因此可以通过对条纹的观测计量获取物体形变前后的相位差，继而得到相位差的变化量。

然而，当引入散斑测量时，由于激光散斑是被测物的粗糙表面对相干光反射后各光束相互干涉叠加的结果，所以讨论激光散斑时，情况会稍显复杂。散斑干涉场中具有随机的初始相位，无法形成干涉条纹，干涉场图样表现为无规律的亮暗光斑。

为解决此问题，需要对散斑的干涉图样做一定的处理。在早期使用胶片记录光场的散斑干涉测量系统中，会通过二次曝光法将变形前后的光场相加，叠加后的光场为

$$I_{\mathrm{tot}} = I' + I = 4I_0\left(1+\gamma\cos\left(\delta+\frac{\Delta\delta}{2}\right)\cos\left(\frac{\Delta\delta}{2}\right)\right) \tag{5-43}$$

但这种方法还需要通过一个高通滤波器才能显现出干涉条纹，观察到 $\cos(\Delta\delta/2)$ 的调制结果。如今已经可以使用 CCD 相机记录图像，所以也能用图像相减来处理散斑干涉图像，将物体形变前后的光强分布相减可得

$$|I_s| = |I' - I| = \left| 4I_0\gamma\left(\sin\left(\delta + \frac{\Delta\delta}{2}\right)\sin\left(\frac{\Delta\delta}{2}\right)\right)\right| \tag{5-44}$$

可以看到式（5-43）中的直流分量被消除，能够直接呈现 $\sin(\Delta\delta/2)$ 的调制效果。光场将在相位差变化量为 2π 整数倍的位置呈现暗纹。两种方法的原理都是将随机分布的散斑干涉场视为高频信号，通过加载与 $\Delta\delta$ 调制有关的低频信号，以此表现出相位的变化。

接下来需要考虑如何建立光学信号与外界物理量变化的关系。在不考虑空气折射率的情况下，光程能近似地用空间几何长度表示。假设物体上一点 $P_1(x, y, z)$ 经过形变后对应位置为 $P_1'(x+u, y+u, z+w)$，则 P_1 到像面上对应的光程的变化量 $\delta[L_1]$ 可以表示为

$$\delta[L_1] = \left(SP_1' + CP_1'\right) - (SP_1 + CP_1) \tag{5-45}$$

同理假设沿 x 轴距 P_1 剪切量的距离处有一点 $P_2(x+\Delta x, y, z)$，形变后移动到 $P_2'(x+\Delta x+u+\Delta u, y+v+\Delta v, z+w+\Delta w)$，则其到像面上对应的光程的变化量 $\delta[L_2]$ 可表示为

$$\delta[L_2] = \left(SP_2' + CP_2'\right) - (SP_2 + CP_2) \tag{5-46}$$

若经过剪切 P_1 和 P_2 始终保持相互重叠，则由形变而产生的相位差的变化量 $\Delta\delta$ 可表示为

$$\Delta\delta = \frac{2\pi}{\lambda}(\delta[L_1] - \delta[L_2]) \tag{5-47}$$

式中，λ 为单色光源的波长。

对于横向剪切干涉，产生重叠干涉需要满足横向剪切量 δx 为常数的条件。点 P_1 和 P_2 在形变后成为 P_1' 和 P_2'，并不一定还满足之前的条件，不过此处可以进行近似处理，影响不大。

为便于计算，将 $\delta[L_1]$ 的表达式改写为

$$\begin{aligned}\delta[L_1] &= \left(SP_1' - SP_1\right) + \left(CP_1' - CP_1\right)\\ &= \frac{SP_1'^2 - SP_1^2}{SP_1' + SP_1} + \frac{CP_1'^2 - CP_1^2}{CP_1' + CP_1}\end{aligned} \tag{5-48}$$

之后以 O 作为原点建立坐标系。假设光源和相机的坐标分别为 $S(x_S, y_S, z_S)$ 和 $C(x_C, y_C, z_C)$，表达式为

$$\begin{aligned}SP_1'^2 &= [(x+u)-x_S]^2 + [(y+v)-y_S]^2 + [(z+w)-z_S]^2\\ SP_1^2 &= (x-x_S)^2 + (y-y_S)^2 + (z-z_S)^2\\ CP_1'^2 &= [(x+u)-x_C]^2 + [(y+v)-y_C]^2 + [(z+w)-z_C]^2\\ CP_1^2 &= (x-x_C)^2 + (y-y_C)^2 + (z-z_C)^2\end{aligned} \tag{5-49}$$

考虑到在测量系统中，物体与光源、相机的距离（即 SO 和 CO）远大于其形变的尺寸（即 SO 和 CO），可得

$$\begin{aligned}SP_1' &\approx SP_1 \approx SO = R_S = x_S^2 + y_S^2 + z_S^2\\ CP_1' &\approx CP_1 \approx CO = R_C = x_C^2 + y_C^2 + z_C^2\\ u^2 &\approx v^2 \approx w^2 \approx 0\end{aligned} \tag{5-50}$$

结合式（5-49）和式（5-50）可得

$$SP_1' - SP_1 = \frac{(x-x_s)u}{R_S} + \frac{(y-y_s)v}{R_S} + \frac{(z-z_s)w}{R_S}$$

$$CP_1' - CP_1 = \frac{(x-x_C)u}{R_C} + \frac{(y-y_C)v}{R_C} + \frac{(z-z_C)w}{R_C}$$

（5-51）

将式（5-51）代入式（5-48）可得

$$\delta[L_1] = \left(\frac{x-x_s}{R_S} + \frac{x-x_C}{R_C} \right)u$$

$$+ \left(\frac{y-y_s}{R_S} + \frac{y-y_C}{R_C} \right)v + \left(\frac{z-z_s}{R_S} + \frac{z-z_C}{R_C} \right)w$$

（5-52）

对于形变的 P_2，经过同样的计算过程，光程的变化量为

$$\delta[L_1] = \left(\frac{x+\Delta x-x_s}{R_S} + \frac{x+\Delta x-x_C}{R_C} \right)(u+\Delta u)$$

$$+ \left(\frac{y-y_s}{R_S} + \frac{y-y_C}{R_C} \right)(v+\Delta v)$$

$$+ \left(\frac{z-z_s}{R_S} + \frac{z-z_C}{R_C} \right)(w+\Delta w)$$

（5-53）

代入式（5-47）可得

$$\Delta\delta = \frac{2\pi}{\lambda}(\delta[L_1] - \delta[L_2])$$

$$= \frac{2\pi}{\lambda}\left[\left(\frac{x-x_s}{R_S} + \frac{x-x_C}{R_C} \right)\Delta u + \left(\frac{y-y_s}{R_S} + \frac{y-y_C}{R_C} \right)\Delta v \right.$$

$$\left. + \left(\frac{z-z_s}{R_S} + \frac{z-z_C}{R_C} \right)\Delta w + \left(\frac{1}{R_S} + \frac{1}{R_C} \right)(u+\Delta u)\Delta x \right]$$

（5-54）

由于剪切量 Δx 的值也很小，所以式（5-54）的最后一项可以忽略不计，可得

$$\begin{cases} \Delta\delta = \dfrac{2\pi}{\lambda}(A\Delta u + B\Delta v + C\Delta w) \\[2mm] A = \dfrac{x-x_s}{R_S} + \dfrac{x-x_C}{R_C} \\[2mm] B = \dfrac{y-y_s}{R_S} + \dfrac{y-y_C}{R_C} \\[2mm] C = \dfrac{z-z_s}{R_S} + \dfrac{z-z_C}{R_C} \end{cases}$$

（5-55）

当剪切量分别沿 x 轴和 y 轴时，式（5-55）可写为

$$\begin{cases} \Delta\delta_x = \dfrac{2\pi}{\lambda}\left(A\dfrac{\partial u}{\partial x} + B\dfrac{\partial v}{\partial x} + C\dfrac{\partial w}{\partial x} \right)\Delta x \\[3mm] \Delta\delta_y = \dfrac{2\pi}{\lambda}\left(A\dfrac{\partial u}{\partial y} + B\dfrac{\partial v}{\partial y} + C\dfrac{\partial w}{\partial y} \right)\Delta y \end{cases}$$

（5-56）

以上是关于形变量及剪切量等微小量之间关系的讨论，在宏观的角度下，则需要使用敏感度矢量 $\vec{k}$ 对相位变化和表面形变矢量的关系进行表征，它能体现测量系统对物体形变的敏感程度。如图 5.24 所示，假设有

$$\delta = \vec{k}\vec{d} = \vec{k}\left(u\vec{e}_x + v\vec{e}_y + w\vec{e}_z\right) \tag{5-57}$$

式中，δ 为相位变化量；$\vec{k}$ 为敏感度矢量；$\vec{d}$ 为形变矢量；$\vec{e}_x$、$\vec{e}_y$、$\vec{e}_z$ 分别为沿 x、y、z 轴的单位方向向量。敏感度矢量由观测点与相机和光源的相对位置关系决定。假设测量点、光源、相机均位于 xOz，且 $\vec{k}$ 的方向指向观测点与光源、相机所成张角的角平分方向。那么由式（5-57）可反推得

$$\left|\vec{k}\right| = \frac{2\pi}{\lambda} \times 2\cos\frac{\theta_{xz}}{2} = \frac{4\pi}{\lambda}\cos\frac{\theta_{xz}}{2} \tag{5-58}$$

式中，θ_{xz} 为入射光线与反射光线的夹角。

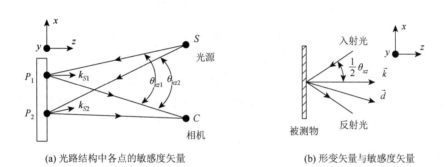

(a) 光路结构中各点的敏感度矢量　　　　　(b) 形变矢量与敏感度矢量

图 5.24　敏感度矢量示意图

如图 5.24（a）所示，敏感度矢量会随待测表面的上位置的不同而变化，但由于在实际中物体到光源和物体到相机的距离往往远大于物体的形变量和物体本身的尺寸，所以在图 5.24（a）对两剪切点有

$$\vec{k}_{s1} \approx \vec{k}_{s2} \approx \vec{k}_s \tag{5-59}$$

因此物体形变前后，两剪切干涉点相位差的变化量可写为

$$\Delta\delta = \vec{k}_{s1}\vec{d}_1 - \vec{k}_{s2}\vec{d}_2 = \vec{k}_s \cdot \left(\Delta u\vec{e}_x + \Delta v\vec{e}_y + \Delta w\vec{e}_z\right) \tag{5-60}$$

代入剪切量 Δx 和 Δy 后可转换为

$$\begin{cases} \Delta\delta_x = \left(\dfrac{\partial u}{\partial x}\vec{k}_s \cdot \vec{e}_x + \dfrac{\partial v}{\partial x}\vec{k}_s \cdot \vec{e}_y + \dfrac{\partial w}{\partial x}\vec{k}_s \cdot \vec{e}_z\right)\Delta x \\[3mm] \Delta\delta_y = \left(\dfrac{\partial u}{\partial y}\vec{k}_s \cdot \vec{e}_x + \dfrac{\partial v}{\partial y}\vec{k}_s \cdot \vec{e}_y + \dfrac{\partial w}{\partial y}\vec{k}_s \cdot \vec{e}_z\right)\Delta y \end{cases} \tag{5-61}$$

参考图 5.24（a），假设待测物体和相机在 x 轴的同一高度上，则可得

$$\begin{cases} \vec{k}_s \cdot \vec{e}_x = \left|\vec{k}_s\right|\sin\dfrac{\theta_{xz}}{2} = \dfrac{2\pi}{\lambda}\sin\theta_{xz} \\[3mm] \vec{k}_s \cdot \vec{e}_y = 0 \\[3mm] \vec{k}_s \cdot \vec{e}_z = \left|\vec{k}_s\right|\cos\dfrac{\theta_{xz}}{2} = \dfrac{2\pi}{\lambda}(1+\cos\theta_{xz}) \end{cases} \quad (5\text{-}62)$$

将式（5-62）代入式（5-61）后整理得到相位差变化量与位移分量的关系式为

$$\begin{cases} \Delta\delta_x\big|_{xOz} = \dfrac{2\pi\Delta x}{\lambda}\left[\sin\theta_{xz}\dfrac{\partial u}{\partial x} + (1+\cos\theta_{xz})\dfrac{\partial w}{\partial x}\right] \\[3mm] \Delta\delta_y\big|_{xOz} = \dfrac{2\pi\Delta y}{\lambda}\left[\sin\theta_{xz}\dfrac{\partial u}{\partial y} + (1+\cos\theta_{xz})\dfrac{\partial w}{\partial y}\right] \end{cases} \quad (5\text{-}63)$$

式（5-63）描述了相机和光源位于 xOz 平面内，相位差变化与位移分量之间的关系，若更改相机和光源的位置，使之位于 yOz 平面，则可得

$$\begin{cases} \Delta\delta_x\big|_{yOz} = \dfrac{2\pi\Delta x}{\lambda}\left[\sin\theta_{yz}\dfrac{\partial u}{\partial x} + (1+\cos\theta_{yz})\dfrac{\partial w}{\partial x}\right] \\[3mm] \Delta\delta_y\big|_{yOz} = \dfrac{2\pi\Delta y}{\lambda}\left[\sin\theta_{yz}\dfrac{\partial u}{\partial y} + (1+\cos\theta_{yz})\dfrac{\partial w}{\partial y}\right] \end{cases} \quad (5\text{-}64)$$

式（5-63）和式（5-64）已描述了不同照明记录条件下，相位差的变化量与形变分量的关系。它们说明系统散斑的干涉图样变化会受到两个形变向量在不同方向分量的影响，分别为离面位移分量和面内位移分量，下面将在两种特殊情况下，讨论对二者的监测。

1. 离面位移分量测量：垂直照明

当满足光源与相机位置近似重合时，会有 $\theta_{xz} = \theta_{yz} = 0$，此时面内位移分量的影响将被消除，仅留下离面位移分量，因此可得

$$\begin{cases} \Delta\delta_x = \dfrac{4\pi\Delta x}{\lambda}\cdot\dfrac{\partial w}{\partial x} \\[3mm] \Delta\delta_y = \dfrac{4\pi\Delta y}{\lambda}\cdot\dfrac{\partial w}{\partial y} \end{cases} \quad (5\text{-}65)$$

若物体在受单一方向力情况下，沿该方向隆起，那么离面位移分量分布如图 5.25（a）和（c）所示，其沿 x 方向的偏导数如图 5.25（b）和（d）所示。

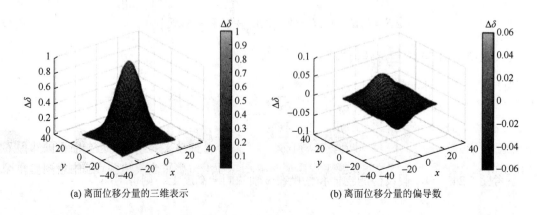

(a) 离面位移分量的三维表示   (b) 离面位移分量的偏导数

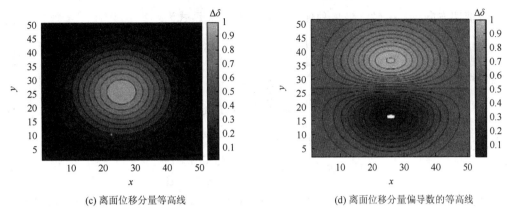

(c) 离面位移分量等高线　　　　　　　　　(d) 离面位移分量偏导数的等高线

图 5.25　离面位移分布及其偏导数示意图

假设沿 x 方向进行剪切干涉，将式（5-65）代入式（5-44），得到作图像减法后的光强分布表达式为

$$\left| I_s \right| = \left| 4 I_0 \gamma \left(\sin \left(\delta + \frac{2\pi \Delta x}{\lambda} \cdot \frac{\partial w}{\partial x} \right) \sin \left(\frac{2\pi \Delta x}{\lambda} \cdot \frac{\partial w}{\partial x} \right) \right) \right| \tag{5-66}$$

式（5-66）说明当 $\partial w / \partial x$ 为某些特定值时，光强为零，其他时候则是无规则分布的散斑，因此如果参考图 5.25（a）的离面位移，作差后图像上光强为零的条纹分布应该和图 5.25（d）中 $\partial w / \partial x$ 的等高线分布图类似。

2. 面内位移分量测量

比起离面位移分量，面内位移分量的测量要更为复杂。如图 5.26 所示，面内位移分量测量中，由相机向被测物表面作垂线，两光源 S_1 和 S_2 关于该垂线对称分布。

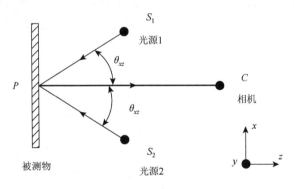

图 5.26　面内位移分量测量装置示意图

当光源在下方时，关系式为

$$\begin{cases} \vec{k}_s \cdot \vec{e}_x = \left| \vec{k}_s \right| \sin \dfrac{\theta_{xz}}{2} = -\dfrac{2\pi}{\lambda} \sin \theta_{xz} \\[2mm] \vec{k}_s \cdot \vec{e}_y = 0 \\[2mm] \vec{k}_s \cdot \vec{e}_z = \left| \vec{k}_s \right| \cos \dfrac{\theta_{xz}}{2} = \dfrac{2\pi}{\lambda} (1 + \cos \theta_{xz}) \end{cases} \tag{5-67}$$

假设剪切方向仅沿 x 轴，当单独使用光源 S_1 时，关系式为

$$\Delta \delta_x \big|_{xOz}^{S_1} = \frac{2\pi\Delta x}{\lambda}\left[\sin\theta_{xz}\frac{\partial u}{\partial x} + (1+\cos\theta_{xz})\frac{\partial w}{\partial x}\right] \tag{5-68}$$

当使用的是光源 S_2 时，关系式为

$$\Delta \delta_x \big|_{xOz}^{S_2} = \frac{2\pi\Delta x}{\lambda}\left[-\sin\theta_{xz}\frac{\partial u}{\partial x} + (1+\cos\theta_{xz})\frac{\partial w}{\partial x}\right] \tag{5-69}$$

用式（5-68）减去式（5-69）并整理可得

$$\Delta \delta = \Delta \delta_x \big|_{xOz}^{S_1} - \Delta \delta_x \big|_{xOz}^{S_2} = \frac{4\pi\Delta x\sin\theta_{xz}}{\lambda}\frac{\partial u}{\partial x} \tag{5-70}$$

需要说明的是，式（5-70）是对相位差的数值进行计算，而 $\Delta \delta_x \big|_{xOz}^{S_1}$ 和 $\Delta \delta_x \big|_{xOz}^{S_2}$ 是在不同的采集过程中得到的。最初先保存光源 S_1 和光源 S_2 分别单独作用时的光强分布。在形变后，先只打开光源 S_1，通过图像相减后光强的分布获得相位变化量 $\Delta \delta_x \big|_{xOz}^{S_1}$，再用同样的方式获得 $\Delta \delta_x \big|_{xOz}^{S_2}$，最后代入式（5-70）进行面内位移的计算。

5.4.5 剪切散斑干涉技术研究进展

剪切散斑干涉技术在近年来得到了迅速的发展，主要研究方向有空间相移剪切散斑干涉测量、多方向剪切散斑干涉测量和多功能复用测量技术，接下来对这些技术分别进行介绍。

1. 空间相移剪切散斑干涉测量技术

通过相位提取得到待测物表面信息是剪切散斑干涉测量技术的关键步骤，而空间相移技术能实现实时的相位提取。

图 5.27 为王永红研究团队于 2015 年提出的基于狭缝光阑的剪切散斑干涉动态测量系统，其通过单幅剪切散斑干涉图来实现实时测量，但存在调节载波频率时会影响剪切量的缺点。

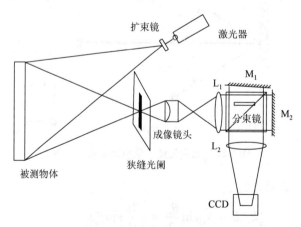

图 5.27　基于狭缝光阑的剪切散斑干涉动态测量系统

对此，Gao 等改进了光路，于 2018 年提出了基于空间相移的剪切散斑干涉系统，使被测物分别关于透镜 L_1 和 L_2 成像，这样改变对应的两个光阑之间的相对位置就能实现对载波频率的调节。

此外，Yan 等于 2019 年提出了基于可调孔径的空间相移剪切散斑干涉系统。如图 5.28 所示，物体分别关于三个不同透镜成像并相应配备了三个孔径光阑，图中 L 为成像镜头（image lens），BS 为分束镜（beam splitter），AP 为孔径光阑（apeture diaphragm），BE 为扩束镜（beam expander）。多成像光路能够自由调整剪切方向，缺点是光强会受到孔径光阑的限制，使得相位图质量不高。

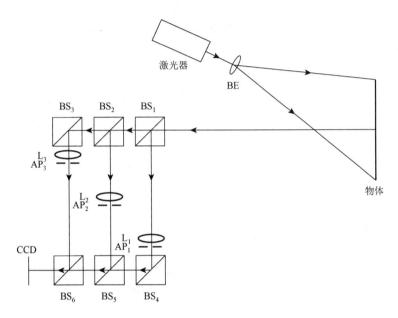

图 5.28　基于可调孔径的空间相移剪切散斑干涉系统

此外，微偏振阵列也可以用于相位信息的提取。Aranchuk 等于 2018 年通过采用偏振分光棱镜的马赫-曾德尔系统得到相互正交的左旋偏振光和右旋偏振光，并通过微型偏振阵列使光束产生相位变化。Yan 等于 2019 年在迈克耳孙光路的两个反射镜前分别加入偏振方向相互垂直的偏振片，获得了四张不同的散斑图，并采用时空低通滤波算法对计算出的相位图进行处理，得到了如图 5.29（b）所示的测量结果。可以从图中看到条纹的对比度比较高，这是由于使用了多幅散斑图。

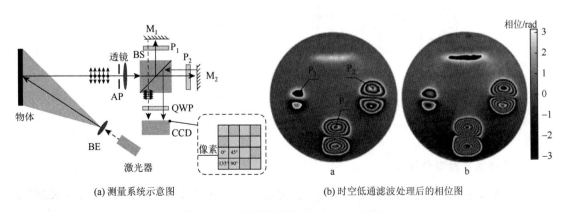

(a) 测量系统示意图　　　　　(b) 时空低通滤波处理后的相位图

图 5.29　基于微偏振阵列的空间相移测量

2. 多方向剪切散斑干涉测量技术

单方向剪切散斑干涉测量系统只能对一个方向的变形导数进行测量，这样会导致缺陷的漏检，而单纯靠调节系统的光学元件来改变剪切方向不仅工作量大，而且测量结果会因此出现误差。而多方向剪切散斑干涉测量技术能够对多个方向上的形变导数进行测量，可避免以上问题。

图 5.30 是 Gao 等于 2019 年提出的双成像马赫–曾德尔空间载波剪切系统，以此为基础，Zhong 等于 2020 年设计出了如图 5.31 所示多方向剪切散斑干涉系统，能够同时对三个不同方向的形变导数进行测量。

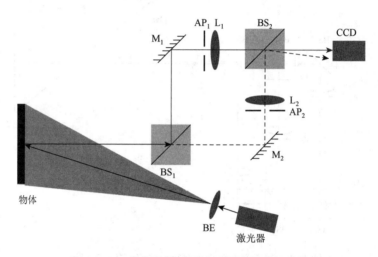

图 5.30　双成像马赫–曾德尔空间载波剪切系统

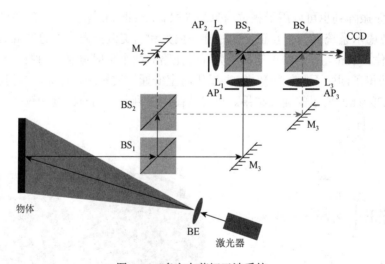

图 5.31　多方向剪切干涉系统

3. 多功能复用测量技术

多功能复用测量技术同时对物体形变信息和形变一阶导数信息进行测量，能够提高测量的准确性。

一维测量无法获取物体的三维形变信息和三维形变一阶导数信息。Zhao 等于 2019 年设计了如图 5.32 所示的三维复用测量系统，使用波长不同的三束激光进行三通道测量，能快捷地获取三维形变信息的测量结果。该系统的缺点是所需剪切量大，得到的条纹密集度过高，采用马赫-曾德尔光路能弥补这个缺点。

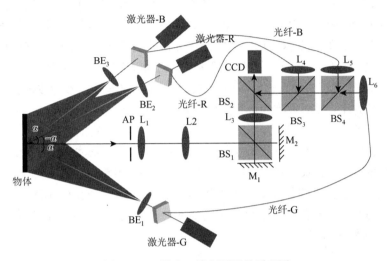

图 5.32　三激光三维复用测量原理图

随后，Zhao 等于 2021 年引入偏振技术，一束物光与参考光的偏振状态相互正交，减少了一对傅里叶域中的数字散斑干涉频谱，降低了重复频谱对测量的影响，同时实现了同步一维测量。图 5.33 为基于偏振技术的复用测量原理图。

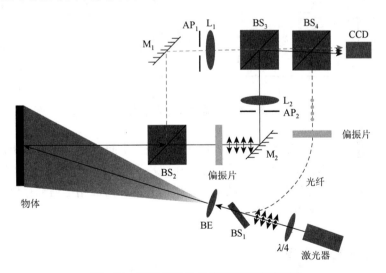

图 5.33　基于偏振技术的复用测量原理图

5.5　激光全息干涉测试方法

全息干涉测量是一种用于无损检测和振动分析的测量技术。通过这种方法，首次可以在干涉精度下（即波长的分数）测量具有粗糙表面的待测对象。其基础是全息术，通过全息术产生待检查物体的三维图像。物体全息记录图像的波前可以相互干涉，下面将对其原理进行介绍。

5.5.1　全息技术的基本原理

全息技术最早在 1948 年由 Dennis Gabor 提出，但直到 1960 年激光器的出现后才获得实际意义。全息技术使得存储和重建物体的散射波成为可能，并且同时保留幅度和相位信息。这个过程远远超出了传统摄影的范围，传统摄影只记录光强度而没有任何相位信息。

图 5.34 展示了全息记录和重建的原理。物体散射的光波与相干参考波叠加，得到的干涉图案被记录在照相底片上，显影片称为全息图。为了重建被记录物体的图像，会用重建光波照射全息图，该光波被全息图中记录的干涉图案衍射，接着得到了目标物的虚拟图像和真实图像。若重建波具有与参考波相同的波长、波前和方向，则观察者可以看到物体在先前所处位置的虚像。重建的图像是三维的，即被记录的对象将在空间维度上再现。图 5.34 中左侧为全息图的记录过程，右侧则是重建过程。所描绘的物体由一个矩形和三角形构成，它们放置在距照相底片不同距离的位置。在重建过程中，左侧重建的虚像与物体的原始空间位置一致，而在实像中，物体的前景和背景以及近侧和远侧都被调换。

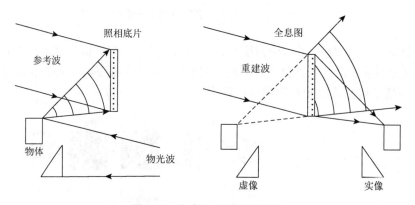

图 5.34　全息技术原理示意图

根据光波之间的相位差，参考波和物光波在照相底片平面上叠加产生干涉条纹。干涉图案以及照相底片的曝光不仅取决于入射波的振幅，还取决于它们各自的相位。在传统摄影中，光波的相位对胶片的曝光并没有影响。通过全息技术，光波的附加相位信息存储在照相底片上，因此才有可能重建记录对象的空间结构。

5.5.2　全息干涉测量的原理

借助全息干涉测量法，可以测量物体的静态和动态形变，可以高精度地记录测试对象受到机械力、温度变化或振动影响的几何变化。全息干涉测量一般假设测试对象具有漫散射表面，而传统的干涉测量法只能测量镜面反射表面。本节将对双重曝光法和实时法进行介绍。

1. 双重曝光法

图 5.35 显示了双重曝光法全息干涉测量的原理，随时间变化的物光波在两个不同的时间段记录在全息图板上。首先在时刻 t_1 对测试对象进行一次全息记录。在时刻 t_1 和 $t_2 (t_2 > t_1)$ 之间，物体经历几何形变，可以由施加在物体上的外力实现。接着在 t_2 时刻，测试对象被再次记录在同一块全息图板上。重建时物体在 t_1 和 t_2 处散射的波同时再现，这些波相互干扰，出现的干涉图案再现了两个记录时间之间物体的几何变化。双重曝光法适合分析物体的瞬时变化，如通过静载荷观察物体形变。

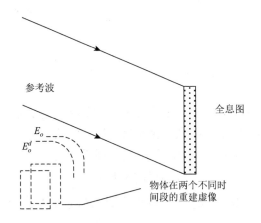

图 5.35 双重曝光法全息干涉测量原理图

在图 5.35 中，双重曝光法全息图重建过程中产生的物波用 E_o 和 E_o^d 表示。为了简化讨论，假设物体发生几何变化时，只有物体波的相位 ϕ 发生了变化，表示为

$$E_o^d = E_o \mathrm{e}^{\mathrm{j}\phi} \tag{5-71}$$

则重建的物波叠加在一起产生的波可表示为

$$E = E_o + E_o^d = E_o(1 + \mathrm{e}^{\mathrm{j}\phi}) \tag{5-72}$$

式中，E_o 为在第一记录时刻 t_1 处物波的复振幅；E_o^d 为在第二记录时刻 t_2 处物波的复振幅。这种干涉的光强分布可表示为

$$I = |E|^2 = 2|E_o|^2(1 + \cos\phi) \tag{5-73}$$

可以观察的亮纹满足：

$$\phi = 2n\pi, \quad n \in \mathbf{Z} \tag{5-74}$$

若在两次曝光期间，物体没有发生变化，则对于所有物点都有 $\phi = 0$，故不会观察到干涉条纹。

2. 实时法

全息干涉测量的另一种变体是实时法，适用于物体变化的在线控制。实时全息干涉测量原理如图 5.36 所示，用激光照射待测物，物体在初始状态下散射的光波被记录在全息图中，显影后，将全息图再次放回原始记录的位置。之后在相同参考光的作用下，物体的初始光波 E_o 被重建，同时继续用激光光束连续地照射物体，物体形变状态的光波 E_o^d 也会透过全息图，这两

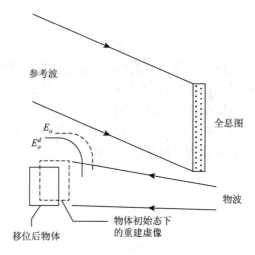

参考波

全息图

E_o

E_o^d

物波

移位后物体

物体初始态下
的重建虚像

图 5.36 实时全息干涉测量原理图

束光会相互干涉。如果物体由于应力而变形或移位，就会出现变化的干涉条纹图案。通过这种方式，可以以干涉精度实时观察并记录待观测物的几何变化。

全息图由变形的物波以及参考光束同时照亮，可表示为

$$E_t = t\left(E_o^d + E_r\right) \tag{5-75}$$

式中，t 为全息图的振幅透过率；E_o^d 为物体在形变状态下发出的光束的复振幅；E_r 为参考光的复振幅。

为了进一步简化计算，会认为物光波的强度比参考波的强度小，即 $|E_o|^2 \ll |E_r|^2$ 且 $|E_o^d|^2 \ll |E_r|^2$，干涉场的光强分布可表示为

$$I = (E_{t1} + E_{t2})\left(E_{t1}^* + E_{t2}^*\right)$$

$$I = |E_o|^2\left[\left(1 - \varepsilon\tau|E_r|^2\right)^2 + \varepsilon^2\tau^2|E_r|^4 + \cdots \right.$$

$$\left. - \varepsilon\tau|E_r|^2\left(1 - \varepsilon\tau|E_r|^2\right)2\cos\phi\right] \tag{5-76}$$

若相位差 ϕ 是 2π 的整数倍，则会出现干涉暗条纹。

5.5.3 灵敏度矢量和形变向量

全息干涉测量可以记录具有散射表面的物体的干涉图案。相互干涉的波前具有相似的结构，这是由物体表面的特性决定的。参考图 5.37，其中点 P 和 P' 为形变前后的同一点，它们发生干涉时的相位差满足：

$$\phi = \left(\vec{k}_1 - \vec{k}_2\right)\vec{l} = \Delta\vec{k}\vec{l} \tag{5-77}$$

式中，$\vec{k}_1$ 和 $\vec{k}_2$ 分别为入射光和出射光的波矢；$\vec{l}$ 为位移矢量。只有位移矢量在 $\Delta\vec{k}$ 上的投影才对相位差有贡献。因此，波矢的差 $\Delta\vec{k}$ 称为灵敏度矢量，因为物体仅在这个方向上移动会导致相位差。

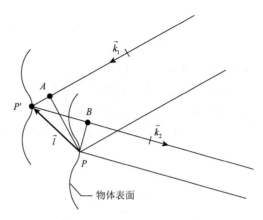

图 5.37　由物体表面位移引起的相移

例如，$\vec{k}_1$ 和 $\vec{k}_2$ 反向平行，并且物体在光束的方向上移动，即 $\vec{k}_1$ 平行于 $\vec{l}$，那么式（5-77）可以简化为 $\phi = 4\pi l/\lambda$，当形变量为半个波长时，条纹变化一个周期。

5.5.4　相移法确定相位

如果没有进一步的信息，全息干涉图的干涉条纹图案不足以计算出相位，然而这对于确定物体的局部位移是必要的。这些位移可以借助相移法来确定。图 5.38 示意性地描述了相移法全息干涉测量的结构。

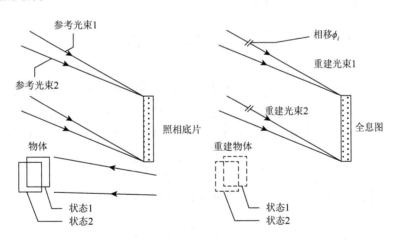

图 5.38　相移全息干涉测量原理
左右侧分别为记录和重建的过程

与常用的全息配置不同，在相移法实现的过程中应用了两个具有不同传播方向的参考光束。对于双曝光记录，第一次曝光使用参考光束 1，第二次曝光使用参考光束 2。在重建时，也使用两种参考光束，每个参考光束会产生物体的两个虚像。但由于两次曝光时的参考光束传播方向不同，这两个虚像之间彼此会产生横向位移（图 5.38 中未画出）。在总共观察到的四个重建图像中，有两个完全重叠，分别是使用参考光束 1 记录的处于状态 1 的物像和使用参考光束 2 记录的状态 2 的物像，它们会发生干涉。而另外一对图像与该干涉图样部分重叠，但如果参考和重建光束 1 和光束 2 的传播方向之间的夹角足够大，则它会进一步向侧面位移，不会干扰到干涉图样。

相对于物平面的全息干涉图的强度分布描述为

$$J(x,y) = I_1 + I_2 + 2\sqrt{I_1 I_2} \cos\phi \qquad (5-78)$$

式中，(x,y) 为物平面的坐标；$J(x,y)$ 为全息干涉图的强度分布；I_1 和 I_2 分别为对应于状态 1 和状态 2 的重建物光波的强度分布；ϕ 为相位差，来自于物体的形变[参见式（5-77）]，同时也是待求量。

利用相移元件（如压电元件）和相移法，如图 5.38 所示，使得重建光束 1 附加一定的相移量 ϕ_i，从而使得干涉场中各点的强度发生变化，此过程可表达为

$$J(x,y) = I_1 + I_2 + 2\sqrt{I_1 I_2} \cos(\phi + \phi_i) \qquad (5-79)$$

如果引入了三个不同的相移量 $\phi_i(i=1,2,3)$，则获得式（5-79）形式的三个方程，同时用摄像机分别记录三个状态下的光强 $J_i(i=1,2,3)$，可得

$$\tan\phi = \frac{(J_3 - J_2)\cos\phi_1 + (J_1 - J_3)\cos\phi_2 + (J_2 - J_1)\cos\phi_3}{(J_3 - J_2)\sin\phi_1 + (J_1 - J_3)\sin\phi_2 + (J_2 - J_1)\sin\phi_3} \qquad (5-80)$$

利用式（5-80）获得的相位差所在的区间为 $(-\pi/2, \pi/2)$，而相位差的绝对值与该值差了 π 的整数倍。为了克服在 $\pm\pi/2$ 处的不确定性并确定相位，会比较不规则两侧的相位函数的梯度以进行计算机辅助评估。在有了相位后，便能计算在敏感度矢量方向上的位移。

5.5.5　全息干涉测量装置及应用实例

本节将对双曝光全息干涉测量装置及应用实例进行介绍。

1. 测量装置

图 5.39 显示了实现双重曝光的全息干涉测量装置的光路，其中的光源是以连续波模式或脉冲模式运行的激光器，它们的相干长度大于物体和参考光束路径之间的最长光程差。一般连续激光器用于记录全息图曝光期间静止的物体，脉冲激光则用于研究快速变化的物体。

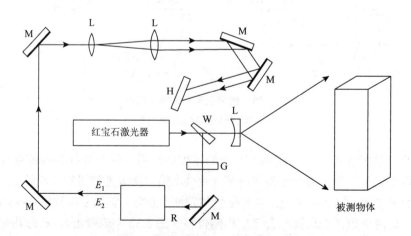

图 5.39　双重曝光全息干涉测量装置光路图

W 为楔形板；L 为透镜；G 为灰色滤光片；M 为反射镜；R 为参考光束的分束装置

图 5.39 中光源为红宝石激光器，其产生的脉冲半峰全宽（FWHM）约为 20 ns，脉冲辐射能量达到几焦耳。激光脉冲的脉冲持续时间决定全息记录的曝光时间。由于红宝石激光器的脉冲持续时间短，即使是快速变化的物体的运动也可以进行全息记录。红宝石激光器的工作方式是发射两个激光脉冲，其脉冲间的间隔可调为 1 μs～1 ms。曝光时间点以及两次曝光之间的脉冲间隔根据所研究的测量对象的运动或振荡状态进行调整。

接着对光路进行分析，激光束被楔形板 W 分成物光和参考光，如图 5.39 所示。物光光束通过发散透镜扩束以照亮更大的物体，红宝石激光器的脉冲能量足以记录尺寸约为 1 m×1 m 的物体。

灰色滤光片 G 用于衰减参考光束，以便调整辐照度，使物光和参考光在全息图板上曝光时处于特征曲线的线性区域内。通常参考光与物光的辐照度之比选择为 5:1～10:1，若辐照度相等，则在干涉过程中将导致光强的最大幅度变化，那么曝光将不再局限于特征曲线的线性范围内。

为了能利用相移法对全息干涉图进行定量评估，原参考光束被分成两个传播方向彼此倾斜的参考光束。分束装置 R 的详细结构如图 5.40 所示。参考光先通过泡克耳斯盒，其能在短时间内改变参考光的偏振方向。将电压施加到电光晶体上，将导致透射光的偏振方向发生变化。在第一个激光脉冲期间，泡克耳斯盒断电，出射光束的偏振方向不会改变，保持为 $\vec{E}_1$，接着被偏振分束器反射到路径 1 上。在第二激光脉冲之前，向泡克耳斯盒施加电压，因此出射的光束偏振方向旋转 90°，变为 $\vec{E}_2$，该激光脉冲由偏振分束器传输到路径 2。之后在半波片的作用下，该偏振方向再次旋转 90°，以使两者经过第二分束器后的参考光束具有相同的偏振方向，这是观察静止干涉图案的必要条件。

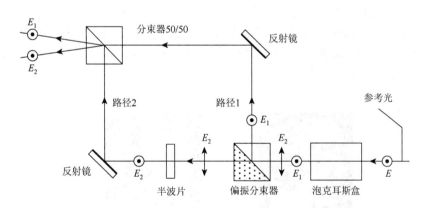

图 5.40 参考光的分束装置 R 的光路图

两面反射镜以能让两参考光束彼此倾斜的方式对齐，参考图 5.40 的左上角（分束的效果实际上夸大了）。而图 5.39 中为了光路的简洁，没有画出分束的效果。回到图 5.39 中，紧接着用透镜组对两参考光束进行扩束和准直，之后通过反射镜引导到全息图板 H 上。需要注意的是，曝光时间和两次曝光之间的时间间隔应与物体运动同步，这可以配合其他外置传感器实现。

图 5.41 中展示了对应于两个参考波的重建光束 $\vec{E}_1$、$\vec{E}_2$ 的全息图重建光路图（光束之间的相互倾斜没有画出，是通过倾斜反射镜产生的）。其中一路重建光束的相位由压电反射镜改变，以便根据相移法生成用于定量评估的单幅干涉图，这些干涉图最终被输入带有摄像机的计算机系统。

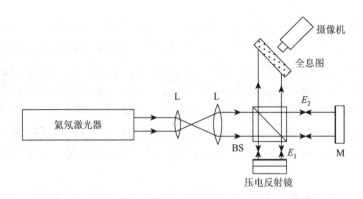

图 5.41　相移法重建全息图

L 为透镜；BS 为分光镜；M 为反射镜

2. 应用实例

从一开始，全息干涉测量法就被用作实验物理学的工具来研究，如用于在等离子体现象中确定折射率分布和电子密度。在以下的部分中，介绍全息干涉测量在振动研究领域的应用实例，其中的工程任务是重点。再现的全息图是用与图 5.39 对应的装置生成的。

在第一个实例中，被测物体是扬声器外壳。在一定的频率范围内检查外壳的振动行为，从而获得有关扬声器外壳振动的空间结构的信息，以便找到合适的建设性措施来减少不需要的声音发射器。扬声器外壳的高度约为 1 m。在实验中，通过其内部能发出具有确定频率、幅度的正弦信号的扬声器系统来引起外壳振动。

图 5.42（a）是扬声器外壳的全息干涉图，在扬声器的正面出现两个不同的波腹，并且观察到侧壁的类似扭转的振荡。图 5.42（b）显示了经过结构性修改，且在相同激励条件下的相同扬声器外壳的干涉图。其侧壁已经过机械加固，并另外填充了吸波材料，这可以大大减少外壳的不必要振动，从而改善系统的电声性能。

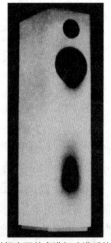

(a) 原来的情况　　　　(b) 对扬声器外壳进行改进后的情况

图 5.42　具有相同激励条件的扬声器外壳的全息干涉图

使用全息干涉测量还可以扩展到测量振荡物体每个点的三维位移矢量 $\vec{l}$ 。为此，使用了光学装置同时在三个灵敏度方向上进行测量，图 5.39 仅在一个灵敏度方向进行了测量。

通过了解物体表面每个点的形变向量 $\vec{l}$ ，能够完整地描述物体的振动行为。例如，使用三个不同的照明方向和一个观察方向，就可以获得在三个敏感度矢量方向的形变分量。

图 5.43 显示了真空吸尘器电机的涡轮机外壳，左上角标注了三个灵敏度矢量 $\Delta\vec{k}_{ao}$、$\Delta\vec{k}_{bo}$、$\Delta\vec{k}_{co}$，观察方向 $\vec{k}_o$ 垂直于投影平面。外壳激励源的本征频率为 1700 Hz，其余三幅图是涡轮机外壳在激励下对应三个灵敏度矢量的相位图。图 5.44 显示了从图 5.43 的相位图数据推导出的振动模式的三维变形场。左上角是在外壳上建立的笛卡儿坐标系，其余三幅图分别是在该坐标系的 x、y、z 方向上对应的形变量，ptv 指的是峰谷值。

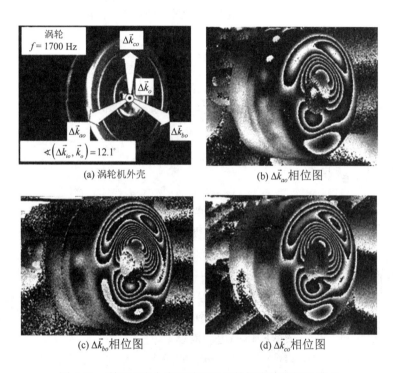

(a) 涡轮机外壳　　　　　　(b) $\Delta\vec{k}_{ao}$ 相位图

(c) $\Delta\vec{k}_{bo}$ 相位图　　　　　　(d) $\Delta\vec{k}_{co}$ 相位图

图 5.43　利用三维全息干涉测量涡轮机壳体的振动模式

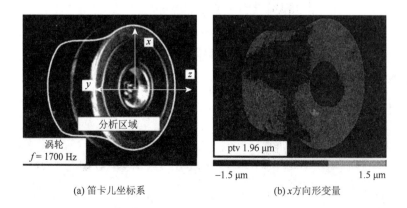

(a) 笛卡儿坐标系　　　　　　(b) x 方向形变量

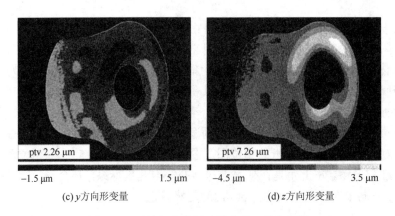

(c) y 方向形变量   (d) z 方向形变量

图 5.44 涡轮机壳体振动模式的三维变形场

5.6 激光外差干涉测量技术

单频激光干涉仪中的电信号全部为直流量，直流漂移会降低测量的精确度，而光学外差干涉技术能避免这一问题。

5.6.1 激光外差干涉原理

在激光外差干涉测量中，会先将激光发出的相干光分成测试光和参考光，接着通过特定的手段使参考光的频率相对于其原频率发生数值非常小的一个偏差，这样在干涉场中将引起光学拍的现象。原本对于光电探测器而言，其响应频率范围远远低于光频，产生的信号不随光频变化，但因为频差而有了光学拍的现象，干涉场中干涉条纹的光强分布受到一个低频信号的调制，这个信号是可探测的。照向物体并返回与参考光发生干涉的测试光中携有待测物体的运动信息，这些信息会加载在低频信号上，并由光电探测器进行光电转换，最后电路和计算机通过分析电信号得到相位信息，最终获取物体的运动信息。

如上所述，干涉仪中参考臂和探测臂内传输的激光电场信号可表示为

$$
\begin{aligned}
E_{\mathrm{RF}} &= A_{\mathrm{RF}} \cos(2\pi(f+\Delta f)t) \\
E_S &= A_S \cos(2\pi f t + \varphi(t))
\end{aligned}
\tag{5-81}
$$

式中，f 为激光的光频；Δf 为参考臂中引入的频差；$\varphi(t)$ 为外界环境在探测臂上所引入的相位波动；A_{RF} 和 A_S 分别为参考臂和探测臂中传输光的振幅。

所以干涉场的光强可表示为

$$
\begin{aligned}
I(t) &= (E_{\mathrm{RF}}(t) + E_S(t))^2 \\
&= \frac{A_{\mathrm{RF}}^2}{2}(\cos(4\pi(f+\Delta f)t)+1) + \frac{A_S^2}{2}(\cos(4\pi f + 2\varphi(t))+1) \\
&\quad + A_{\mathrm{RF}} A_S \cos(2\pi(2f+\Delta f)t + \varphi(t)) + A_{\mathrm{RF}} A_S \cos(2\pi \Delta f t - \varphi(t))
\end{aligned}
\tag{5-82}
$$

对于光电探测器，其频率响应远低于光波频率 f，不会受高频分量的影响，式（5-82）中带有频率 $4\pi f$ 的项对输出没有影响，故探测器的输出可表示为

$$I(t) \propto \frac{A_{\mathrm{RF}}^2}{2} + \frac{A_S^2}{2} + A_{\mathrm{RF}} A_S \cos(2\pi\Delta f t - \varphi(t)) \tag{5-83}$$

即干涉场中某点光强以低频 Δf 随时间呈余弦变化。接着将被调制过的输出信号与基准信号进行比对分析，具体的例子可以参考图 5.45，双频激光器发出两列偏振态正交，频率分别为 f_1 和 $f_2(f_2 = f_1 + \Delta f)$ 的线偏振光。其中下方的一路作为基准信号，通过分光器后进入检测设备；而另外一路由于被测物体的运动造成的多普勒效应，引起多普勒频移 Δf_1，使得最终的干涉场的拍频与基准信号的不同。对两种光学拍信号的频谱进行分析，可以推算 Δf_1，进而间接计算物体的速度及位移量。

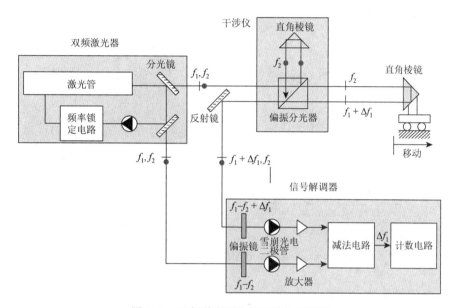

图 5.45　双频激光器外差干涉仪原理图

5.6.2　激光外差干涉仪的频差产生方式

由前面所介绍的外差干涉测量技术原理可知，若要实现测量，需要利用具有一定频差的两光束，本节将介绍一些获得频差的常用方法。

1. 塞曼双频激光器

塞曼双频激光器是利用塞曼效应实现双频激光输出的激光器，其原理是将磁场作用于激光管上，通过光谱在磁场中的分裂得到双频激光束。磁场作用于激光管上的方式通常有两种，即横向磁场方式和纵向磁场方式，横向磁场方式的磁场方向垂直于激光的光轴方向，采用横向磁场方式的双频激光束的频差较低，一般为几十千赫兹到几百千赫兹，而纵向磁场方式的磁场方向平行于激光的光轴方向，其频差较高，一般为 $1 \sim 2$ MHz。

2. 双纵模激光器

如图 5.46（a）所示，根据腔长选模原理，采用适当谐振腔长以获得合适的激光管纵模间隔，使得激光器增益曲线多普勒频宽范围内始终有两个不同频率的邻阶模维持振荡。若内腔式双纵模 He-Ne 激光器的纵模光频率恰好关于谱线中心对称,则两纵模的光强相等,否则光强不相等。双纵模激光器等光强稳频装置如图 5.46(b)所示,由于腔的各向异性和模的竞争效应,多数激光器的双纵模输出为相互垂直的线偏振光,利用偏振分光棱镜将两线偏振光分离并利用两台探测器分别检测双纵模的光强,当双纵模的光强检测值不等时,控制器将调节缠绕在激光管外臂上加热丝的电流,改变谐振腔的腔长,进而改变双纵模激光的光强和频率,直至双纵模激光的光强基本相等,此时双纵模光频率被锁定在关于谱线中心对称的位置。双纵模激光器稳频系统中,对称腔长度的调节除了采用加热膜加热,还有利用微型风扇、电热制冷机、激光高压电源电流调节器等方式;稳频可以采用模拟控制器或数字控制器。一般常用的双纵模 He-Ne 激光器的频差约有 600 MHz。

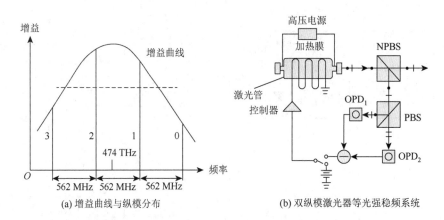

图 5.46　双纵模激光器增益曲线图及稳频结构图

3. 光学机械移频

通过器械的移动方式,利用多普勒效应等原理,也可以达到产生频移的目的。例如,若一个半波片以频率 f 旋转,则其对圆偏振光的透射光将产生一个 $\Delta \nu = 2f$ 的频移;又如,若一个光栅以速度 v 沿一个方向移动,那么当频率为 f 的光垂直于这个方向入射时,得到的第 n 级衍射光会有一个 $\Delta \nu = nvf$ 的频移。

4. 声光调制器

声光调制器利用声光布拉格衍射进行移频,其原理及理论与移动光栅类似。若调制器驱动频率为 f,则第一级衍射光会产生一个 $\Delta \nu = f$ 的频移。

5.6.3　激光外差法测量微振动的理论分析

激光外差法还可以测量射频 MEMS 等器件的微小振动。射频 MEMS 器件的振动通常是周期性的位移,可表示为

$$D(t)=A\sin(\Omega_{vib}+\phi) \tag{5-84}$$

式中,A 为振幅;$\Omega_{vib}=2\pi F_{vib}$,$F_{vib}$ 为振动频率;ϕ 为振动初相位。需要测量的参数是 A 和 ϕ。

图 5.47 为微振动外差干涉测量仪原理图,半波片和偏振分光棱镜将入射激光分为参考光

与物光。物光被聚焦到待测物上并反射回来，在该过程中两次经过四分之一波片。参考光经过声光调制器产生 0 级和 1 级衍射光，而后经过空间滤波器，前者被滤去，后者成为新的参考光，并与物光发生干涉，最后探测器接收干涉光并将其转化为电信号。当样品保持静止状态时，物光 $E_o(t)$ 和参考光 $E_r(t)$ 可分别表示为

$$E_o(t) = a_o \cos(\omega_0 t + \phi_1)$$
$$E_r(t) = a_r \cos((\omega_0 + \Omega_m)t + \phi_2)$$

（5-85）

式中，ω_0 为光的角频率；Ω_m 为声光调制带给参考光束的角频率变化量（$\Omega_m = 2\pi F_m$，F_m 为调制频率）；a_o 和 ϕ_1 分别为物光振幅和初相位；a_r 和 ϕ_2 分别为参考光振幅和初相位。光电探测器收到的光强 $I(t)$ 可表示为

$$\begin{aligned}
I(t) &= (E_o(t) + E_r(t))^2 \\
&= \frac{1}{2}(a_o^2 \cos(2\omega_0 t + 2\phi_1) + a_r^2 \cos(2(\omega_0 + \Omega_m)t + 2\phi_2) \\
&\quad + a_0 a_r \cos((2\omega_0 + \Omega_m t) + \phi_1 + \phi_2) \\
&\quad + a_0 a_r \cos(\Omega_m t - \phi_1 + \phi_2)) + \frac{a_o^2}{2} + \frac{a_r^2}{2}
\end{aligned}$$

（5-86）

式中，直流项无法通过高通滤波器，ω_0 超出了探测范围，故仅 $\frac{1}{2}a_0 a_r \cos(\Omega_m t - \phi_1 + \phi_2)$ 项起作用。样品导致的物光相位变化 $\Delta\phi_1$ 可表示为

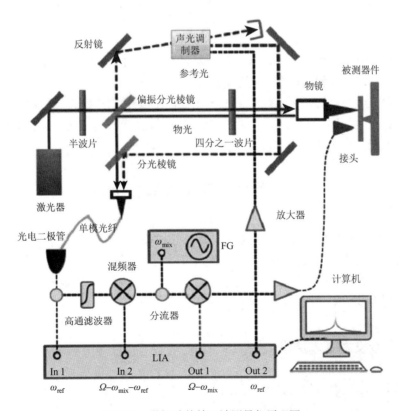

图 5.47 微振动外差干涉测量仪原理图

$$\Delta\phi_1 = \frac{4\pi A}{\lambda}\sin(\Omega_{\text{vib}}t + \phi) \tag{5-87}$$

那么接收到的光强信号可表示为

$$
\begin{aligned}
I(t) &= \frac{1}{2}a_0 a_r \cos\left(\Omega_m t - \phi_1 + \phi_2 - \frac{4\pi A}{\lambda}\sin(\Omega_{\text{vib}}t + \phi)\right) \\
&= \frac{1}{2}a_0 a_r \cos(\Omega_m t - \phi_1 + \phi_2)\cos\left(\frac{4\pi A}{\lambda}\sin(\Omega_{\text{vib}}t + \phi)\right) \\
&\quad + \frac{1}{2}a_0 a_r \sin(\Omega_m t - \phi_1 + \phi_2)\sin\left(\frac{4\pi A}{\lambda}\sin(\Omega_{\text{vib}}t + \phi)\right)
\end{aligned}
\tag{5-88}
$$

当 A 远小于波长 λ 时，式（5-88）可近似为

$$
\begin{aligned}
I(t) &= \frac{1}{2}a_0 a_r \cos(\Omega_m t - \phi_1 + \phi_2) \\
&\quad + a_0 a_r \frac{\pi A}{\lambda}\cos((\Omega_{\text{vib}} - \Omega_m)t + \phi_1 - \phi_2 + \phi) \\
&\quad + a_0 a_r \frac{\pi A}{\lambda}\cos((\Omega_m + \Omega_{\text{vib}})t - \phi_1 + \phi_2 + \phi + \pi)
\end{aligned}
\tag{5-89}
$$

假设通过电路解调得到式（5-89）的第一项的幅值为 R_1，第三项的幅值为 R_3，那么待测样品的振幅计算公式为

$$A = \frac{\lambda}{2\pi}\frac{R_3}{R_1} \tag{5-90}$$

令式（5-89）中第三项的相位 θ_3 减去第一项的相位 θ_1 可以得到待测样品振动的相位值 ϕ，而 π 由于对相位相对分布没有影响，可以忽略。

相比于零差法，外差法两项相除时会消去光强，使得外差法受光强变化影响小，相比于零差法有更高的灵敏度。相位差在计算中同样被消除，干涉光光程差变化不会影响相位测量结果，因此外差法还能获得更高的信噪比。

5.7 激光相移干涉测试方法

在实际应用中，如果检测环境较为温和，即环境的变化对干涉结果的影响不大，干涉图样的强度变化仅由待检测的物理量变化引起，那么可以利用多幅干涉图完成相位的重构。简而言之，就是在原参考光与检测光发生干涉的基础上，使参考光发生一定量的相移，并记录干涉场光强的变化，利用多幅干涉图和相关算法对原相位进行重构。

5.7.1 相移干涉技术基本原理

一般在相移干涉仪中，参考光可表示为

$$E_r(x,y) = a_r(x,y)\exp(\text{j}(\varphi_r(x,y) - \delta_i)) \tag{5-91}$$

检测光可表示为

$$E_t(x, y) = a_t(x, y) \exp(j\varphi_t(x, y)) \tag{5-92}$$

式中，$a_r(x, y)$ 和 $a_t(x, y)$ 表示波前的振幅；$\varphi_r(x, y)$ 和 $\varphi_t(x, y)$ 表示两光的相位；δ_i 为在参考光中引入的相移。两光干涉后的光强分布可表示为

$$I(x, y) = I'(x, y) + I''(x, y) \cos(\varphi(x, y) + \delta_i) \tag{5-93}$$

式中，$I'(x, y) = a_r^2(x, y) + a_t^2(x, y)$，代表光强的平均强度；幅度 $I''(x, y) = 2a_r(x, y)a_t(x, y)$，表示强度调制项；相位中的 $\varphi(x, y) = \varphi_t(x, y) - \varphi_r(x, y)$，参考光的相位一般是已知的。相移干涉技术多次改变相移的值 δ_i，产生并记录多幅干涉图样，利用特定的算法重构出 $\varphi(x, y)$，进而得到 $\varphi_t(x, y)$ 以获取被测物体的信息。

5.7.2 相移干涉调制与解调方法

分析式（5-93）可知，有 $I'(\cdot)$、$I''(\cdot)$、$\varphi(\cdot)$ 三个未知量需要计算，故至少需要改变相移值 δ_i 并进行三次测量才能求解。在这里将介绍几种解调算法。

1. 三步相移法

可以假设共有三次不同的相移值，即 $\delta_i = \alpha_1, \alpha_2, \alpha_3$，则依次对应的测量结果可表示为

$$I_1 = I' + I'' \cos(\varphi + \alpha_1) \tag{5-94}$$

$$I_2 = I' + I'' \cos(\varphi + \alpha_2) \tag{5-95}$$

$$I_3 = I' + I'' \cos(\varphi + \alpha_3) \tag{5-96}$$

将上述三个公式展开，可得

$$I_1 = I' + I'' \cos\varphi \cos\alpha_1 - I'' \sin\varphi \sin\alpha_1 \tag{5-97}$$

$$I_2 = I' + I'' \cos\varphi \cos\alpha_2 - I'' \sin\varphi \sin\alpha_2 \tag{5-98}$$

$$I_3 = I' + I'' \cos\varphi \cos\alpha_3 - I'' \sin\varphi \sin\alpha_3 \tag{5-99}$$

接着消去 I' 和 I''，得到只剩下 φ 的表达式，可表示为

$$\frac{I_2 - I_3}{2I_1 - I_2 - I_3} = \frac{(\cos\alpha_2 - \cos\alpha_3) - (\sin\alpha_2 - \sin\alpha_3)\tan\varphi}{2(\cos\alpha_1 - \cos\alpha_2 - \cos\alpha_3) - (2\sin\alpha_1 - \sin\alpha_2 - \sin\alpha_3)\tan\varphi} \tag{5-100}$$

式（5-100）为三步相移法的一般表达式，可以让 α_1、α_2、α_3 取到一些特定的值，使其简化，例如：

（1）令 $\alpha_1 = \pi/3$，$\alpha_2 = 2\pi/3$，$\alpha_3 = \pi$，可得

$$\tan\varphi = \frac{\sqrt{3}(I_3 - I_1)}{I_1 - 2I_2 + I_3} \tag{5-101}$$

此时为 $\pi/3$ 三步算法。

（2）令 $\alpha_1 = 0$，$\alpha_2 = \pi/2$，$\alpha_3 = \pi$，可得

$$\tan\varphi = -\frac{-I_1 + 2I_2 - I_3}{I_1 - I_3} \tag{5-102}$$

则为反转 T 三步算法。

（3）令 $\alpha_1 = -\pi/4$，$\alpha_2 = \pi/4$，$\alpha_3 = 3\pi/4$，可得

$$\tan\varphi = -\frac{-I_1 + I_2}{I_2 - I_3} \tag{5-103}$$

则为 Wyant 斜 T 三步算法。

2. 四步相移法

从理论上分析，三步相移能够获得三个方程，足以判断三个未知量。然而，实际的测量过程中不可避免地会受噪声的干扰而引入误差。如果仅依靠三个方程求解三个未知量，小的测量误差也会对结果造成较大的影响，因此多引入一个方程，以获得更好的检测结果，也就是采用四步相移法。

四步相移法需要通过实验记录四幅不同的干涉图，分别引入 $\delta_i = 0, \frac{\pi}{2}, \pi, \frac{3\pi}{2}$ 四个不同的相位差，其光强表达式可以依次表示为

$$I_1(x,y) = I'(x,y) + I''(x,y)\cos(\varphi(x,y)) \tag{5-104}$$

$$I_2(x,y) = I'(x,y) + I''(x,y)\cos\left(\varphi(x,y) + \frac{\pi}{2}\right) \tag{5-105}$$
$$= I'(x,y) - I''(x,y)\sin(\varphi(x,y))$$

$$I_3(x,y) = I'(x,y) + I''(x,y)\cos(\varphi(x,y) + \pi) \tag{5-106}$$
$$= I'(x,y) - I''(x,y)\cos(\varphi(x,y))$$

$$I_4(x,y) = I'(x,y) + I''(x,y)\cos\left(\varphi(x,y) + \frac{3\pi}{2}\right) \tag{5-107}$$
$$= I'(x,y) + I''(x,y)\sin(\varphi(x,y))$$

由式（5-107）可得

$$\varphi(x,y) = \arctan\left(\frac{I_4(x,y) - I_2(x,y)}{I_1(x,y) - I_3(x,y)}\right) \tag{5-108}$$

值得一提的是，四步相移法是目前相移干涉检测中使用最多的方法之一。

3. 最小二乘法

由于任意干涉图上一点的光强可表示为

$$I_i = I' + I''(x,y)\cos(\varphi + \delta_i) \tag{5-109}$$
$$= I' + I''(x,y)\cos\varphi\cos\delta_i - I''\sin\varphi\sin\delta_i$$

干涉图上各点的强度都是以正弦函数的形式在变化，并且信号的平均强度、调制系数以及参考光与检测光的相位差是未知的，因此在有多次相移的数据后，通过最小二乘法对测得的强度分布进行拟合，就能求得相位信息。因此，式（5-109）可表示为

$$I_i = \alpha_0 + \alpha_1\cos\delta_i + \alpha_2\sin\delta_i \tag{5-110}$$

式中，三个未知量具体表示为

$$\begin{cases} \alpha_0 = I' \\ \alpha_1 = I'' \cos\varphi \\ \alpha_2 = -I'' \sin\varphi \end{cases} \qquad (5\text{-}111)$$

假设共进行了 N 次位移测量，式（5-110）的表达形式可用于对测得强度分布进行最小二乘拟合，求得上述三个未知量，使得式（5-112）最小：

$$E^2 = \sum_{i=1}^{N} (I_i - \alpha_0 - \alpha_1 \cos\delta_i - \alpha_2 \sin\delta_i)^2 \qquad (5\text{-}112)$$

也可以用矩阵的形式表示为

$$A\vec{x} = \vec{b} \qquad (5\text{-}113)$$

式中，参数表达式分别为

$$A = \begin{bmatrix} 1 & \cos\delta_1 & \sin\delta_1 \\ 1 & \cos\delta_2 & \sin\delta_2 \\ \vdots & \vdots & \vdots \\ 1 & \cos\delta_N & \sin\delta_N \end{bmatrix} \qquad (5\text{-}114)$$

$$\vec{x} = [\alpha_0 \quad \alpha_1 \quad \alpha_2]^{\mathrm{T}} \qquad (5\text{-}115)$$

$$\vec{b} = [I_1 \quad I_2 \quad \cdots \quad I_N]^{\mathrm{T}} \qquad (5\text{-}116)$$

当式（5-112）取到最小值时，可得

$$\vec{x} = (A^{\mathrm{T}}A)^{-1}A^{\mathrm{T}}\vec{b} \qquad (5\text{-}117)$$

因此可以得到相位值表达式为

$$\varphi = \arctan\left(-\frac{\alpha_2}{\alpha_1}\right) \qquad (5\text{-}118)$$

同时干涉条纹的对比度可以表示为

$$K = \frac{I''}{I'} = \frac{(\alpha_1^2 + \alpha_2^2)^{1/2}}{\alpha_0} \qquad (5\text{-}119)$$

以上三种解调算法，都以引入已知的相移量为前提，但如果假设每次都引入相同且未知的相移量，则需要使用到其他的算法来解调，如卡雷算法，其由四步相移法变化而来，但区别是卡雷算法每次引入的递增相变是固定的而非 $\pi/2$。

5.7.3 相移干涉技术实现方法

1. PZT 相位调制及解调技术

在双光束结构的干涉仪中，可以通过在一条光路上引入光程差的变化量，实现相移干涉。使用压电式转换器（PZT）是比较常用的方式。

参考图 5.48，以特外曼-格林干涉仪为例，利用压电晶体使得参考光的反射镜在参考光的光线方向上，从而改变两束光之间的光程差和相位值。采用的电压值位于零伏到几百伏之间，可用于产生一个位移，继而改变相位从而实现干涉图样的相移调制。要注意的是，一般压电式转换器为微米量级，并且线性位移区具有明显的迟滞效应，这对于微位移器件十分不利，需要采用特定的方法继续校正或消除，常用的解决方法有对压电转换器的特性曲线进行标定或者使用闭环式的压电转换器。

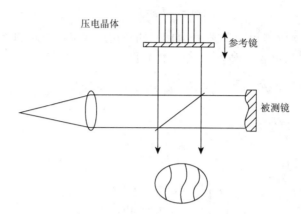

图 5.48　基于压电晶体的相移调制

2. 偏振相位调制及解调技术

偏振干涉仪能够动态地对干涉光的相位进行调制，从而利用干涉共模抑制技术对随机噪声进行抑制，这些噪声来源于检测器和光源。图 5.49 是基于特外曼-格林干涉仪实现的偏振相位调制干涉测量系统，其中用偏振分光棱镜代替了普通的分束器。

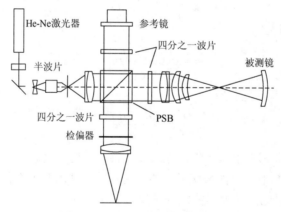

图 5.49　偏振相位调制干涉系统

参考图 5.49，He-Ne 激光器发出的线偏振光通过可以绕光照旋转的半波片，使得出射的线偏光可以调整到任何需要的偏振方向上。之后偏振分光棱镜（PSB）可以将输入的光束分为振动方向相互垂直的两个线偏振光，假设光传播的方向为 z 轴，xOy 平面垂直于光轴，且 x 轴垂直于纸面，y 轴在纸面内。为实现动态偏振相位调制，在检偏器前加入一个与 x 轴成 135°的四分之一波片。通过琼斯矩阵分析偏振光传输情况，可得每当检偏器旋转一个小角度 α 时，干涉相位会产生一个相移 $\Delta\theta$，且满足：

$$\Delta\theta = 2\alpha \tag{5-120}$$

因此，当检偏器旋转大小为 π 的角度时，条纹就变化一个周期，当检偏器旋转一周时，条纹则变换两条，由此实现对偏振相位的动态控制。

5.8　激光干涉精密测量与应用

激光干涉精密测量具有极高的分辨率，测量距离能达到上千公里，被广泛用于集成电路装备、数控机床、超精密微纳制造、引力波探测等先进技术和前沿科学领域。

本节以新型双频激光干涉仪、引力波探测、大口径望远镜主镜检测和天体测量为例，介绍干涉技术在科研生产和先进检测系统中的应用。

5.8.1　新型双频激光干涉仪

激光外差干涉仪采用双频激光器作为光源，以双频的拍波 (f_1-f_2) 为载波，利用多普勒效应对物体的运动情况进行测量，被测物体的最大速度不能超过频差 (f_1-f_2)。这种干涉仪具有高信噪比、非接触式测量、高测量精度、高可靠性的优点，但其发展受到了以下因素的限制：

（1）激光光源。传统的双频激光器难以同时获得高频差和高功率，输出功率仅在 $10^{-4}\mathrm{W}$ 量级，导致难以在多维测量中进行分光。此外，常用的塞曼双频激光器还存在非线性误差，这会极大地降低干涉仪的测量精度。

（2）传统激光干涉技术为了提高获得的干涉光的强度，需要加装测量靶镜，或者要求被测物本身具有高反射率。但在一些超精密加工中，这两个条件都无法做到。

清华大学激光精密测量与应用课题组在解决这些问题的研究上做出了突破。对于激光光源问题，课题组提出了应力双折射双频原理，研制出了新型的双频激光器。对于加装靶镜对测量带来的局限性，课题组提出了激光回馈干涉原理，研制出了无须加装靶镜的激光回馈干涉仪，具有操作简单、解调精度高的优点。本节将对此进行介绍。

1. 双频激光器

想要获得更高的测量速度，需要提高双频激光器的频差。产生双频激光的传统方法有塞曼效应、声光调制移频、双纵模偏频锁定等。

塞曼双频激光器的频差被频差闭锁现象限制，无法超过 3 MHz。

声光调制移频的原理如图 5.50（a）所示。通过声光调制器件能得到 0 级和+1（或−1）级两

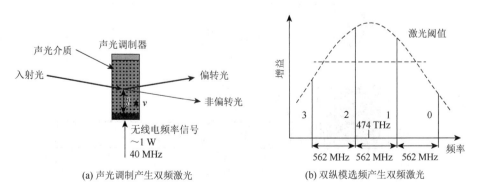

(a) 声光调制产生双频激光　　　　　　(b) 双纵模选频产生双频激光

图 5.50　双频激光器产生的原理

束衍射光，前者频率不变，后者发生频移，改变声光调制器参数就能得到所需的双频激光，且能获得 3 MHz 以上的频差。但采用声光调制移频的干涉仪结构复杂，合光、调频等步骤操作起来比较困难。

双纵模双频激光器通过对驱动电压的调节来控制纵模间隔，输出光强相同、频率不同的两个纵模的激光，图 5.50（b）为激光器的增益曲线。但是，双纵模双频激光器产生的频差太大，配套的信号处理电路结构复杂，制造成本较高，还会影响系统的测量精度。

为了解决以上这些方式的缺点，清华大学激光精密测量与应用课题组提出了应力双折射双频原理。如图 5.51 所示，以作用力 F 施压反射镜 M_2（镜的内外表面分别镀增透膜和反射膜）的镜体，产生应力双折射，从而分裂输出激光的频率。另外，利用两侧的磁条 MS_1 和 MS_2 产生的磁场将激光分成 o 光和 e 光，两者偏振方向正交，提供增益的原子不同，因此能够避免模式竞争对输出频差的限制。

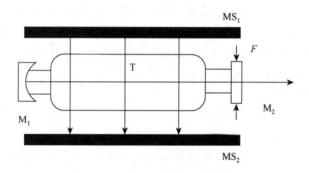

图 5.51　塞曼-双折射双频激光器示意图

为了提高所产生频差的稳定性，通过在平面镜内部雕刻图案来改变腔镜相位延迟量，以此对输出频差进行修正。最终能得到频差大于 3 MHz 甚至超过 20 MHz，同时兼顾高功率的双频激光。此外，采用等光强法对激光进行稳频。如图 5.52 所示，监视 o 光和 e 光的光强幅度差值曲线，通过对激光器的加热与降温，控制两光的光强幅度相等，如此就能使激光输出频率保持稳定。实验室条件下，等光强法获得的频率稳定度能够达到 1×10^{-8} 的水平（4 h 内），基于此方法的双频激光干涉仪实际测试中其频差波动能控制在 2 kHz/h 以内，频率稳定度能够达到 2×10^{-8} 的水平。

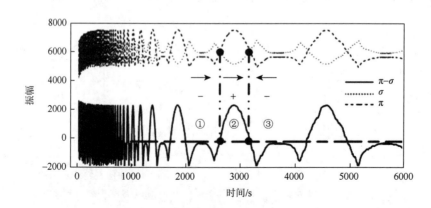

图 5.52　等光强法进行激光稳频

2. 双频激光干涉仪

1）测量原理

如图 5.53 所示，分光镜 BS 将双频激光器的输出光（设频率成分分别为 f_1、f_2）分成反射光和透射光两束。前者经偏振片 1 后产生拍频，得到频率为 f_1-f_2 的参考信号光 I_R；后者再次被分光后发生干涉得到测量信号光 I_M，其频率为 $f_1-f_2+\Delta f$（Δf 为测量镜移动引入的多普勒频移）。I_R 和 I_M 可表示为

$$\begin{cases} I_R \propto A_R \cos(2\pi(f_1-f_2)t+\varphi_R) \\ I_M \propto A_M \cos(2\pi(f_1-f_2)t+\varphi_M+\Delta\varphi) \end{cases} \tag{5-121}$$

式中，A_R 和 φ_R、A_M 和 φ_M 分别为 I_R 和 I_M 的振幅和初始相位。使用相位计对两束光进行比较可以得出 I_R 中由移动导致的相位分量 $\Delta\varphi$，以此可以得到测量镜的移动距离 ΔL 为

$$\Delta L = \frac{\Delta\varphi \times \lambda}{4\pi} \tag{5-122}$$

式中，λ 为激光波长。

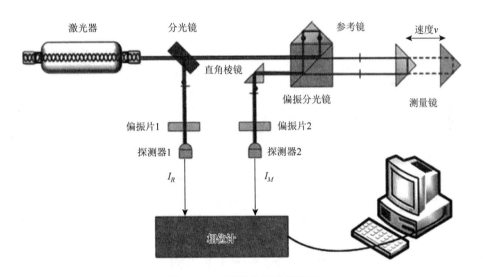

图 5.53　双频激光干涉光路图

2）零漂/线性度测试

在普通实验室条件下对双频激光干涉仪的稳定度进行测试。图 5.54 为测试结果，可以看到位移漂移量在测试时间 2 h 内控制在 10 nm 左右，在 12 h 内控制在 40 nm 左右，干涉仪表现出优秀的测量稳定性。

将双频激光干涉仪与中国计量科学研究院标准设备进行大量程（70 m）测量的对比。图 5.55 为测量结果，两设备的相对测量误差在 3×10^{-8} 以内。干涉仪在大量程测量中依然具有优秀的测量精准度。

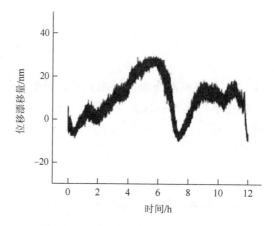

图 5.54 双频激光干涉仪零漂测试结果

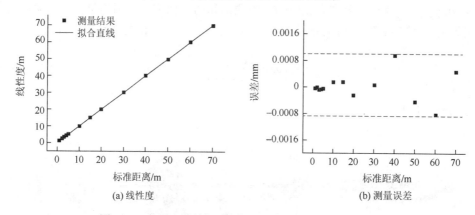

图 5.55 塞曼-双折射双频激光干涉仪 70 m 线性度测试

3. 非线性误差

双频激光干涉仪需要用到波片等许多元件,在测量时,受限于温漂和波片精度等,会发生光束的偏振态混叠,使得物体实际位移与系统测量出的位移不呈线性关系,即产生非线性误差。清华大学激光精密测量与应用课题组对此采用相位测量分析方法,对非线性误差进行了高精度的测量。图 5.56 为测量装置,实验使用了安捷伦塞曼双频激光干涉仪和塞曼-双折射双频激光干涉仪分别进行测量,图 5.57 为两种干涉仪的测量结果。可以看到,塞曼-双折射双频激光干涉仪的非线性误差远小于安捷伦塞曼双频激光干涉仪,只有 0.3 nm 左右。

图 5.56 非线性误差测量装置

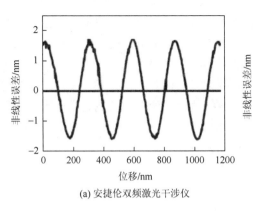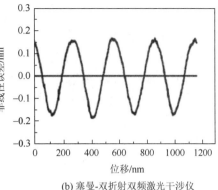

(a) 安捷伦双频激光干涉仪　　　　　　　(b) 塞曼-双折射双频激光干涉仪

图 5.57　两种双频干涉仪非线性误差对比

图 5.58 展示了塞曼-双折射双频激光干涉仪在精密测量中的一些应用。另外这种干涉仪还被用于光刻机工作台的定位，测量精度能达到 6 nm。

(a) 卫星电推进系统检测　　　　(b) 数控机床校准　　　　(c) 三坐标测量机校准

图 5.58　塞曼-双折射双频激光干涉仪助力多种精密测量应用

5.8.2　引力波探测

早在 1916 年，爱因斯坦基于广义相对论预言了引力波的存在。但是引力波的强度很弱，并且物质对引力波的吸收率很低，所以对引力波的探测十分困难。直到百年后的 2016 年，美国激光干涉引力波天文台（图 5.59）宣布位于美国路易斯安那州和华盛顿州的两台引力波探测器同时探测到了引力波，顿时引起了科学家和社会大众的高度关注。在引力波的发现过程中，迈克耳孙干涉仪发挥了不可或缺的作用，几乎所有的引力波探测天线的本质都是迈克耳孙干涉仪。

图 5.59　位于华盛顿州和路易斯安那州的美国激光干涉引力波天文台

由于引力波特殊的偏振特性，在其传播过程中，与传播方向垂直的平面内会产生时空的伸缩变形，而迈克耳孙干涉仪就是通过激光干涉的方法，测量由引力波引起的两个干涉臂距离的变化，进而证实引力波的存在。由激光器发出的激光在分光镜上被分为相互垂直的两束，分别沿干涉仪的两个干涉臂传播，经反射镜反射后，两束光返回分光镜并发生干涉。与普通迈克耳孙干涉仪不同的是，为了增加探测灵敏度，引力波探测器的两个臂长高达数千米，并且配有法布里-珀罗腔。当引力波经过时，会导致干涉仪的两个臂长产生相反方向的变化，即一个增长一个缩短，所以臂长差受引力波周期和强度变化的影响，两臂上的激光相位也将受到相应的调制。因此，通过分析引力波探测器中光电探测器的信号变化就可以实现引力波的测量。

5.8.3　大口径望远镜主镜检测

耗资 3.44 亿美元的 Daniel K. Inouye 太阳望远镜（Daniel K. Inouye Solar Telescope，DKIST）作为世界上最大的光学太阳望远镜，将肩负起捕捉太阳高清表面图的艰巨任务，大幅度改善成像质量，提升空间和光谱分辨率，解决多个太阳物理学中的重要问题。为了满足太阳望远镜的要求，DKIST 设计采用了一块宽 4.24 m、厚 75 mm 的离轴抛物面主镜，如图 5.60 所示。该主镜采用一套特殊的自适应光学系统，搭配一块副镜对太阳表面进行观测，其放大能力等同于看清 100 km 外的 1 in（1 in = 2.54 cm）硬币轮廓。

(a) 设施主要部件

(b) 主镜

图 5.60　DKIST 设施

显然，设计、制作和检测这样一块大口径的离轴抛物面主镜，并保证其面型精度是建设DKIST 系统的关键。美国亚利桑那大学使用计算全息（computer generated hologram，CGH）检测技术完成了对主镜的检测，其利用计算机直接产生理论上的全息图数据，再通过激光直写等方式制造出实际全息图。由于计算全息图的衍射作用，可以将某一级次的衍射光转化成与理想待测非球面形状相匹配的波前，从而完成对主镜面误差的零位检测。

5.8.4　天体测量

激光外差干涉技术也被应用于天体测量领域。通过将频率接近的本地激光与星光进行外差干涉，能得到射电频域内的拍频信号，其光强为参与干涉的两光光强的乘积，因此能得到比较高的分辨率。激光波长越长，干涉分辨率越高，因此用于天体测量的激光干涉仪一般选择工作波长为 10.6 μm 的 CO_2 激光器。目前，用于天体测量的差频干涉仪基线能达到数百米长，有极高的分辨率，能做到小型恒星的角直径测量。此外，激光外差干涉技术被用于观测天体的运动和位置，例如，位于美国亚利桑那州的海军原型光学干涉仪（图 5.61），其对天体位置测量的精确度能达到毫角秒量级。

图 5.61　位于亚利桑那州的海军原型光学干涉仪

参 考 文 献

常新宇，2020. 基于激光外差干涉法的微振动测量系统的研究. 天津：天津大学.

刘克，张孝天，钟慧，等，2023. 四波前横向剪切干涉仪的关键技术研究. 光学学报，43（15）：245-255.

王煦，2021. 基于数字剪切散斑干涉术的温度应力测量研究. 北京：北京交通大学.

王永红，冯家亚，王鑫，等，2015. 基于狭缝光阑的剪切散斑干涉动态测量. 光学精密工程，23（3）：645-651.

王永红，吕有斌，高新亚，等，2017. 剪切散斑干涉技术及应用研究进展. 中国光学（3）：300-309.

郁道银，谈恒英，2016. 工程光学. 4 版. 北京：机械工业出版社.

ARANCHUK V，LAL A K，HESS C F，et al.，2018. Pulsed spatial phase-shifting digital shearography based on a micropolarizer camera. Optical Engineering，57（2）：1.

DONGES A，NOLL R，2014. Laser Measurement Technology：Fundamentals and Applications. Berlin：Springer.

GAO X Y，YANG L X，WANG Y H，et al.，2018. Spatial phase-shift dual-beam speckle interferometry. Applied Optics，57（3）：414-419.

GAO X Y，WANG Y H，DAN X Z，et al.，2019. Double imaging Mach-Zehnder spatial carrier digital shearography. Journal of Modern Optics，66（2）：153-160.

GHIM Y S，RHEE H G，DAVIES A，et al.，2014. 3D surface mapping of freeform optics using wavelength scanning lateral shearing interferometry. Optics Express，22（5）：5098-5105.

RIMMELE T R，WARNER M，KEIL S L，et al.，2020. The Daniel K. inouye solar telescope-observatory overview. Solar Physics，295（12）：172.

YAN P，LIU X W，WU S L，et al.，2019a. Pixelated carrier phase-shifting shearography using spatiotemporal low-pass filtering algorithm. Sensors，19（23）：5185.

Yan P，SUN F，DAN X，et al.，2019b. Spatial phase-shift digital shearography for simultaneous measurements in three shearing directions based on adjustable aperture multiplexing. Optical Engineering，58（5）：1.

ZHAO Q H，CHEN W J，SUN F Y，et al.，2019. Simultaneous 3D measurement of deformation and its first derivative with speckle pattern interferometry and shearography. Applied Optics，58（31）：8665-8672.

ZHAO Q H，ZHANG X，WU S L，et al.，2021. A new multiplexed system for the simultaneous measurement of out-of-plane deformation and its first derivative. Optics Communications，482：126602.

ZHONG S，SUN F，WU S，et al.，2020，Multi-directional shearography based on multiplexed Mach-Zehnder interference system. Optica Acta：International Journal of Optics（6）：1-9.

第 6 章

光学衍射测试方法及应用

光的衍射现象指：光波在传播过程中遇到障碍物（狭缝、光栅等）时，会偏离直线传播进入几何阴影区，并产生明暗相间的光强分布。使光发生衍射的障碍物称为衍射屏。以此为基础的激光衍射测试技术具有量程小、精准度高等特点，在科研和生产活动中得到了广泛的应用。本章介绍与衍射测试有关的基本原理和测试方法，并给出一些典型的应用。此外，也会介绍部分衍射光栅的原理以及应用。

6.1 激光衍射测试技术基础

衍射现象一般分为两类：当光源和观察屏关于衍射屏的距离为有限远时，发生菲涅耳衍射（近场衍射）；当光源和观察屏关于衍射屏的距离都为无限远时，发生夫琅禾费衍射（远场衍射）。

6.1.1 惠更斯-菲涅耳原理

惠更斯提出，某一时刻光波波前（波阵面）上的每一点都可以看成发射球面子波的新波源，后一时刻的光波波前就是全部球面子波的包络面。惠更斯原理能够对衍射现象做出解释，但不能给出衍射光的强度。菲涅耳提出球面子波之间是相干的，即后一时刻的光波由球面子波相干叠加得到，对惠更斯原理进行了补充，即得到惠更斯-菲涅耳原理。基尔霍夫运用格林定理给出了惠更斯-菲涅耳原理的数学表达式，可以准确地用于衍射现象分析。

6.1.2 巴比涅原理

由菲涅耳-基尔霍夫衍射公式可以得到关于互补屏衍射的一个有用原理。互补屏是指这样两个衍射屏，其一的通光部分正好对应另一个的不透明部分，如图 6.1 所示。

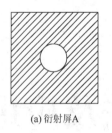
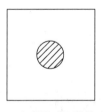

(a) 衍射屏A 　　　　　(b) 衍射屏A的互补屏

图 6.1　两个互补屏

设 $E_1(P)$ 和 $E_2(P)$ 分别表示两个互补屏各自通光时 P 点处的复振幅，$E(P)$ 表示没有屏时 P 点的复振幅。$E_1(P)$ 和 $E_2(P)$ 可分别表示成对两个互补屏各自通光部分的积分，那么两个互补屏单独产生的衍射场的复振幅之和等于没有屏时光束的复振幅，这便是巴比涅原理，公式为

$$E(P) = E_1(P) + E_2(P) \tag{6-1}$$

由此还可以推出，在 $E(P) = 0$ 的那些点两个互补屏单独产生的强度相等。

6.1.3　单缝夫琅禾费衍射

进行激光衍射测量时发生的是夫琅禾费衍射，因此下面主要对夫琅禾费衍射进行分析。

1. 单缝夫琅禾费衍射实验装置

观察夫琅禾费衍射现象需要把观察屏放在离衍射屏很远的地方，一般用透镜来缩短距离，通常采用如图 6.2 所示的实验装置，S 为点光源或与纸面垂直的狭缝光源，它位于透镜 L_1 的焦面上，观察屏放在物镜 L_2 的焦面上，衍射屏或被测物放在狭缝和 L_2 之间，这样，在观察屏上将看到清晰的衍射条纹。

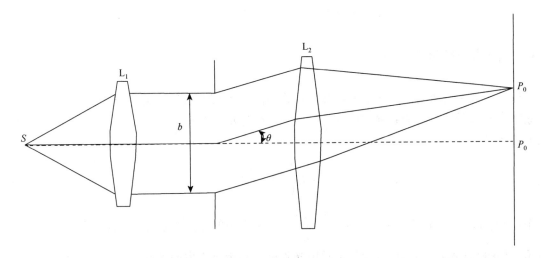

图 6.2　单缝夫琅禾费衍射实验装置

2. 单缝夫琅禾费衍射强度

若单缝缝宽为 b，则单缝夫琅禾费衍射光强分布表达式为

$$I = I_0 \left(\frac{\sin \alpha}{\alpha} \right)^2 \tag{6-2}$$

式中，I_0 为中央亮条纹中心处的光强；α 可表示为

$$\alpha = \frac{\pi b \sin \theta}{\lambda} \tag{6-3}$$

θ 为衍射角，λ 为波长。图 6.3 给出的相对强度分布曲线就是根据式（6-2）画出的。由式（6-2）和式（6-3）可求出光强极大和极小的条件及相应的角位置。结果表明，次极大差不多在相邻两暗纹的中点，但朝主极大方向稍偏一点。将上述 α 值代入光强公式（6-2），可求得各次极大的光强。计算结果表明，次极大的光强随着级次 k 值的增大迅速减小。第一级次极大的光强还不到主极大光强的 5%。

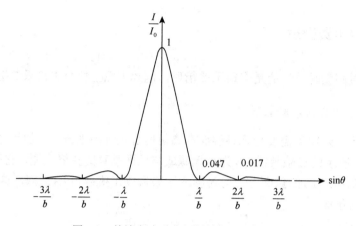

图 6.3　单缝夫琅禾费衍射的相对光强分布

6.1.4　圆孔夫琅禾费衍射

圆孔夫琅禾费衍射的远场衍射图案表现为：中心为圆形亮斑，向外为明暗相间的环形条纹。观察圆孔夫琅禾费衍射的装置与单缝是一样的，只需要将单缝换成圆孔。观察屏上的衍射条纹的光强满足：

$$I = I_0 \left(\frac{2\mathrm{J}_1(\psi)}{\psi} \right)^2 \tag{6-4}$$

式中，$\mathrm{J}_1(\psi)$ 为一阶贝塞尔函数，$\psi = \dfrac{2\pi a \sin\theta}{\lambda}$，$\lambda$ 为照射光波的波长，a 为圆孔半径，θ 为衍射角，如图 6.4 所示。由式（6-4）可求出光强极大和极小产生的条件及相应角位置。

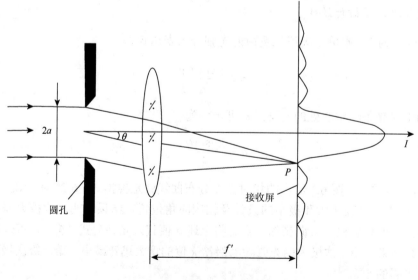

图 6.4　圆孔夫琅禾费衍射

根据圆孔夫琅禾费衍射条纹的极值位置及光强分布，中央亮斑又称艾里斑，它集中了近84%的光能量。艾里斑的直径（即第一暗环的直径）为 d，参数间满足：

$$\sin\theta \approx \theta = \frac{d}{2f^2} = 1.22\frac{\lambda}{2a} \tag{6-5}$$

因此可得

$$d = 1.22\frac{\lambda f'}{a} \tag{6-6}$$

式中，f' 为透镜的焦距。当已知 f' 和 λ 时，测定 d 就可以由式（6-6）求出圆孔半径 a。因此，测定或研究艾里斑的变化可以精确地测定或分析微小内孔的尺寸。

6.2　激光衍射测量方法

激光衍射测量主要依据单缝衍射和圆孔衍射的原理，通过测量单缝衍射暗条纹之间的距离或艾里斑第一暗环的直径来计算出测量结果。激光衍射测量方法主要有间隙测量法、反射衍射测量法、分离间隙法、互补测量法、艾里斑测量法等。

6.2.1　间隙测量法

间隙测量法基于单缝衍射原理，主要用途有：尺寸的比较测量，如图 6.5（a）所示；工件轮廓测量，如图 6.5（b）所示；作为应变传感器，如图 6.5（c）所示。

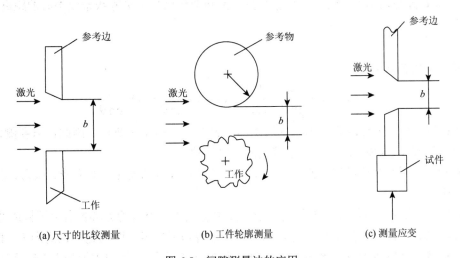

(a) 尺寸的比较测量　　　(b) 工件轮廓测量　　　(c) 测量应变

图 6.5　间隙测量法的应用

图 6.6 为间隙测量法的基本装置。激光经柱面扩束透镜形成一个激光亮带，平行照射到由参考物和工件组成的狭缝，衍射光束经成像透镜射向观察屏，在实际应用中可以用光电探测器代替，如线阵 CCD。微动机构用于衍射条纹的调零或定位。

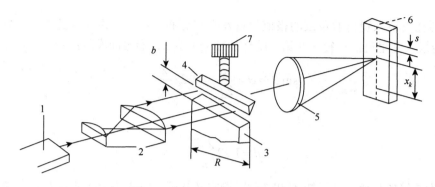

图 6.6　间隙测量法的基本装置示例

1-激光器；2-柱面镜；3-工件；4-参考物；5-成像透镜；6-观察屏；7-微动机构

间隙测量法可按式 $b = kL\lambda/x_k$ 进行，通过测量 x_k 来计算 b。实际应用中也可通过测量两个暗条纹之间的间隔值 s 来确定 b。因 $s = x_{k+1} - x_k = \dfrac{L\lambda}{b}$，所以可得

$$b = \frac{L\lambda}{s} \tag{6-7}$$

狭缝宽度 b 的改变量 $\delta b = b' - b$，可以使用绝对法和增量法进行测量。

1. 绝对法

求出变化前后的缝宽 b 和 b' 并相减可得

$$\delta b = b' - b = \frac{kL\lambda}{x'_k} - \frac{kL\lambda}{x_k} = kL\lambda\left(\frac{1}{x'_k} - \frac{1}{x_k}\right) \tag{6-8}$$

式中，x_k 和 x'_k 分别为第 k 个暗条纹在缝宽变化前和变化后与中央零级条纹中心的距离。

2. 增量法

增量法所用公式为

$$\delta b = b' - b = \frac{k\lambda}{\sin\theta} - \frac{k'\lambda}{\sin\theta} = (k - k')\frac{\lambda}{\sin\theta} = \Delta N \frac{\lambda}{\sin\theta} \tag{6-9}$$

式中，$\Delta N = k - k'$，是通过某一固定的衍射角来记录条纹的变化数目。因此，只要测定 ΔN 就能求出位移值 δb，这种情况类似于干涉仪的条纹计数。

间隙测量法用在灵敏的光传感器可用于测定各种物理量的变化，如应变、压力、温度、流量、加速度等。

图 6.7 为间隙测量法测量应变值的例子。图中量块 3 两个臂的远端各自用销钉或通过焊接浇铸等方法固定在被测试的工件 2 上，两量块的棱缘组成狭缝，两固定点距离为 l。工件产生应变时，狭缝宽度发生改变，产生移动值 δb，衍射条纹发生移动。则应变值可表示为

$$\varepsilon = \frac{\Delta l}{l} = \frac{\delta b}{l} = \frac{kl\lambda}{l}\left(\frac{1}{x'_k} - \frac{1}{x_k}\right) \tag{6-10}$$

式中，Δl 为量块两个固定点距离 l 的变化量；x_k 和 x'_k 分别为第 k 个暗条纹在缝宽变化前和变化后与中央零级条纹中心的距离值。

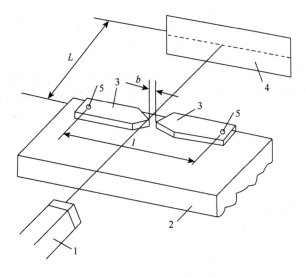

图 6.7　间隙测量法应变

1-激光器；2-被测工件；3-量块；4-接收屏；5-固定点

6.2.2　反射衍射测量法

反射衍射测量法是利用试件棱缘和反射镜构成的狭缝来进行衍射测量的。图 6.8 为反射衍射测量法的原理图，狭缝由棱镜 A 与反射镜组成。反射镜的作用是形成 A 的像 A′，这时相当于光束以 i 角入射、缝宽为 $2b$ 的单缝衍射。

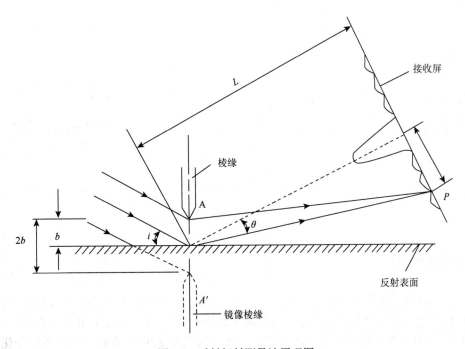

图 6.8　反射衍射测量法原理图

显然，若在 P 处出现第 k 级暗条纹，则光程差满足的条件可表示为

$$2b\sin i - 2b\sin(i-\theta) = k\lambda \qquad (6-11)$$

式中，i 为激光对平面反射镜的入射角；θ 为光线的衍射角；b 为试件边缘 A 和反射镜之间的距离；$2b\sin i$ 为光线射到边缘前，在 A 与 A′处的光程差；$2b\sin(i-\theta)$ 为 A 与 A′处两条衍射光线在衍射角为 θ 的 P 点的光程差，此时应为负值。将式（6-11）展开进行三角运算，可得

$$2b\left(\cos i \sin\theta + 2\sin i \sin^2\frac{\theta}{2}\right) = k\lambda \qquad (6-12)$$

又因 $\sin\theta \approx x_k/L$，可得

$$b = \frac{kL\lambda}{2x_k\left(\cos i + \dfrac{x_k}{2L}\sin i\right)} \qquad (6-13)$$

由式（6-13）可知：

（1）由于反射效应，测量 b 的灵敏度可以提高一倍；

（2）i 角一般是随机的，测出 i 角对应的两个 x_k 值，可以通过式（6-13）得到两个方程，将方程联立求解就能计算出 i 值和 b 值。

反射衍射技术主要应用在表面质量评价、直线性测定、间隙测定等方面。图 6.9 为反射衍射测量法测量的实例。图 6.9（a）是利用标准的刃边评价工件的表面质量；图 6.9（b）是利用反射衍射的方法测定计算机磁盘系统的间隙；图 6.9（c）是利用标准的反射镜面（如水银面、液面等）测定工件的直线性偏差。由以上实例可见，利用反射衍射测量法进行测量易于实现检测自动化，对生产线上的零件自动检测有重要的实用价值，其检测灵敏度可达 2.5～0.025 μm。

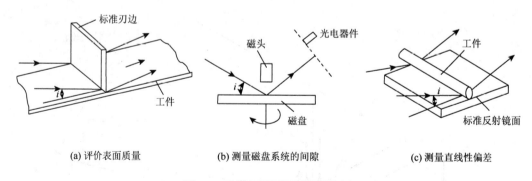

(a) 评价表面质量   (b) 测量磁盘系统的间隙   (c) 测量直线性偏差

图 6.9 反射衍射测量法测量实例

6.2.3 分离间隙法

有时，狭缝的两边并不处于同一平面，由此会产生不对称的衍射图形，利用这种衍射图形进行精密测量的方法称为分离间隙法。测量原理如图 6.10 所示，棱缘 A 和 A′不在同一平面内，分开的距离为狭缝 AA_1 的缝宽为 b，A_1' 是 A_1 的假设位置并和 A 在同一平面内。在接收屏上 P_1 点两棱边 1 和 2 之衍射角为 θ_1，P_2 点两棱边的衍射角为 θ_2。

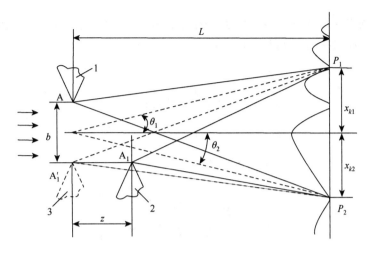

图 6.10　分离间隙法的测量原理图

激光束通过狭缝衍射以后，在 P 处出现暗条纹的条件可表示为

$$\overline{A_1'A_1P_1} - \overline{AP_1} = \overline{A_1'P_1} - \overline{AP_1} + \left(\overline{A_1'A_1P_1} - \overline{A_1'P_1}\right) = b\sin\theta_1 + (z - z\cos\theta_1) = k_1\lambda \qquad (6\text{-}14)$$

因此可得

$$b\sin\theta_1 + 2z\sin^2\left(\frac{\theta_1}{2}\right) = k_1\lambda \qquad (6\text{-}15)$$

同理，对于 P 点，呈现暗条纹的条件为

$$b\sin\theta_2 - 2z\sin^2\left(\frac{\theta_2}{2}\right) = k_2\lambda \qquad (6\text{-}16)$$

将 $\sin\theta_1 = \dfrac{x_{k1}}{L}$、$\sin\theta_2 = \dfrac{x_{k2}}{L}$ 代入式（6-15）和式（6-16）可得

$$\frac{bx_{k1}}{L} + \frac{zx_{k1}^2}{L^2} = k_1\lambda$$

$$\frac{bx_{k2}}{L} - \frac{zx_{k2}^2}{L^2} = k_2\lambda \qquad (6\text{-}17)$$

由式（6-17）可求出分离间隙衍射的缝宽公式，表示为

$$b = \frac{k_1L\lambda}{x_{k1}} - \frac{zx_{k1}}{2L} = \frac{k_2L\lambda}{x_{k2}} + \frac{zx_{k1}}{2L} \qquad (6\text{-}18)$$

只要测得 x_{k1} 和 x_{k2}，由式（6-18）即可求出缝宽 b 和偏离量 z。显然，根据式（6-17），对同样级次的暗点，即当 $k_1 = k_2$ 时，有

$$x_{k1}\left(b + \frac{zx_{k1}}{2L}\right) = x_{k2}\left(b - \frac{zx_{k2}}{2L}\right) \qquad (6\text{-}19)$$

图 6.11 为利用分离间隙法测量折射率或液体变化的原理图。此装置中，1 是玻璃棒（直径为 2～3 mm），当用一束激光通过其直径照射时，产生一条亮带照在被测试样 2 上。棱镜 3 和 4 组成一对狭缝，用分离间隙法形成衍射条纹。衍射条纹由透镜 5 成像在光电探测器件 6 上，

并进行测量。当变换试样 2 或改变试样 2 中的液体时，衍射条纹的位置就灵敏地反映了折射率或液体的变化，测量不确定度可达 $10^{-5} \sim 10^{-7}$。

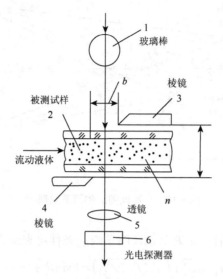

图 6.11　分离间隙法测量折射率或液体变化原理图

6.2.4　互补测量法

激光衍射互补测量法基于巴比涅原理，即互补屏产生的衍射图案形状相同，光强分布互补。利用该原理可以对各种细金属丝和薄带的尺寸进行高准确度的非接触测量。

图 6.12 为测量细丝直径的原理图，利用透镜将衍射条纹成像于透镜的焦平面上，则细丝直径可表示为

$$d = \frac{k\lambda\sqrt{x_k^2 - f'^2}}{x_k} = \frac{\lambda\sqrt{x_k^2 + f'^2}}{s} \qquad (6\text{-}20)$$

式中，s 为暗条纹间距；x_k 为 k 级暗条纹的位置；f' 为透镜焦距。互补测量法测量细丝直径的范围一般是 $0.01 \sim 0.1$ mm，测量不确定度可达 0.05 μm。

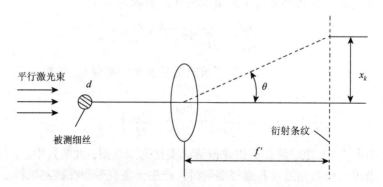

图 6.12　互补测量法测量细丝直径原理图

6.2.5　艾里斑测量法

艾里斑测量法基于圆孔的夫琅禾费衍射原理。艾里斑测量法能对微小孔径进行测量。假设待测圆孔后的物镜焦距为 f'，则屏上各级衍射环的半径可表示为

$$r_m = f'\tan\theta \approx f'\sin\theta = \frac{m\lambda}{a}f' \tag{6-21}$$

式中，m 取值为 0.61、1.116、1.619、…时，为暗纹；m 取值为 0、0.818、1.339、1.850、…时，为亮环。若用 D 表示各级环纹的直径，则其计算公式为

$$D_m = \frac{4m\lambda}{D}f' \tag{6-22}$$

式中，$D = 2a$，是待测圆孔的直径。只要测得第 m 级环纹的直径，便可算出待测圆孔的直径。对式（6-22）求微分，可得

$$|\mathrm{d}D_m| = \frac{4m\lambda}{D^2}f'\mathrm{d}D = \frac{D_m}{D}\mathrm{d}D \tag{6-23}$$

因为 $D_m \gg D$，所以 $D_m/D \gg 1$。这说明圆孔直径 D 的微小变化可以引起环纹直径的很大变化。换句话说，在测量环纹直径 D_m 时，若测量不确定度为 $\mathrm{d}D_m$，则换算为衍射孔径 D 之后，其测量不确定度将缩小 D_m/D。显然 D 越小，D_m/D 会越大。当 D 值较大时用衍射法进行测量就没有优越性了。一般仅对 $D < 0.5\ \mathrm{mm}$ 的孔应用此法进行测量。

依据衍射理论进行微小孔径的测量，应取较高级的环纹，才有利于提高准确度。但高级环纹的光强微弱，检测器的灵敏度应足够高。为了充分利用光源的辐射能，采用单色性好、能量集中的激光器最为理想。若采用光电转换技术来自动地确定 D 值，既可以提高测量不确定度，又可以加快测量速度。

图 6.13 为用艾里斑测量纤维加工中的喷丝头孔径的原理图。测量仪器和被测件做相对运动，以保证每个孔顺序通过激光束。通常不同的喷丝头，其孔的直径在 10～90 μm。由激光器发出的激光束照射到被测件的小孔上，通过孔以后的衍射光束由分光镜分成两部分，分别照射到光电接收器 1 和 2 上，两接收器分别将照射在其上的衍射图案转换成电信号，并送到电压比较器中，然后由显示器进行输出显示。电压比较器和显示器也可以是信号采集卡和计算机。

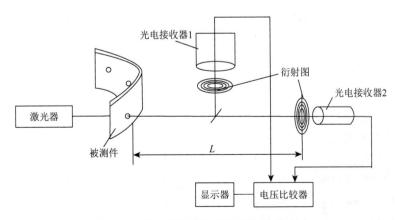

图 6.13　喷丝头孔径的艾里斑测量原理图

通过微孔衍射所得到的明暗条纹的总能量,可以认为不随孔的微小变化而变化,但是明暗条纹的强度分布(分布面积)是随孔径的变化而急剧改变的。

因此,需设计使光电接收器 1 接收被分光镜反射的衍射图的全部能量,它所产生的电压幅度可以作为不随孔径变化的参考量。实际上,中心亮斑和前四个亮环已基本包含了全部能量,所以光电接收器 1 只要接收这部分能量就可以了。

光电接收器 2 只接收艾里斑中心的部分能量,通常选取艾里斑面积的一半,因此随被测孔径的变化和艾里斑面积的改变,其接收能量发生改变,从而输出电压幅值改变。电压比较器将光电接收器 1 和 2 的电压信号进行比较从而得出被测孔径值。

6.3 光学衍射测试法的应用

6.3.1 衍射光栅技术

衍射光栅能对入射光的相位和振幅进行空间调制,按使用的衍射光由透射还是反射产生可分为透射光栅和反射光栅,按调制的是相位还是振幅可分为相位光栅和振幅光栅。此外,还可以按不同分类方式分为余弦光栅、矩形光栅,以及一维光栅、二维光栅、三维光栅等。

1. 光谱仪

光谱仪基于光学色散原理,被用于物质结构或含量分析、光与物质的相互作用的研究、天体测量等领域。

光谱仪按应用范围可以分为:①分析发射光谱,如看谱仪;②分析吸收光谱,如分光光度计。按出射狭缝种类可以分为:摄谱仪(没有出射狭缝)、单色仪(一个)、多色仪(多个)。按应用的光谱范围可以分为红外和远红外光谱仪、近红外光谱仪、可见光谱仪、近紫外光谱仪、真空紫外光谱仪。

光谱仪一般由光源、分光系统、接收系统组成。分光系统可以分为:①棱镜光谱仪,即棱镜分光,现已很少使用;②光栅光谱仪,即衍射光栅分光,多使用反射光栅,尤其是闪耀光栅,通常采用利特罗(Littrow)方式,目前被广泛使用;③傅里叶变换光谱仪,即频率调制,新一代光谱仪。利特罗方式的优点是能降低色差和材料对光的吸收带来的影响,使光谱仪工作范围扩展到紫外区和红外区。在像面上,通过转动光栅平面,能在出射狭缝处获得不同的谱线。与棱镜光谱仪一样,光栅光谱仪既可以用于分析光谱,也可以当成一台单色仪使用,即将它的出射狭缝当成具有一定波长的单色光源。

2. 光波分复用器

利用光栅的分光原理,在光通信中可以用光栅来做光波分复用技术中的光波分复用器和光滤波器。光波分复用技术的原理是在发送端将不同波长的光信号耦合到同一根光纤中进行传播,在接收端将耦合的光信号分开并恢复为原信号,最后送入不同的终端。光波分复用器和分解复用器是光波分复用技术中的关键器件。光栅型光波分解复用器的原理如图 6.14 所示,输入光纤将 $\lambda_1 \sim \lambda_5$ 的光信号送入 $T/4$ 自聚焦透镜,准直后成为平行光束,垂直射向光栅的槽面,不同波长的光信号的衍射光出射角不同,再次通过自聚焦透镜后被送入对应的输出光纤。

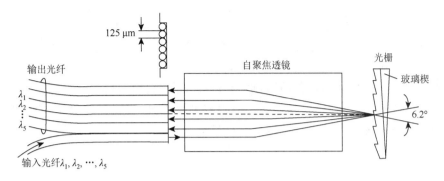

图 6.14　光栅型光波分解复用器的结构示意图

上述结构反过来使用就成为复用器，从 1 至 5 输入光纤端分别注入 $\lambda_1 \sim \lambda_5$ 的光信号时从输出光纤可得到 $\lambda_1 \sim \lambda_5$ 的混合光。

3. 光纤光栅

光纤光栅利用光纤材料的光敏性在纤芯内形成空间相位光栅，能够作为窄带滤波器使用。

光纤光栅的实际应用有：①在光纤通信中可作为光纤波分复用器；②与稀土掺杂光纤结合可构成光纤激光器并且在一定范围内可实现输出波长调谐；③变周期光纤光栅可用作光纤的色散补偿器件等；④在光纤传感技术中可用于温度、压力传感器；⑤构成分布或多点测量系统等。

4. 光栅分束器

在光谱学中，衍射角随着波长而变当然是最重要的。光栅还可以用作分束器，将入射波分为两个或多个分量，有时很方便。使用光栅而不用半反射镜等器件的主要优点是，它可以完全用于反射情况，因此适用于没有透明材料可用的波长，或适用于常规分束器因吸收而损耗功率的情况。有关后者的一个例子是对功率十分高的激光束，需要"虹吸"出一小部分光束用于诊断。在这种情况下，所需要的是一个效率很低的光栅，第一级衍射效率也许是千分之几，并未严重降低主光束功率。在其他应用中，要求分出来的光束具有比较相近的强度。例如，图 6.15 为一个用于研究非光学表面平坦度的掠入射干涉仪。该干涉仪使用了两块光栅，一个将光束分裂，另一个将它们重新结合在一起。

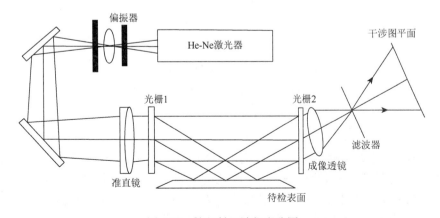

图 6.15　掠入射干涉仪光路图

这种类型的干涉仪，特别适用于研究工程表面：第一，因为灵敏度可以或多或少地随意选择（而正入射干涉仪一般都太灵敏）；第二，因为在掠入射时，从非光学表面可以获得足够的反射率，因此甚至有可能研究磨毛的或机械加工过的表面；第三，因为倾斜的缘故，有可能研究比光栅要宽520倍的表面。如果光栅近似为方形样品，被照明的面积是一条长带，但将一系列长带的测量结果关联起来之后，就有可能研究较大的面积，例如，一台使用宽70 mm（刻槽长度）、高100 mm光栅的干涉仪，曾用于检验花岗岩平台的平坦度等任务。

6.3.2 激光衍射传感器

激光衍射测量是一种高精度、小量程的精密测量技术。许多物理量，如压力、温度、流量、折射率、电场或磁场等，都可通过相应的转换器转成直线性的位移，本节介绍三种类型的激光衍射传感器。

1. 转镜扫描式激光衍射测径仪

图6.16为转镜扫描式激光衍射测径仪的原理图。激光照射被测细丝2后，在被电机带动旋转的反射镜3处形成衍射光图案。光电器件接收不断扫过光阑5的衍射光进行光电转换，由后续系统对得到的电信号进行处理和信息提取。得到的细丝直径测量值为

$$d=(L_1+L_2)\lambda/(4\pi nL_2t) \tag{6-24}$$

式中，t为两暗点之间的扫描时间；L_1为细丝与反射镜的距离；L_2为光电倍增管与反射镜的距离；n为电机转速（r/s）。

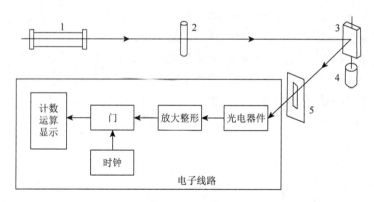

图6.16 转镜扫描式激光衍射测径原理图

1-He-Ne激光器；2-被测细丝；3-反射镜；4-同步电机；5-光阑

2. 激光衍射振幅测量

图6.17为激光衍射振幅测量原理。物体上表面和基准棱组成一个狭缝，激光通过这个狭缝在P平面处得到衍射图案。物体静止时，将光电器件固定于第k级条纹的暗点处，记下此时光电器件与零级中心线的距离x_k。若物体做幅值为X_M而频率为ω的简谐振动，会导致狭缝的宽度也发生周期性变化，此时光电器件与零级中心线的距离x_k'为

$$x'_k = \frac{kL\lambda}{b - X_M \sin(\omega t)} \qquad (6\text{-}25)$$

x'_k 的变化会反映在光电器件入射光的光强上。只要满足 $X_M < 2/b$，通过光电器件输出的电信号可以得到 x'_k 的最大值。将其与 x_k 的值联立，就能求出 X_M 的值。

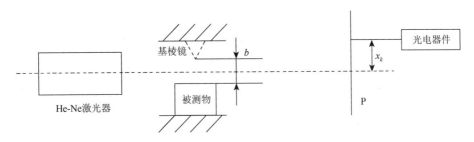

图 6.17　激光衍射振幅测量原理

3. 激光粒度分析仪

激光粒度分析仪的基本原理是颗粒对激光的散射现象，用于对颗粒的粒度分布或粒径分布进行测量，具有响应速度快、测试范围宽、重复性好等优点，且不受温度变化、介质黏度、试样密度及表面状态等诸多物理化学性质的限制。

颗粒散射激光形成的散射光与激光原方向有散射角 θ，其数值受颗粒粒径的影响，颗粒的粒径越小，散射角越大。对总散射光在不同散射角方向上的光强进行测量，就能分析出颗粒粒径的分布情况。

激光粒度分析仪一般由光源、光束处理器件、测量窗口、接收器等部分组成（图 6.18）。激光经过光束处理器件进行聚焦、低通滤波和准直处理后，平行照射到测量窗口上被颗粒散射。傅里叶透镜将散射角相同的光成分聚焦到光电探测器阵列的同一探测单元上，这样就能获得不同散射角对应的光强度。通过对探测器接收到的总体散射光场的光强分布进行分析，就能得出颗粒的粒度分布。

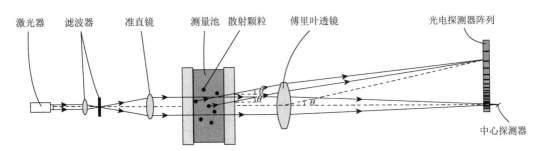

图 6.18　激光粒度分析仪原理图

6.3.3　光学边缘衍射技术

Karabacak 在 2006 年首次引入了用于位移测量的光学刀口边缘衍射技术，Braunsman 将该技术应用于高速原子力显微镜（atomic force microscope，AFM）。此外，最近还推出了用于尺寸测量（距离、角度和磨损）的光学刀口边缘传感器（optical knife edge sensor，OKES），可用于定位控制和系统健康监测。光学刀口边缘传感器可以在分辨率约为 20 nm 的毫米范围定位系统中轻松且经济地实现。除 OKES，一种新的尺寸传感方法，利用光学弯曲边缘传感器（optical curved edge sensor，OCES）进行主轴计量。研究发现，OCES 对测量目标的曲率半径不敏感。

1. 光学边缘衍射技术的原理

电磁波形在垂直于物体运动方向的尖锐边缘衍射，信号中未被尖角信号截断的部分边缘连续传播，但由于散射，信号的边缘在尖锐边缘周围衍射。这种尖端技术在微波（无线电频率）通信或激光光束的光束分析方面有很好的记录。参考惠更斯-菲涅耳原理，波前上的每一点都作为一个具有次级小波的新源，这些次级小波的组合产生了沿着其传播方向的新形式的波前。换句话说，它不断地传播到物体的几何视线阴影区域，这里是刀口。许多理论已经被发展来解释这些衍射现象，即刀口衍射。

1）刀口衍射原理

当入射波与刀口相互作用时，在观测平面上产生衍射图样，即干涉图。刀口衍射是由于两个叠加波的干涉：来自主光源的透射波和来自次光源刀口的边界衍射波。这种刀口衍射可以用如图 6.19 所示的光源和探测器之间的半无限半平面来表示。这里假设光源为单色高斯平面波，束腰为 $2a$，沿 z 轴传播。刀口放置在距离光源 L_1 处，具有垂直于其行进方向的粗糙（或光滑）轮廓，探测器放置在距离刀口 L_2 处。这样，从光源到探测器所画的一条线，为衍射刀口与视线路径垂直一段距 h。入射场 E_0 可表示为

$$\vec{E}_0(x, y, z = 0) = E_0 \cdot e^{-jk_0 L_1} \cdot e^{-(x^2 + y^2)/a^2} \tag{6-26}$$

式中，E_0 为入射场的振幅；k_0 为介质空气中的波矢量。透射高斯波谱可以用傅里叶变换得

$$G(k_x, k_y) = \iint_{\text{aperture}} \vec{E}_0(x, y, z = 0) \cdot e^{-j(k_x x + k_y y)} \mathrm{d}x\mathrm{d}y \tag{6-27}$$

式中，k_x 和 k_y 分别为沿 x 轴和 y 轴的傅里叶频率。假设刀口外的总场与入射场相同（平面波近似），且波的传播沿 z 轴（傍轴近似），散射平面波（透射波和绕射波）在探测器平面处由于相位函数 $e^{-jk_0 z_0}$ 相对于 h 产生光学干涉。因此，全场 $\vec{E}_d$ 可以通过使用傅里叶逆变换来推导。

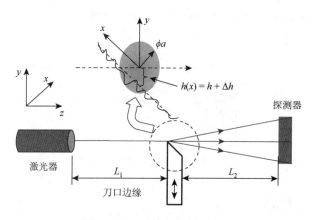

图 6.19　刀口边缘衍射示意图

在给定探测器尺寸上的总功率 I_d 估计值为

$$I_d = \iint_{\text{detector size}} \vec{E}_d(x_0, y_0, z_0) \cdot \vec{E}_d(x_0, y_0, z_0) \mathrm{d}x\mathrm{d}y \tag{6-28}$$

假设将刀口放置在光源和探测器的中心，使计算简单，并且其表面条件足够光滑和锐利。图 6.20 显示了光的波长、距离 L_1 和 L_2 以及激光的光束宽度相对于高度（位移）对边缘衍射的影响。当波长和距离 L_1、L_2 较短时，边缘衍射的影响变得更加敏感，而光束宽度对条纹图案没有影响。从这一结果可以发现，波长较短、光程长度较短可以为边缘衍射提供较高的灵敏度。

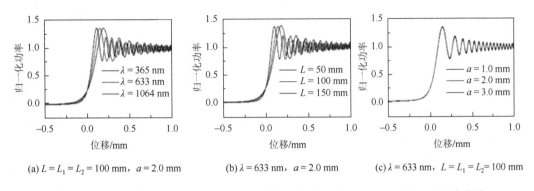

(a) $L = L_1 = L_2 = 100$ mm，$a = 2.0$ mm　　(b) $\lambda = 633$ nm，$a = 2.0$ mm　　(c) $\lambda = 633$ nm，$L = L_1 = L_2 = 100$ mm

图 6.20　给定参数条件下，式（6-28）计算的总场相对于位移（h）的归一化功率曲线

2）弯曲的边缘衍射

与刀口衍射不同，分析发生在弯曲边缘的衍射效应的方法有些复杂，因为它处理几个典型问题的渐近解，这些问题涉及不同波前对边缘的照射。在阴影边界和反射边界附近的过渡区域中，几乎没有方便和有效的计算方法来研究弯曲边缘衍射问题。RB、SB 和 DSB 分别为反射边界、阴影边界和深阴影边界，R 为主轴半径。$S(y, z)$ 为主轴的表面几何形状。$\vec{k}_0$ 为波矢量，a 为光束直径，$\vec{r}_{i \to j}$ 是坐标系中从 i 到 j 的位置向量。沿着表面射线传播的这种波可以像刀口衍射一样在弯曲边缘 SB 处被激发。这样的表面射线场也可以在过渡区被激发，并且可以被分成三个不同的区域。这种分析涉及对散射场或衍射场使用空间域菲涅耳积分。矩量法（MOM）、有限元法（FEM）、时域有限差分法（FDTD）、几何衍射理论（GTD）、高频渐近法（HFM）等电磁分析工具是最常用的。

这种方法已经不断发展，以找到有效和准确地计算弯曲边缘衍射的算法。

GTD 方法是最常用的一种方法，它可以紧凑准确地表示 RB 和 SB 附近过渡区域的衍射特征，入射到弯曲边缘的电磁波会产生入射波（E_o）、反射波（E_r）和边缘绕射波（E_d），这些电场可表示为

$$\vec{E}_d(x_0, y_0, z_0) \cdot \vec{E}_d(x_0, y_0, z_0) \mathrm{d}x\mathrm{d}y, \quad \vec{E}_i(x_{0,j}, y_{0,j}, z_j) = E_0 \cdot \mathrm{e}^{-\frac{x_{0,j}^2 + y_{0,j}^2}{(a/2)^2}} \tag{6-29}$$

$$\vec{E}_r(x_{d,j}, y_{d,j}, z_j) = \iint_{k\text{-space}} \frac{1}{(2\pi)^2} \iint_{\text{aperture}} \vec{E}_i \cdot \mathrm{e}^{\mathrm{j}k_v} \cdot \vec{r}_{x \to 0} \mathrm{e}^{-\mathrm{j}k_v} \cdot \vec{r}_{0 \to d} \mathrm{d}y\mathrm{d}x\mathrm{d}k_y\mathrm{d}k_x \tag{6-30}$$

$$\vec{E}_d(x_{d,j}, y_{d,j}, z_j) = \vec{E}_i \cdot \mathrm{e}^{-\mathrm{j}(\pi + \vec{k}_o \cdot n(R\cos\theta - S(y,z)))} \mathrm{e}^{-\mathrm{j}kk_a \cdot (\vec{r}_{s \to 0} - S(y,z))} \tag{6-31}$$

式中，E_0 为入射场振幅；$\vec{E}_i$ 为无边情况下光源的电场；$\vec{E}_r$ 为曲面边缘前表面反射的电场；$\vec{E}_d$ 为衍射后的电场。每个区域的总电场 E 表达式为

$$\vec{E}_{RB} = \vec{E}_i u_i + \vec{E}_r u_r \tag{6-32}$$

$$\vec{E}_{SB} = \vec{E}_i u_i + \vec{E}_d u_d \tag{6-33}$$

$$\vec{E}_{DSB} = \vec{E}_d u_d \tag{6-34}$$

函数 u_i、u_r、u_d 为单位阶跃函数。利用空间域菲涅耳积分对散射场或衍射场进行计算，可以预测光学大平台的散射。由于弯曲边缘衍射问题计算困难，这里进行实验研究以了解这些影响。利用检测器（$\phi250\ \mu m$）去除弯曲边缘的反射场。测量了七种不同半径（$\phi3\ mm$、$\phi5\ mm$、$\phi10\ mm$、$\phi20\ mm$、$\phi30\ mm$、$\phi40\ mm$、$\phi50\ mm$）、表面条件和不同材料（Cu、Al）条件下的测试样品的弯曲边缘衍射条纹，如图 6.21 所示。Cu 样品由超精密机床（Precitech，Nanoform200）加工，Al 样品由任何机械车间常见的普通机床加工。He-Ne 激光（$\lambda = 633\ nm$）入射到轴的边缘。通过扫描每个样品的弯曲边缘，获得了 RB、SB 和 DSB 区域干涉产生的条纹。弯曲边缘与探测器保持 150 mm 的距离。因此，条纹与材料的半径曲率之间没有关系。而在弯曲边缘和刀口情况下，观察到条纹振幅的微小差异。这一结果表明，在光与轴边缘接触的轴的小区域内，弯曲边缘对入射光的阻挡较小。即使使用小型探测器，一小部分反射场也会使总场增大。因此，可以发现，当轴半径下降到亚毫米或微米级别时，总场会减小。

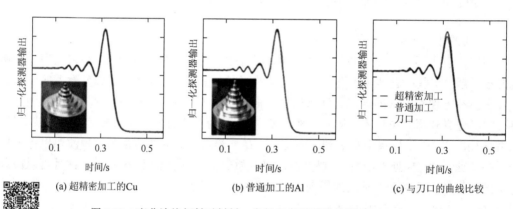

(a) 超精密加工的Cu　　　　(b) 普通加工的Al　　　　(c) 与刀口的曲线比较

图 6.21　弯曲边缘衍射对材料、半径和表面质量的影响（$\phi20\ mm$）

扫一扫看彩图

2. 典型应用场景

扁平、弯曲或微/纳米结构的表面形貌主要是通过原子力显微镜（AFM）、扫描电子显微镜（scanning electron microscope，SEM）或触控笔轮廓仪来研究的，采用这些表面形貌的产品很少商业化。虽然 AFM 可以提供边缘形貌，但其测量范围有限。然而，除了视觉，没有办法定量测量边缘表面形貌。刀口技术通常用于激光束的光束剖面测量，也被应用于测量悬臂梁的位移声学 AFM 中的光束和纳米机电系统中的双箝位光束。

1）边缘粗糙度表征

光学计量系统要求高精度和精密度。然而，这样的系统从根本上受到光学元件表面质量的限制，包括粗糙度和形状误差。即使对粗糙刀口边界周围的边缘衍射进行建模，但在将边缘（或表面）粗糙度对衍射特性的影响联系起来方面一直存在不确定性。透射的相位差为

$$\vec{E}_d^*(x_0, y_0, z_0) = \frac{1}{(2\pi)^2} \iint_{k\text{-space}} \int_{-\infty}^{\infty} \int_{-(h+\Delta h)}^{\infty} E_0 \cdot \mathrm{e}^{-\mathrm{j}k_0(L_1+L_2)-(x^2+y^2)/a^2} \cdot \mathrm{pdf}(\Delta h)\mathrm{d}y\mathrm{d}x$$
$$\times \mathrm{e}^{-\mathrm{j}\left\{k_x x_0 + k_y z_0 - k_0 L_2\left(k_x^2+k_y^2\right)/2k_0^2\right\}}\mathrm{d}k_x \mathrm{d}k_y \tag{6-35}$$

类似地，给定探测器尺寸上的总功率 I_d'' 的计算公式为

$$I_d'' = \iint_{\text{detector size}} \vec{E}_d''(x_0, y_0, z_0) \cdot \vec{E}_d'^*(x_0, y_0, z_0)\mathrm{d}x\mathrm{d}y \tag{6-36}$$

归一化总功率由式（6-36）根据如图 6.22 所示的刀口粗糙度条件计算得到。在此计算中，与光束直径和光学距离相比，检测器相对较小，即点检测器近似，并且刀口放置在激光和检测器的中心，以便进行简单的计算。正如预期的那样，随着刀口位移的增加，条纹图案的峰值会减小，并且随着边缘粗糙度的增加，条纹图案的第一峰会减小，这是因为当光入射到粗糙边缘时，衍射场会变得不相干。此外，还发现在光滑和 σ 为 0.1 μm 的情况下，条纹图案没有显著差异。这一结果表明，具有 σ 为 0.1 μm 边缘粗糙度条件的刀口可以视为光滑情况。由于总功率可以通过式（6-36）中推导的对探测区域的总电场积分来计算，探测器的尺寸可以成为确定总功率的重要参数。归一化总功率根据探测器尺寸（0.1 mm×0.1 mm 和 3.0 mm×3.0 mm）和刀口表面粗糙度（σ 为 0 μm、1 μm、10 μm、100 μm）计算，如图 6.23 所示。在探测器尺寸为 0.1 mm×0.1 mm 的情况下，光滑和 1 μm 表面条件下的总功率显示出相似的结果，但 10 μm 表面条件下的总功率比光滑情况下低约 4%，并且只发现了一阶干涉图。同样，在 100 μm 情况下的总功率也呈现出与误差函数曲线相似的光滑曲线，没有发现纹波。在探测器尺寸为 3.0 mm×3.0 mm 的情况下也发现了类似的结果，其中刀口越粗糙，灵敏度（总功率/位移）就越低。人们认为，由于光入射在粗糙的表面上，衍射场变得不相干，干涉变得微弱。

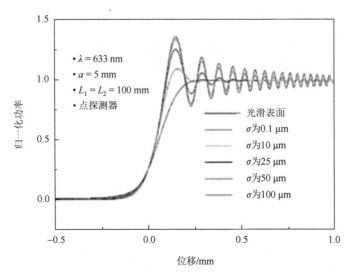

图 6.22　点探测器情况下总场的刀口粗糙度效应

扫一扫看彩图

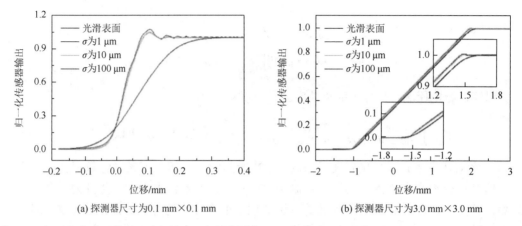

(a) 探测器尺寸为0.1 mm×0.1 mm　　　　(b) 探测器尺寸为3.0 mm×3.0 mm

图 6.23　归一化传感器输出和总场的刀口粗糙度效应（$\lambda = 633$ nm，$L_1 = 50$ mm，$L_2 = 50$ mm，$a = 5$ mm）

2）位移测量

如图 6.24 所示的一种位移传感器满足高速 AFM 的要求：①传感器尺寸必须小，以适应高速扫描仪的小尺寸。②传感器带宽应在 100 kHz 以上，其分辨率在纳米尺度上，以准确检测高速扫描仪的运动，特别是在快 z 方向。③物理附着在扫描仪上的传感器组件的质量应小，以保持扫描仪的高谐振频率。提出的位移传感器显示出高分辨率和大带宽的无接触传感。在实验设置中，在 1 Hz～1.1 MHz 的带宽范围内，均方根传感器噪声为 0.8 nm。这允许设计简单、无接触和高速位移传感器，可以在高速 AFM 扫描仪中实现。

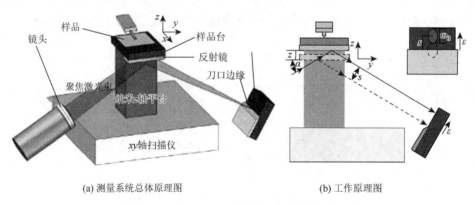

(a) 测量系统总体原理图　　　　　　(b) 工作原理图

图 6.24　用于 AFM 的光学刀刃位移传感器

当对纳米机械谐振器使用了边缘衍射技术时，该谐振器由在氮化硅膜上制造的双夹紧光束组成，如图 6.25 所示。光斑聚焦在偏移谐振腔光束中心 x_s 处，中心离平衡位移为 x_b，平衡间隙为 g。在双夹紧光束旁边制作电隔离侧栅，用于平面内静电驱动。为了增强光学反射率，在结构上热沉积了一层薄的 Cr、Al 或 Au。图 6.25（a）显示了所开发器件的物理特性。如图 6.25（c）所示，薄膜材料和厚度对测量的共振有很大的影响。在这里，一个激光光斑被仔细地聚焦在一个移动的边缘上，并在边缘侧向移位时监测反射功率。通过测量纳米尺度双箝位梁的面内共振，验证了刀口技术在纳米尺度位移检测中的应用。得到的位移灵敏度在 1pm/Hz 范围内，这与一个简单的解析模型非常吻合。

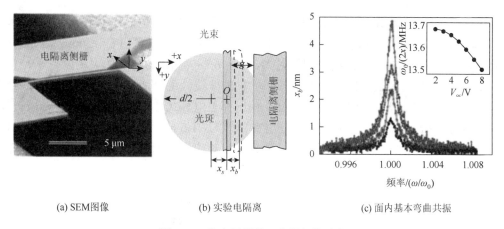

(a) SEM图像　　　　　　(b) 实验电隔离　　　　　　(c) 面内基本弯曲共振

图 6.25　带有侧栅的双夹紧氮化硅束

如图 6.26 所示，一种简单紧凑的结构来测量线耳级的二维直线度误差，它应用二维刀口来操纵象限光电探测器检测到的衍射条纹图案。结果表明，与不使用刀口的测量方法相比，所提出的测量方法对振动效应具有高灵敏度和高抗干扰性。采用该测量方法，沿 40 mm 轴向运动直线度误差为±0.25 μm。

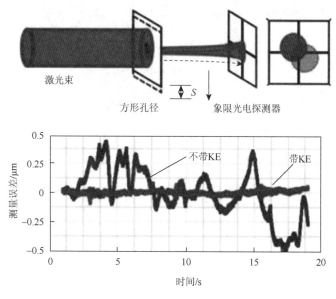

图 6.26　基于刀口传感的直线度测量

KE 表示刀口

3）位移传感器用于定位控制

将刀锋衍射技术应用于纳米定位系统中，用于反馈距离信号。OKES 在 xy 纳米定位系统 [150 mm（长）×150 mm（宽）×20 mm（高）] 中实现，采用并联运动学，如图 6.27 所示。设计并制造了双化合物型柔性机构，以实现紧凑的布局，提供超过±1.0 mm 的位移范围。在平台中嵌入两个刀刃，用于测量平台的 xy 位移和控制平台的位置。一个激光二极管（$\lambda = 650$ nm，

$a = 5.0\,mm$）的光在分束器（BS）处被分成两半，被分割的光束传播到每个刀口（这里是剃须刀片）。音圈电机（VCM）提供运动作为致动器。四个光电探测器（PD，3 mm×3 mm）安装在平台中央，接收刀口后面的透射光和衍射光。如图 6.28 所示，传感器的灵敏度为 8.99 mV/μm 和 9.02 mV/μm，范围为±500 μm，沿 x 轴和 y 轴的非线性度分别为 0.60% 和 0.73%。当在 xy 级上施加 300 μm 的阶跃位移时，两个 OKES 输出都与电容式传感器（capacitive sensor，CS）结果吻合较好。沿 x 轴和 y 轴的 OKES 分辨率分别为 21.5 nm 和 19.3 nm。可以看出，OKES 能够以纳米分辨率测量多轴操作的大位移。该方法也被应用于测量单轴纳米定位系统中的线性和角运动。这两个 OKES 可以成功地检测出高灵敏度的音高运动。

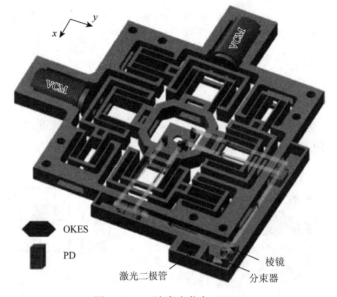

图 6.27 xy 纳米定位与 OKES

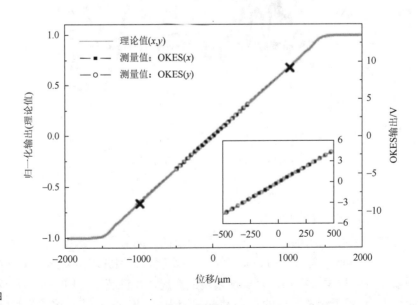

扫一扫看彩图

图 6.28 OKES 校准结果

4）用于主轴计量的位移测量

如前所述，由于数学和计算方法的模糊性及困难，OCES 的实验方法一直是焦点。在实验设置中（图 6.29），在主轴静止的情况下，主轴沿 y_o 方向缓慢移动，在 500 μm 范围内用 CS 对 OCES 进行校准。如图 6.30（a）所示，OCES 输出在灵敏度和线性度方面与 CS 一致。OCES 输出的标准差为 3.33 μV，约为 80 nm（占全量程的 0.016%）。在主轴不运动的情况下，测试两个传感器的稳定性为 7 min。如图 6.30（b）所示，在 1 kHz 低通滤波器条件下，CS 和 OCES 的分辨率分别为 11 nm 和 14 nm。CS 的漂移为 18 nm，略大于 OCES（<10 nm）。两个传感器显示出几乎相同的输出，2000 r/min 时的跳动为 22.5 μm，如图 6.30（c）所示，这表明，OCES 可以测量包含主轴同步误差和零件形状误差的主轴跳动。

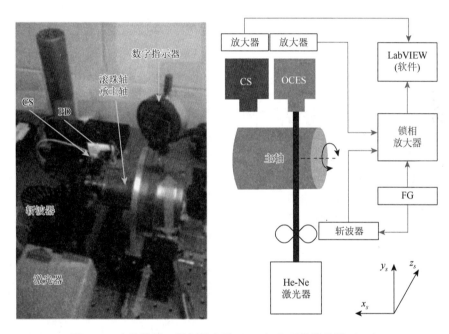

图 6.29 实验设置：锁相放大器（LIA）和函数发生器（FG）

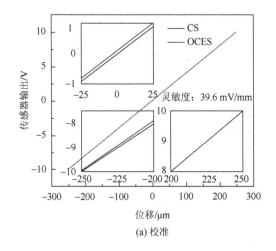

(a) 校准

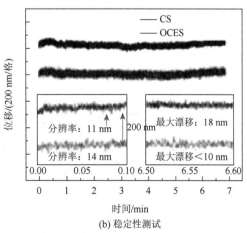

(b) 稳定性测试

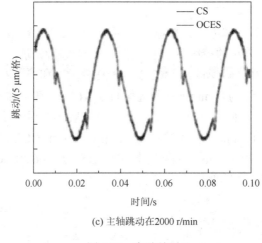

扫一扫看彩图

(c) 主轴跳动在2000 r/min

图 6.30　实验结果

5）刀具磨损监测

图 6.31 开发了一种用于刀具磨损监测的新型刀口干涉测量（KEI）方法。与迈克耳孙干涉仪等分幅干涉仪不同，KEI 在被测精密切削工具的边缘利用透射波和绕射波的相消干涉，因为刀具边缘衍射产生的干涉条纹对刀具几何形状及其形态高度敏感。将激光束入射到切削刃上，PD 扫描刀具边缘附近的小区域，测量边缘衍射强度。为了研究刀具条件（摩擦磨损和磨料磨损）对干涉测量模式的影响，使用了相互关联方法[式（6-37）]，该方法显示了新刀具的 KEI 扫描数据与磨损刀具之间的关系，可表示为

$$f(x) \otimes g(x) = \int f(\tau)g(x-\tau)\mathrm{d}\tau \tag{6-37}$$

式中，函数 $f(x)$ 和 $g(x)$ 分别为新刀具和旧刀具的归一化光强；x 为扫描距离；$\otimes$ 代表卷积。互相关是两个序列的相似性度量，作为一个序列相对于另一个序列的位移的函数。例如，随着刀具边缘粗糙度的增加，由于刀具边缘磨损，干涉图的振荡幅度减小，干涉图的相移增加。互相关的输出返回两条曲线的模式位移、τ 和相似度（R）。如前所述，与光滑和锐利的边缘相比，粗糙和暗淡的边缘形态与较弱的干涉图强度相关，因为来自粗糙表面的反射是漫射，这会削弱干涉图。若边缘形态的变化不会引起曲线的移位，而是降低了振荡幅度，则互相关结果将返回两条曲线的相似值，且没有滞后。

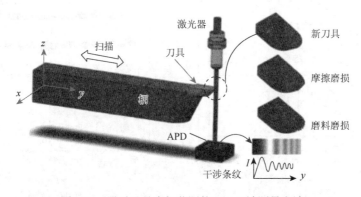

图 6.31　用于刀具磨损监测的刀口干涉测量方法

Al 棒（$\phi30\ mm$）在没有工作液的车床上用刀具进行加工，以加速刀具磨损。在不同的刀具条件下对条纹进行了四次测量，并测量了由于相互关联而产生的滞后性和相似性。发现了条纹相对于刀具磨损的相互关联系数（磨料磨损）、滞后（摩擦磨损）和阻尼比。结果[图 6.32（a）、（b）]发现互相关滞后与刀具磨损之间的线性关系为 5.62/磨损（μm），并确定磨料磨损系数是 1.14×10^{-2}/加工次数。互相关系数 R 随刀具磨损的增大而略有减小。

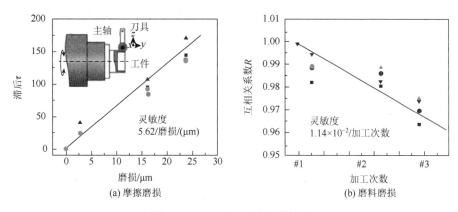

图 6.32　KEI 对刀具磨损的影响

　　该技术也被应用于砂轮磨损测量。对于切割或切片 Si，玻璃或Ⅲ-Ⅴ（GaAs、InP 和 GaN）晶圆，金刚石轮是使用的切割工具，其磨料金刚石砂粒嵌入树脂或金属结合剂中。在用于晶圆分离的切割过程中，切割轮会受到磨损：磨料、磨耗和切屑。这种磨损不仅改变了砂轮的直径，而且还有它的几何轮廓，通过圆切边。它还会严重影响分离部件的表面光洁度，甚至会导致分离部件的亚表面损坏。此外，由于砂轮的边缘圆润，切割深度必须超过切割厚度，超过边缘圆度。这个问题会在切口的底部产生毛刺。虽然有很多关于通过振动、力、电流、功率、温度和声发射监测砂轮磨损的出版物，但以前没有考虑过切割砂轮。

　　砂轮磨损监测的原理如图 6.33 所示。一束激光通过切块轮边缘入射到雪崩光电二极管

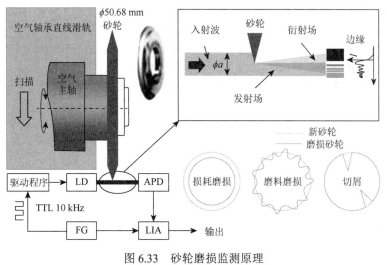

图 6.33　砂轮磨损监测原理

a 为光束直径，I 为条纹强度

（avalanche photodiode，APD）上。在 APD 处，用固定气主轴扫描直线滑块上的切丁轮，可以得到条纹。边缘衍射条纹的振幅和振荡衰减高度依赖于边缘质量，如尺寸、表面粗糙度和形貌。边缘的总长度可以使条纹图案发生移位，粗糙的边缘降低了条纹的振荡幅度。当边缘粗糙度显著增加时，由于 LD 光束在边缘处非相干散射，没有发生光干涉，因此不会观察到条纹图案。LIA（锁相放大器，斯坦福研究系统 SR830）被用于所提出的测量系统。LD 用来自函数发生器（FG）的 10 kHz TTL（晶体管–晶体管逻辑）波作为载波信号进行调制；将 APD 的输出反馈到 LIA，然后利用 LabVIEW 软件和硬件对 LIA 的输出进行监测和采集。如图 6.34 所示，平均灵敏度为 23.5 lag（τ）/磨损（μm），互相关系数 R 随加工循环次数的增加呈降低趋势。

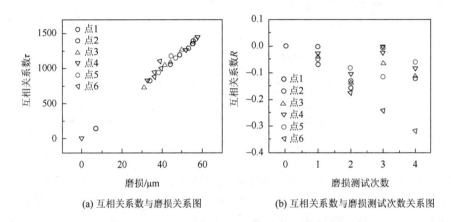

(a) 互相关系数与磨损关系图　　　　(b) 互相关系数与磨损测试次数关系图

图 6.34　6 个不同测量点测得的条纹互相关结果

参 考 文 献

范志刚，张旺，陈守谦，等，2015. 光电测试技术. 3 版. 北京：电子工业出版社.

胡鹏程，陆振刚，邹丽敏，等，2015. 精密激光测量技术与系统. 北京：科学出版社.

石顺祥，张海兴，刘劲松，2000. 物理光学与应用光学. 西安：西安电子科技大学出版社.

孙长库，叶声华，2001. 激光测量技术. 天津：天津大学出版社.

张三慧，2019. 大学物理学习辅导与习题解答. 4 版. 北京：清华大学出版社.

赵凯华，钟锡华，1984. 光学. 北京：北京大学出版社.

哈特雷 M C，1990. 衍射光栅. 贾惟义，秦小梅，译. 贵阳：贵州人民出版社.

LEE C，2019. A first review of optical edge-diffraction technology for precision dimensional metrology. The International Journal of Advanced Manufacturing Technology，102（5）：2465-2480.

MA Z H，MERKUS H G，de Smet J G A E，et al.，2000. New developments in particle characterization by laser diffraction：Size and shape. Powder Technology，111（1/2）：66-78.